Hans-Georg Molle:
Untersuchungen zur Entwicklung der vorzeitlichen Morphodynamik im Tibesti-Gebirge (Zentralsahara) und in Tunesien

BERLINER GEOGRAPHISCHE ABHANDLUNGEN

Herausgegeben von Gerhard Stäblein und Wilhelm Wöhlke

Schriftleitung: Dieter Jäkel

Heft 25

Hans-Georg Molle

Untersuchungen zur Entwicklung der vorzeitlichen Morphodynamik im Tibesti-Gebirge (Zentralsahara) und in Tunesien

Arbeit aus der Forschungsstation Bardai/Tibesti

(22 Abbildungen, 40 Figuren, 15 Tabellen, 2 Übersichtskarten,
1 geomorphologische Karte des Beckens von Bardai zwischen Bardai und Zoui)

1979

Im Selbstverlag des Institutes für Physische Geographie der Freien Universität Berlin
ISBN 3-88009-024-6

Vorwort

Die Geländeuntersuchungen für die vorliegende Arbeit wurden im Tibesti-Gebirge/Rep. Tchad und in Tunesien durchgeführt. Mein Dank gilt Herrn Prof. Dr. J. HÖVERMANN, der den Geländeaufenthalt im Tibesti-Gebirge im Sommerhalbjahr 1971 ermöglichte, und den Professoren Dr. G. STÄBLEIN, Dr. W. MECKELEIN und Dr. H. HAGEDORN, die die Arbeit durch Rat und Kritik unterstützten.

Diskussionen auf zwei Reisen, die ich zusammen mit Herrn Dr. K.-U. BROSCHE nach Tunesien durchführte, förderten die Arbeit wesentlich.

Der Deutschen Forschungsgemeinschaft bin ich für die Bewilligung eines Stipendiums zu Dank verpflichtet.

Für die Beratung bei der Durchführung von Röntgenanalysen danke ich Herrn Prof. Dr. H. KALLENBACH vom Geolog. Inst. der TU Berlin; für die ^{14}C-Datierungen mehrerer Proben Herrn Prof. Dr. M. A. GEYH vom Landesamt für Bodenforschung in Hannover; für die Bestimmung von Molluskenproben Herrn Dr. H. SCHÜTT aus Düsseldorf; für die Interpretation einer Reihe von Dünnschliffen Herrn Dr. FÖHSE vom Inst. f. Miner. der FU Berlin; für die Durchführung von Pollenanalysen Herrn Dr. E. SCHULZ aus Würzburg; für die Herstellung der Karten, Profile und Diagramme den Herren J. SCHULZ und R. WILLING vom Inst. f. Phys. Geogr. der FU Berlin. Mein Dank gilt Herrn M. WALTHER, der mich auf einer Reise nach Tunesien im Frühjahr 1976 begleitete, und Herrn H. KOCH, der trotz unsicherer politischer Verhältnisse im Sommerhalbjahr 1971 an den von Bardai aus durchgeführten Exkursionen teilnahm.

Als Habilitationsschrift auf Empfehlung des Fachbereichs 24, Geowissenschaften, der freien Universität Berlin gedruckt mit Unterstützung der Deutschen Forschungsgemeinschaft.

Inhalt

1.	Einleitung	7
2.	Die Formungsstadien in der Depression von Bardai und im Gebiet der Gégéré im Tibesti-Gebirge	9
2.1	Die Lage des Untersuchungsgebietes	9
2.2	Die Entstehung der Depression von Bardai in Zusammenhang mit den im Untersuchungsgebiet verbreiteten Gesteinsformationen	10
2.2.1	Das Niveau I	10
2.2.2	Das Niveau II	14
2.2.2.1	Die Schottervorkommen im Südwesten der Depression	14
2.2.2.2	Weitere Vorkommen von Resten des Niveaus II	16
2.2.2.3	Zur Entstehung und zum Alter des Niveaus II	18
2.2.3	Das Niveau III	19
2.2.4	Die Basisfläche und das Niveau IV	20
2.2.4.1	Das Inselberggebiet westlich des E. Dougié	22
2.2.4.2	Die Basisfläche im Gebiet des E. Zoumri und seiner südlichen Nebenflüsse	23
2.3	Vergleich der Untersuchungsbefunde in der Depression von Bardai mit Beobachtungen am Nordrand der Gégéré	24
2.4	Ergebnisse	25
2.5	Die Erosions- und Akkumulationsprozesse in den Tälern und die Beziehungen zu Formungsvorgängen im Hangbereich nach Anlage der Basisfläche	26
2.5.1	Erosions- und Akkumulationsphasen in Zusammenhang mit der Verbreitung von Ignimbriten und Talbasalten	26
2.5.2	Die Phase der Schluchtenbildung nach der Ablagerung von Ignimbriten und Basalten	28
2.5.3	Die Hangschuttdecken in den Randbereichen der Depressionen	29
2.5.4	Die Oberterrassen-Akkumulation und ihre Beziehung zu Formungsvorgängen im Hangbereich	32
2.5.4.1	Die Grobschotterdecke der OT-Akkumulation	34
2.5.4.2	Der Sand-, Kies- und Schotterkörper der OT-Akkumulation	34
2.5.4.3	Hinweise auf eine Bodenbildungsphase	36
2.5.5	Die Mittelterrassen-Akkumulation und ihre Beziehung zu Formungsvorgängen im Hangbereich	37
2.5.6	Die Niederterrassen-Akkumulation und ihre Beziehung zu Formungsvorgängen im Hangbereich	41
2.5.7	Die rezenten Formungsprozesse im Tal- und Hangbereich	42
2.5.7.1	Die Randbereiche der Depression von Bardai	43
2.5.7.2	Die Sandschwemmebenen	43
2.5.7.3	Der Bereich des E. Zoumri und seiner Nebentäler	45
2.6	Vergleich der Terrassengliederung im Untersuchungsgebiet mit der Terrassenabfolge in anderen Tälern des Tibesti-Gebirges seit der Oberterrassen-Akkumulation	48
2.7	Die Formengenese in Zusammenhang mit der Frage einer klimatischen Interpretation der Sedimente seit der Oberterrassen-Akkumulation und der Vergleich mit den vorhergehenden Formungsstadien	49
3.	Vergleich der Untersuchungsergebnisse im Tibesti-Gebirge mit Befunden von P. ROGNON (1967) im Randbereich des Atakor-Gebirges	55
3.1	Der Formungsverlauf seit der Oberterrassen-Akkumulation	55
3.2	Der Formungsverlauf vor Ablagerung der Oberterrassen-Akkumulation	57
4.	Die Reliefentwicklung in einigen Gebieten Tunesiens im oberen Pleistozän und Holozän	59
4.1	Geomorphologische Untersuchungen im Gebiet des Dj. Chambi	59
4.1.1	Zur Frage der Entstehung der Hauptakkumulation	59
4.1.2	Die lößartigen Sedimente im Vorland des Dj. Chambi	62
4.2	Vergleichende Untersuchungen in Gebieten Tunesiens nördlich des Dj. Chambi	66

4.2.1	Gebiet des O. El Hateb	66
4.2.2	Gebiet des O. Sarrath	67
4.2.3	Aufschlüsse am O. Medjerda und am O. Miliane	67
4.2.4	Gebiet von Ras El Djebel und Ghar El Melh	67
4.2.4.1	Das Profil 1 Ras El Djebel	67
4.2.4.2	Das Profil 2 Ghar El Melh	68
4.3	Vergleichende Untersuchungen in Gebieten Tunesiens südlich des Dj. Chambi	69
4.3.1	Gebiet des O. Hogueff	69
4.3.2	Das nördliche Vorland des Dj. Orbata	70
4.3.3	Gebiet des O. El Leguene und des O. El Hallouf auf der Westseite des Matma-Berglandes	71
4.4	Die Frage der zeitlichen und klimatischen Stellung der morphodynamischen Aktivitäts- und der Bodenbildungsphasen in den tunesischen Untersuchungsgebieten	73
4.4.1	Die graubraunen bis schwarzbraunen Böden und die jüngeren Formungsphasen	73
4.4.2	Die älteren Bodenbildungs- und Formungsphasen	74
4.4.2.1	Die braunrötlichen Bodenhorizonte	74
4.4.2.2	Die Schutt- und Schottersedimente	75
4.4.3	Egebnisse	76
5.	Vergleich der Untersuchungsergebnisse in Tunesien mit Befunden aus anderen Gebieten im nördlichen Randbereich der Sahara	77
5.1	Die jungpleistozänen und frühholozänen Formungs- und Bodenbildungsphasen	77
5.2	Die Bodenbildungsphase um 4700 bis 6000 B. P. und die jüngeren Formungsphasen	79
6.	Die Frage eines Vergleichs der Formungs- und Bodenbildungsphasen der beiden Untersuchungsgebiete im oberen Pleistozän und Holozän	80
	Verzeichnis der Tabellen	86
	Verzeichnis der Figuren	87
	Verzeichnis der benutzten Karten und Luftbilder	87
	Legende zu den Figuren und Profilen, verwendete Abkürzungen	87
	Übersichtskarte Tibesti	88
	Übersichtskarte Tunesien	89
	Zusammenfassung	90
	Summary	91
	Résumé	92
	Literaturverzeichnis	93
	Fotos	97

1. Einleitung

Das Problem pleistozäner und holozäner Klimaschwankungen in der Sahara und ihren Randbereichen ist schon seit längerer Zeit Gegenstand zahlreicher Arbeiten der Quartärforschung. Es sei beispielsweise auf die Untersuchungen von L. BALOUT (1952), F. E. ZEUNER (1953), H. MENSCHING (1955), W. WUNDT (1955), J. DUBIEF (1956), K. W. BUTZER (1959), W. MECKELEIN (1959), J. HÖVERMANN (1963), J. BÜDEL (1955, 1963), H. FLOHN (1963), J. TRICART und A. CAILLEUX (1964), R. W. FAIRBRIDGE (1965), E. M. VAN ZINDEREN BAKKER (1969), K. KAISER (1970), H. HAGEDORN (1971) hingewiesen.

Das Vorkommen ausgedehnter fossiler Glacis- und Terrassensysteme in den Gebirgsrandbereichen (F. JOLY, 1962; R. COQUE, 1962; J. CHAVAILLON, 1964) und die Belege für eine Ausbreitung prähistorischer Kulturen und feuchtzeitlicher fossiler Floren- und Faunengesellschaften ließen auf Perioden mit einem im Vergleich zu heute feuchteren Klima im Bereich der Sahara schließen. Diese Feuchtphasen wurden als „Pluviale" bezeichnet und mit europäischen Glazial- bzw. Interglazialzeiten parallelisiert. An dieser Stelle ist z. B. die Hypothese einer Ausbreitung bzw. Kontraktion der Sahara oder auch die Hypothese einer Süd- bzw. Nordverlagerung der Sahara während der Glazial- bzw. Interglazialzeiten zu nennen (L. BALOUT, 1952; J. DUBIEF, 1956). Insbesondere sei auch auf das im marokkanischen Bereich entwickelte klassische quartärstratigraphische Schema hingewiesen, das die in dieser Region beobachteten kontinentalen und marinen Niveaus mit Pluvialen und Interpluvialen, mit Glazialen und Interglazialen und mit Regressionen und Transgressionen des Meeresspiegels parallelisierte (z. B. G. CHOUBERT, 1962; P. BIBERSON, 1962). G. BEAUDET u. a. (1967) konnten zeigen, daß das Schema revidiert werden muß. So kann beispielsweise das jüngste pleistozäne Niveau dieses Schemas, das „Soltanien", nicht mit dem gesamten Würm parallelisiert werden; in den Unterläufen der Flüsse sind die dem „Soltanien" zuzuordnenden Ablagerungen zum Teil schon in das Holozän zu stellen.

Die in den sechziger und siebziger Jahren publizierten Forschungsergebnisse, teilweise aus bisher nur wenig bekannten Regionen der Sahara, zeigen, daß eine Korrelation der Klimaschwankungen in der Sahara mit Glazialen und Interglazialen nach dem oben erwähnten klassischen Schema nicht möglich ist und daß allein im oberen Pleistozän und im Holozän mit einem mehrfachen Wechsel trockener und feuchter Perioden in den verschiedenen Regionen der Sahara gerechnet werden muß.

Die in jüngerer Zeit erschienenen Arbeiten lieferten weiteres Belegmaterial für die Auswirkungen von Klimaschwankungen im Saharabereich; an dieser Stelle seien nur einige Arbeiten aus dem Gebiet der Geomorphologie genannt. Zeugen für eine kaltzeitliche Formungsdynamik, wie sie schon seit längerer Zeit aus den Gebirgen des Atlas (J. DRESCH und R. RAYNAL, 1953; R. RAYNAL, 1965; Y. GUILLIEN und A. RONDEAU, 1966) und z. B. aus dem östlichen Mittelmeergebiet (K. KAISER, 1963; B. MESSERLI, 1967) bekannt sind, wurden auch aus dem Atakor- (P. ROGNON, 1967) und dem Tibesti-Gebirge (J. HÖVERMANN, 1963, 1972; G. JANNSEN, 1970; B. MESSERLI, 1972) in der zentralen Sahara beschrieben.

An zweiter Stelle sei auf die zahlreichen Belege für fossile Seebildungen hingewiesen, die nicht nur im Bereich des Hoggar- (G. DELIBRIAS und P. DUTIL, 1966; P. ROGNON, 1967) und Tibesti-Gebirges[1], sondern auch im Bereich der Gebirgsvorländer und der Ergs (z. B. H. FAURE u. a., 1963; G. KONRAD, 1969; H.-J. PACHUR, 1974) und vor allem auch in den südlichen Sahararandbereichen (M. SERVANT, 1970; P. ERGENZINGER, 1972; J. MALEY, 1973; F. GASSE, 1976) beobachtet wurden.

An dritter Stelle ist die Frage der klimatischen und zeitlichen Stellung quartärer Bodenbildungen zu nennen; es sei beispielsweise auf eine ältere Arbeit von P. QUEZEL und C. MARTINEZ (1957) aus dem Hoggar-Gebirge, besonders aber auf neuere Arbeiten aus dem marokkanischen Bereich (z. B. G. BEAUDET u. a., 1967; A. RUELLAN, 1969; W. ANDRES, 1974; U. SABELBERG und H. ROHDENBURG, 1975) und aus dem tunesischen Bereich (R. H. G. BOS, 1971; K. BRUNNACKER, 1973) verwiesen. In Teilen ihrer Arbeit beschäftigen sich auch K. W. BUTZER und C. L. HANSEN (1968) mit dieser Fragestellung.

Die zahlreichen regionalen Befunde, die oft eine Vielzahl zum Teil relativ kurzfristiger Klimaschwankungen erkennen lassen, können unter Zuhilfenahme der ^{14}C-Methode für die Zeit des oberen Pleistozäns und Holozäns miteinander verglichen werden. Diese Methode bietet einerseits die Möglichkeit, die in einem Gebiet kartierten Formen, Sedimente und Böden und damit auch die aus diesen Phänomenen abzuleitenden Klimaphasen ganz bestimmten Zeitabschnitten zuzuordnen; andererseits läßt sich die Methode auch dazu verwenden, über eine Auswertung von Häufigkeitsverteilungen der innerhalb eines abgegrenztenn Bereiches vorliegenden ^{14}C-Daten zu einer zeitlichen Fixierung von Trocken- und Feuchtphasen zu gelangen (M. A. GEYH und D. JÄKEL, 1974 a). P. ROGNON (1976) hat versucht, die aus den verschiedenen Regionen der Sahara und ihren Randbereichen vorliegenden und durch ^{14}C-Datierungen zeitlich einzuordnenden Untersuchungsergebnisse miteinander zu korrelieren. Seine Hypothesen über den Ablauf der Klimaschwankungen in der Sahara in den letzten 40 000 Jahren sind im folgenden kurz wiedergegeben.

P. ROGNON (1976) unterscheidet 4 Perioden. In der ersten, wenig differenzierten Periode von 40 000 bis 20 000 B. P. nimmt er eine relativ humide Sahara mit ei-

---

[1] Vgl. die Arbeiten aus der Forschungsstation Bardai

nem Synchronismus der „Pluviale" im Norden und Süden und mit einem ständig im Bereich der zentralen Sahara gelegenen schwach ausgebildeten Gürtel hohen Luftdruckes an. Die folgende Periode von 20 000 bis 12 000 B. P. ist durch eine Südwärtsverlagerung der Klimazonen gekennzeichnet, so daß die zentrale und nördliche Sahara unter den Einfluß der Westwindzyklonen gelangten, während am Südrand der Sahara in diese Zeit eine Südwärtsverlagerung des Dünengürtels um 500 bis 800 km bzw. eine Phase der Austrocknung der in der 1. Periode gebildeten Seen fallen soll. Nach einer Übergangsperiode mit starken saisonalen Schwankungen um 14 000 bis 12 000 bis 11 000 B. P. folgt die 3. Periode zwischen 11 000 bis 6000 B. P. In dieser Periode vollzieht sich eine Umkehr der Klimaverhältnisse mit Seebildungen im südlichen und einer Trockenphase im nördlichen Saharabereich. Die Übergangszone zum mediterranen Gebiet ist durch eine Trockenphase gekennzeichnet, die von zwei feuchteren Phasen unterbrochen wird. In der südlichen Sahara könnte eine gleichmäßige Niederschlagsverteilung und ein regelmäßiger Abfluß vorgeherrscht haben, der zum Aufbau der für diese Zeit typischen fluviatilen Feinmaterialsedimente führte; eine kurze Trockenperiode um 8000 bis 7000 B. P. war hier zwischengeschaltet. In der 4. Periode nach 6000 B. P. installiert sich allmählich das gegenwärtige Klima mit einer merklichen Verringerung der saharischen Aridität während des älteren Neolithikums.

Diese und auch die älteren Hypothesen über den Mechanismus der Klimaschwankungen in der Sahara und ihren Randbereichen beruhen auf der Annahme einer zur Zeit des Pleistozäns und Holozäns regelmäßigen breitenparallelen Zonierung der Klimate, ähnlich wie auch gegenwärtig in diesem Gebiet eine deutlich ausgeprägte Nord-Süd-Abfolge der Klimate zu beobachten ist. Über die Nord-Süd-Abfolge legt sich sekundär eine West-Ost-Abfolge mit einem etwas arideren Klima in der Ost- als in der Westsahara (J. DUBIEF, 1971). Die dominierende breitenparallele Anordnung der Klimate läßt auch eine Vergleichbarkeit der vom Klima gesteuerten morphogenetischen Prozesse in Regionen ähnlicher Breitenlage erwarten.

In der vorliegenden Arbeit werden geomorphologische Untersuchungen im Bereich von zwei Depressionen auf der Nordabdachung des Tibesti-Gebirges in der zentralen Sahara mit Untersuchungen in verschiedenen Gebieten Tunesiens im nördlichen Randbereich der Sahara und in ihrem Übergangsgebiet zur mediterranen Zone verglichen. Es ist die Frage, ob die in den beiden Arbeitsgebieten gewonnenen Untersuchungsergebnisse mit den Befunden anderer Autoren in Regionen ähnlicher Breitenlage verglichen werden können. Außerdem stellt sich die Frage nach der Vergleichbarkeit der Untersuchungsergebnisse in den beiden ca. 10 Breitengrade voneinander entfernten Arbeitsgebieten während des Spätpleistozäns und Holozäns, d. h. während einer Zeit, die sich mit ^{14}C-Datierungen erfassen läßt. Da die zeitliche Einstufung der einzelnen Formungsphasen oft sehr schwierig ist, können vor allem die Aussagen, die die zweite Fragestellung betreffen, zum Teil nur sehr hypothetisch bleiben.

Bei den Untersuchungsgebieten im Tibesti-Gebirge und zum überwiegenden Teil auch in Tunesien handelt es sich um Gebirgsrandbereiche, deren Formungsdynamik einerseits durch das klimatische Geschehen in diesen Gebieten selbst, andererseits aber auch durch die Verwitterungs- und Abtragungsprozesse in den höheren Gebirgsregionen gesteuert wird, die durch Flußsysteme mit den Untersuchungsgebieten in Beziehung stehen. Diese Gebiete dürften daher für die Rekonstruktion der morphogenetischen Prozesse besonders geeignet sein.

Um die Relief- und Klimaentwicklung eines Gebietes möglichst genau zu erfassen, ist es notwendig, nicht nur die Phasen morphodynamischer Aktivität, sondern auch die Phasen vorherrschender Bodenbildung zu berücksichtigen. Auf die Möglichkeit einer Differenzierung zwischen solchen Phasen weisen beispielsweise J. H. DURAND (1959), der Perioden der Rhexistasie mit Prozessen der Erosion, der detritischen Sedimentation und der Vegetationszerstörung und Perioden der Biostasie mit einer kräftigen Vegetationsentwicklung und der Dominanz chemischer Sedimentation unterscheidet, und A. RUELLAN (1969) hin, der von Phasen der Morphogenese und der Pedogenese spricht; in ähnlicher Weise unterscheidet H. ROHDENBURG (1970) morphodynamische Aktivitäts- und Stabilitätszeiten. Bei der Rekonstruktion der Reliefentwicklung in den untersuchten Gebirgsrandbereichen ist dieser Frage einer Differenzierung zwischen Phasen mit einer hohen Intensität der morphogenetischen Prozesse, beispielsweise in Zeiten der Ausbreitung von Schutt- und Schotterdecken, und Phasen mit vorherrschender Bodenbildung besondere Aufmerksamkeit zu widmen.

Die vorliegende Arbeit soll zur Erweiterung der Kenntnisse der Formen- und Klimaabfolge in den Untersuchungsgebieten beitragen. Während im Falle des Tibesti-Arbeitsgebietes auch die ältere Formungsgeschichte zur Zeit der Anlage der beiden untersuchten Depressionen berücksichtigt wird, da durch die Arbeit von P. ROGNON (1967) in dem nur 2° weiter nördlich gelegenen Hoggar-Gebirge Vergleichsmöglichkeiten gegeben sind, beschränken sich die Untersuchungen in Tunesien auf die Zeit des oberen Pleistozäns und Holozäns. Für dieses Arbeitsgebiet bieten sich Möglichkeiten zu einem Vergleich mit Befunden aus den anderen Maghrebländern und Libyen an.

Da bei der Behandlung der einzelnen Arbeitsgebiete Erläuterungen zur topographischen und klimatischen Situation gegeben werden, sollen an dieser Stelle nur einige kurze Informationen mitgeteilt werden.

Die beiden Depressionen im Tibesti-Gebirge (Depression von Bardai, Gégéré) liegen in einer Höhenzone von 1000 bis 1300 m auf der Nordabdachung des über 3000 m hoch aufragenden Gebirges (vgl. die Übersichtskarte des Tibesti). Die gegenwärtige Niederschlagsmenge beträgt in Bardai in 1020 m Höhe 11,9 mm, für die Höhenbereiche des Tibesti ist mit einer etwa zehnfachen Niederschlagsmenge zu rechnen; die Niederschläge fallen ausschließlich im Sommerhalbjahr, wobei nach den bisher vorliegenden Messungen von 1957 bis 1968 der Mai und der Juli als regenreichste Monate auftreten; das Jahresmittel der Temperatur beträgt in Bardai 23,5° (W. D. HECKENDORFF, 1972). Mit Ausnahme der Trockentäler und der Sandschwemmebenen, auf denen sich nach Niederschlagsereignissen im Frühjahr oft eine schüttere, vor allem aus Kräutern bestehende Vegetationsdecke bildet, ist das Arbeitsgebiet als vegetationslos zu bezeichnen.

Die Untersuchungen in Tunesien gehen von Beobachtungen im Gebiet des Djebel Chambi in Zentraltunesien aus (vgl. die Übersichtskarte von Tunesien); er erreicht eine Höhe von 1544 m. Es werden Untersuchungsergebnisse aus dem südöstlichen Vorland zwischen 850 und 950 m Höhe und aus dem Gebirge selbst bis in eine Höhe von 1100 m mitgeteilt. Vergleichende Untersuchungen wurden in den Randbereichen und vorgelagerten Depressionen anderer Gebirge Tunesiens durchgeführt.

Der Dj. Chambi bildet einen Teil des tunesischen Gebirgsrückens, der in Südwest-Nordost-Richtung verläuft und der den Abschluß der Maghreb-Gebirgsbarriere im Osten darstellt. Sie isoliert die westliche Sahara von den benachbarten Gebieten mit gemäßigtem Klima; in der südlichen Fußflächenzone der Gebirgsbarriere ist daher eine deutliche Klimagrenze entwickelt, Föhneffekte führen hier noch zu einer Verstärkung der Aridität (J. DUBIEF, 1971). Die 100-mm-Jahresisohyete, die z. B. von R. CAPOT-REY (1953) zur nördlichen Abgrenzung der Sahara angegeben wird, verläuft am Südrand des Sahara-Atlas; in Tunesien liegt diese Isohyete etwa im Bereich der Chotts und biegt dann am Ostrand der Grand Erg Oriental in südlicher Richtung um.

Die klimatische Situation im tunesischen Untersuchungsgebiet sei an einigen Niederschlags- und Temperaturwerten verdeutlicht. Kairouan in Zentraltunesien hat einen Niederschlag von 295 mm und eine Jahrestemperatur von 19,1° C; die Niederschläge im Dj. Chambi erreichen Höhen von etwa 600 mm. Die entsprechenden Werte für Bizerte an der Nordküste Tunesiens betragen 642 mm und 18,1° C, für Gabes in Südtunesien 178 mm und 19,2° C. Zu beachten ist, daß die Niederschläge im Norden in einer Regenzeit im Winter fallen, ab Kairouan aber eine Aufspaltung in zwei Regenzeiten im Winter und Frühjahr und noch weiter im Süden eine wachsende Tendenz zu Frühjahrs- und Sommerregen erkennbar wird; dabei nimmt die Intensität der Niederschlagsereignisse nach Süden zu (K. GIESSNER, 1964; H. MENSCHING, 1974). Im Vorland des Dj. Chambi ist eine Alfalfasteppe entwickelt. Weiter im Norden sind die Gebirge von bestimmter Höhe ab mit Wald bedeckt, während im Süden Steppen und Halbwüstenbereiche bis an den Rand der Grand Erg Oriental heranreichen.

2. Die Formungsstadien in der Depression von Bardai und im Gebiet der Gégéré im Tibesti-Gebirge

2.1 Die Lage des Untersuchungsgebietes

Ein Ausschnitt aus dem Flußsystem des Zoumri-Bardagué-Arayé auf der Nordseite des Tibesti-Gebirges stellt das Hauptarbeitsgebiet dar (vgl. die geomorphologische Karte des Beckens von Bardai zwischen Bardai und Zoui und die Übersichtskarte des Tibesti). Dieses Flußsystem entspringt im Bereich der Vulkanmassive des Tarso Toon und des Tarso Voon und verläuft in nordwestlicher Richtung in einer nahezu geradlinigen, schon im Prä-Lutet angelegten Depression zwischen zwei Wölbungsachsen (P. M. VINCENT, 1963). Von der im Süden gelegenen Wölbungsachse mit den zum Teil über 3000 m hohen Vulkanmassiven erreichen zahlreiche, dicht nebeneinanderliegende, parallel verlaufende Täler das Flußsystem. Die aus dem Bereich der nördlichen Wölbungsachse des 1500 bis 2000 m hohen Tarso Ourari kommenden Nebentäler sind netzartig verzweigt und kürzer als die südlichen Nebentäler. Der als E.[2] Bardagué–E. Arayé bezeichnete Mittel- und Unterlauf wurde von D. JÄKEL (1971) bearbeitet. Die diesen Flußlauf vom Pic Toussidé aus erreichenden Nebenflüsse wurden von K. P. OBENAUF (1971) beschrieben. Die Terrassen des als E. Zoumri bezeichneten Oberlaufs des Flußsystems wurden vom Verfasser (1969, 1971) und die Terrassen des im Norden von Bardai gelegenen und dem E. Bardagué vom Tarso Ourari aus zufließenden E. Direnao von B. GABRIEL (1970, 1972) dargestellt.

Das in der geomorphologischen Karte der Depression von Bardai[3] dargestellte Untersuchungsgebiet erstreckt sich zwischen Bardai und Zoui in Ost-West-Richtung über 10 km, in Nord-Süd-Richtung über 8 km. Der E. Zoumri durchquert die Depression von Osten nach Westen. Vom Nordrand des Beckens hat er im Mittel eine Entfernung von 1 km, vom Südrand eine Entfernung von über 4 km. Daher nimmt der Fluß keine mittlere, sondern eine nach Norden verschobene Lage in der Depression ein. Er tritt in das Becken von Bardai an einer 400 m breiten Eng-

---

[2] E. = Enneri = Trockental
[3] Als Depression von Bardai wird in dieser Arbeit der Bereich in der Umgebung der Talzone des E. Zoumri zwischen Zoui und Bardai bezeichnet.

stelle bei Zoui ein und verläßt es wieder an einer Engstelle von 400 bis 500 m Breite bei Armachibé. Bereits auf der Höhe der Ausbuchtung des Zoumri im Nordwesten von Zoui hat die Depression eine Breite von 6 km. Sie setzt an einer Nord-Süd verlaufenden Stufe im Osten ein und endet an einer in der gleichen Richtung streichenden Stufe im Westen. Im Norden und Süden ist die das Becken begrenzende Stufe an den Einmündungen der Nebentäler, wie z. B. des E. Tabiriou, des E. Serdé und des E. Dougié, durch breite Öffnungen unterbrochen. Die relative Höhe der Stufe am Rand der Depression beträgt nördlich von Zoui 100 bis 150 m, südlich von Zoui 100 m, westlich der Einmündung des E. Serdé in die Depression 100 m, im Südwesten der Depression zum Teil nur 40 bis 50 m und im Norden des Zoumri zwischen 70 und 100 m. Im Süden liegt die 1100-m-Höhenlinie, im Norden die 1050-m-, die 1075-m- oder die 1100-m-Höhenlinie im Randbereich der Depression.

Zum Vergleich liegen Beobachtungen aus dem gesamten Bereich des E. Zoumri und seiner Nebenflüsse, besonders aber aus dem Bereich der Gégéré vor (vgl. Carte de l'Afrique 1:1 000 000, Blatt Djado). Es handelt sich um eine Depression, die 20 km südöstlich von Bardai liegt. Sie besitzt eine Ost-West-Erstreckung von 6 km und eine Nord-Süd-Erstreckung von 7 km. Die Höhe der Depression über dem Meeresspiegel beträgt 1300 m. Im Norden und Nordwesten wird sie von Sandsteinstufen begrenzt, die stellenweise eine Basaltdecke tragen und relative Höhen von 50 bis 60 m besitzen. Im Südosten bildet die Schlucht des E. Hamora die Grenze, der im Bereich des 20 km weiter im Süden gelegenen und bis 3100 m aufragenden Vulkanmassivs des Ehi Mousgou entspringt und als Nebenfluß in den E. Zoumri im Norden mündet. Von dem Vulkanmassiv im Süden sind mächtige Ignimbritströme in den südlichen Abschnitt der Depression eingeflossen.

Die beiden Depressionen sind im sogenannten Bardai-Sandstein angelegt, der nach W. ROLAND (1971) in den Basissandstein, den Quatre-Roches-Sandstein, den Tabiriou-Sandstein und den Elyé-Sandstein gegliedert werden kann; für die ersten beiden Einheiten nimmt er ein präpermokarbonisches Alter, für die jüngeren Einheiten ein permokarbonisches Alter an[4]. Der Sandstein wird stellenweise an den Beckenrändern und in den Depressionen selbst von Vulkaniten überdeckt. Die tertiären und quartären Vulkanite des Tibesti lassen sich in eine untere dunkle Serie (SN 1)[5], eine untere helle Serie (SC I), eine mittlere dunkle Serie (SN 2), eine mittlere helle Serie (SC II), eine obere dunkle Serie (SN 3), eine obere helle Serie (SC III) und eine oberste dunkle Serie (SN 4) gliedern (vgl. z. B. K. KAISER, 1972 a; G. BRUSCHEK, 1974).

2.2 Die Entstehung der Depression von Bardai in Zusammenhang mit den im Untersuchungsgebiet verbreiteten Gesteinsformationen

Die beiden untersuchten Depressionen im Gebiet von Bardai und im Gebiet der Gégéré sind wie die übrigen Becken im Talverlauf des Zoumri mit Stufen zwischen 50 bis 150 m Höhe in das umgebende Gelände eingelassen. Es stellt sich die Frage, wann diese ausgedehnten Erweiterungen im Flußsystem des Zoumri entstanden sein können und welche morphologischen Prozesse für die Entstehung der Depressionen verantwortlich zu machen sind. Zur Frage der Entstehung des Ausgangsreliefs für die jüngeren Formungsvorgänge und zur Gliederung dieses Reliefs sollen zunächst einige Beobachtungen aus dem Untersuchungsgebiet mitgeteilt werden.

2.2.1 Das Niveau I

Eine Korrelation von Resten von Kappungsflächen und Schotterlagen, die an verschiedenen Stellen im Randbereich der Depression von Bardai beobachtet wurden, bleibt bisher relativ hypothetisch, da außer wenigen eingemessenen Punkten nur die mit Bandmaß und Neigungsmesser durchgeführten Profilaufnahmen zur Verfügung stehen. Unsicher ist außerdem, inwieweit spätere tektonische Verstellungen die Höhenlage der Flächenreste beeinflußt haben können. Außer der Höhenlage können auch die zum Teil erhaltenen Sedimente Anhaltspunkte für eine Gliederung geben.

Am Rande der Depression von Bardai lassen sich Reste von Kappungsflächen in ca. 190 m über dem rezenten Flußbett des E. Zoumri feststellen. Die absolute Höhe dieser Flächenreste liegt bei 1200 bis 1240 m (Tabelle 1). Die Flächen kappen den Sandstein von Bardai.

Im Nordosten der Depression liegen Reste einer Kappungsfläche bei 1238 m. Die Neigungsrichtung der Fläche ließ sich nicht ermitteln, da sie von 10 m mächtigen Basalten überdeckt wird. Der Sandstein fällt hier in nordwestlicher Richtung ein. Auf dem zur Depression abfallenden Stufenhang wurden in Höhen der Auflagefläche der Basaltdecke und tiefer vereinzelt gut gerundete Quarzitschotter zwischen Basaltschutt gefunden. Da auf dem Basalt keine Schotter beobachtet wurden, könnten sie möglicherweise aus einer Schotterlage im Liegenden der Basaltdecke stammen. Diese mit Niveau I bezeichneten Schotter stellen das höchste in der Depression von Bardai festgestellte Schottervorkommen dar und können als Zeugen einer fluvialen Überprägung der Fläche gewertet werden[6].

Weitere Reste von Kappungsflächen in etwa dem Niveau I vergleichbarer Höhenlage sind im Randbereich der Depression zu beobachten. Fig. 1 zeigt einen Flächenrest bei ca. 1228 m am Nordrand der Depression über Sandstein-

---

[4] Vgl. aber zur Frage des Alters des Bardai-Sandsteins z. B. G. BRUSCHEK, 1974, p. 28.

[5] Abkürzungen in Klammern nach P. M. VINCENT, 1963.

[6] Es wird zwischen den Begriffen „Niveau" und „Kappungsfläche" unterschieden. Der erste Begriff wird nur für das Auftreten von Sedimenten in bestimmter Höhenlage verwandt. Sie liegen oft auf Kappungsflächen, stellenweise aber auch auf an die Gesteinsstruktur angepaßten Flächen (Fig. 7).

Tabelle 1
Absolute Höhe von Schotterresten der Niveaus I bis III in der Depression von Bardai
(in Metern über Meeresspiegel)[7]

Lokalität	Niveau I	Niveau II	Niveau III
Südwestrand der Depression	(1203)	1128 Fig. 3[8]	
Südostrand der Depression		1175	
Nordwestrand der Depression		1138 Fig. 7	
Nordostrand der Depression	1238	1178 Fig. 5	
Östlich von Bardai	(1203*) Fig. 2	(1133) Fig. 2	
Nordrand der Depression	(1228) Fig. 1		
Nördlich von Zoui			<u>1128</u> Fig. 8[9]
Südwesten der Depression			<u>1105</u>
Inselberge zwischen den Mündungen des E. Serdé und E. Tabiriou			1086*
Sandsteintürme östlich von Bardai			1070
Schichtstufen und Tafelberge östlich des E. Dougié			(1095*-1109*) Fig. 9-12

[7] Die mit einem * gekennzeichneten Höhenwerte sind eingemessene Höhenpunkte der Aufnahme der Österreichischen Tibesti-Expedition 1964/65 bzw. der Kartenprobe 1:25 000, Bardai (PÖHLMANN, 1969). Die übrigen Höhenwerte beruhen auf eigenen Profilaufnahmen mit Neigungsmesser und Bandmaß und weisen einen Fehler bis zu ±5 m auf.
In Klammern gesetzte Höhenwerte bezeichnen Flächenreste, die keine Schotter tragen und die ungefähr in Höhe des jeweiligen Niveaus liegen.
Die absolute Höhe des rezenten Flußbettes des E. Zoumri beträgt bei Zoui 1048 m, bei Bardai 1015 m.

[8] Die Lage der Figuren ist in der geomorphologischen Karte des Beckens von Bardai verzeichnet.

[9] Bei den beiden unterstrichenen Höhenwerten im Niveau III handelt es sich nicht um Reste von Schotter-, sondern um Reste von Schuttdecken.

Tabelle 2[10]
Dünnschliffanalysen der Gesteine in der Depression von Bardai

Proben-Nummer	Lage der Probe[11]	
294	E. Dougié, 3 km südlich des Ausschnitts der geomorphologischen Karte	Basissandstein: eckige bis kantengerundete Quarzkörner (nach G. MÜLLER, 1964, Abbildung 36, p. 108: Rundungsgrad nach RUSSEL-TAYLOR-PETTIJOHN), enthält viel Glimmer und wenige Erzkörner mit gleichem Rundungsgrad wie die Quarzkörner, Plagioklase und Kalifeldspäte, Karbonate, eingeschlossene Gesteinskomponenten, chloritischer bis serizitischer Zement, Schwerminerale: Titanit, Leukoxen u. a., Ausgangsgestein: wahrscheinlich granitisch, chloritisierte Minerale unbekannter Zusammensetzung.
274	östlich von Bardai	kontaktmetamorpher Sandstein: Fließgefüge, fein verteilte Quarzteilchen, intensive Verzahnung durch kolloidale Kieselsäure, in die Poren eingedrungener Limonit, abtragungsresistent infolge der Eisen- und Kieselsäurelösungen.
307	südlich von Bardai (Fig. 10)	kontaktmetamorpher Sandstein: überwiegend kantengerundete Quarzkörner mit einer Felderung der Oberfläche: beginnende SiO_2-Ausfällung, feine Aufarbeitungshorizonte, hämatitisch-quarzitisches Bindemittel.

216	Basaltschlot am Südrand der Depression	Basalt: mit großen Einsprenglingen von Titanaugit und Olivin, Olivine mit Fe-Ausscheidungen an den Rändern, Plagioklasleisten der Grundmasse sind als Fließgefüge angeordnet, Vorkommen von Erzen und Pyroxenen in der Grundmasse, Glasbasis.
310	Gang am Südrand der Depression (Fig. 3)	Basalt: mit Olivin- sowie großen Plagioklas- und wenigen Pyroxeneinsprenglingen, Olivine ohne Fe-Ausscheidungen an den Rändern, Grundmasse aus Plagioklasleisten mit Fließgefüge und mit Pyroxen- und Olivinkörnern, Zonarbau der Plagioklase, resorbierte Olivine, bei den Plagioklasen alle Größenübergänge bis zum Fließgefüge, Zeolith, Glasbasis.
297	Nordrand der Depression	Basalt: mit großen Olivineinsprenglingen ohne Fe-Ausscheidungen, ophitisches Gefüge der Plagioklasleisten der Grundmasse. Plagioklasleisten größer als bei Probe 216, zwischen Einsprenglingen und Grundmasse alle Übergänge der Korngrößen, Glasbasis, Pyroxen.
246	Tougountiou, 7 km nordöstlich von Bardai	Basalt: wirrstrahlig angeordnete Plagioklasleisten ohne Fließgefüge in der Grundmasse, Pyroxen als Zwickelfüllung zwischen Plagioklasleisten angeordnet, große idiomorphe Olivineinsprenglinge, Erze, Glasbasis, gut vergleichbar mit Probe 297.
303	Nordrand der Depression (Fig. 8)	Basalt: große Olivineinsprenglinge mit tiefen Resorptionsbuchten und -schläuchen und mit Fe-Entmischungen an den Rändern, große Plagioklaseinsprenglinge mit Einschlüssen aus Pyroxen und Material der Grundmasse wie z. B. Pyroxen, Olivin und kleinere Plagioklase, Zonarbau der Plagioklaseinsprenglinge, Grundmasse aus Plagioklasen, kleinen Pyroxenen und Olivinen mit Fe-Ausscheidungen, Hiatus zwischen Einsprenglingen und Grundmasse, im Unterschied zu den Proben 297, 246 und 216: sehr große Plagioklaseinsprenglinge mit zahlreichen Einschlüssen und Olivine mit Resorptionsbuchten.
300	östlich von Bardai (Fig. 2)	Basalt: mit Tiefengesteinsgefüge, d. h. ohne Trennung in Einsprenglinge und Grundmasse, ophitisches Gefüge der Plagioklasleisten, Glasbasis in Zwickeln, Erze, serpentinisierte Olivine, wenig Titanaugit, Zeolith.
304	am E. Tabiriou	Basalt: Mandelsteinstruktur: Ausfüllung der Hohlräume mit Zeolithen und Karbonaten; mit Olivin- und Pyroxeneinsprenglingen, Olivine mit Resorptionsbuchten, aber nicht so stark wie bei Probe 303, keine großen Plagioklaseinsprenglinge wie z. B. bei Probe 310, Grundmasse: ophitisches Gefüge mit einzelnen Fließausrichtungen, nadelförmige Skelettkristalle von Erzen.
305	am E. Tabiriou	Basalt: Olivineinsprenglinge mit Fe-Ausscheidung, Olivine überwiegend als Einsprenglinge und Pyroxen überwiegend in der Grundmasse, wenige große Titanaugiteinsprenglinge mit Olivineinschlüssen, Grundmasse mit angedeutetem ophitischen Gefüge in Glasbasis und nicht richtig auskristalliert, Biotit als Spätbildung in der Grundmasse, auf Grund der Verwitterungsanfälligkeit vulkanischen Glases ist kein sehr hohes Alter anzunehmen.
316	Südwesten der Depression	hellgrüner Vulkanit: deutliches Fließgefüge mit der Anordnung der Hohlräume parallel zum Fließgefüge, ausschließlich uniaxiale Einsprenglinge, zum Teil kantengerundet, die Hohlräume sind teilweise durch Quarz verfüllt.
308	Südrand der Depression (Fig. 3)	Schotter aus quarzitischem Sandstein: überwiegend eckige, zum Teil kantengerundete Quarzkörner; Eisenkiesel mit Limonit.
319	nordöstlich von Bardai (Fig. 7)	Stück einer Eisenschwarte: Hämatit.

---

[10] Für die Interpretation der Dünnschliffe bin ich Herrn Dr. FÖHSE vom Institut für Mineralogie, für die Anfertigung der Schliffe Herrn GRUNDMANN vom Institut für Angewandte Geologie der Freien Universität Berlin zu Dank verpflichtet.

[11] Die Entnahmestellen der Proben mit der Nr. der jeweiligen Gesteinsprobe und die Lage der Figuren sind in der geomorphologischen Karte des Beckens von Bardai verzeichnet.

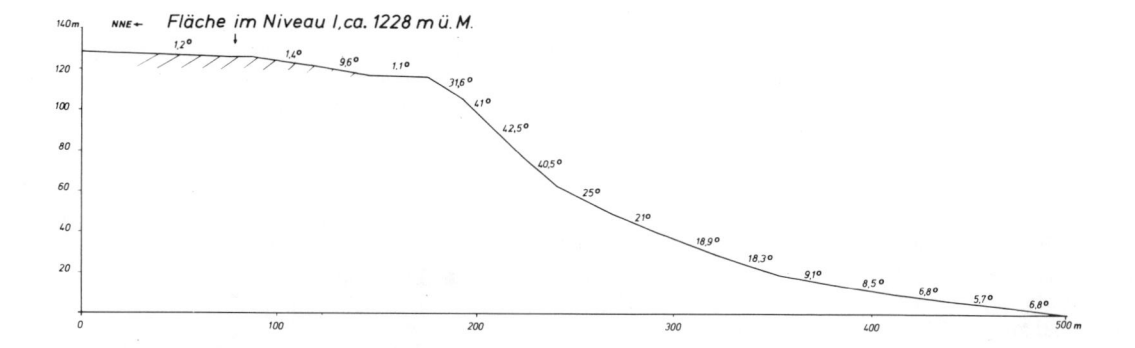

Fig. 1: Profil am Nordrand der Depression von Bardai[12]

lagen, die nach Nordwesten geneigt sind[13]. Die Fläche scheint leicht nach Nordnordosten in Richtung auf den Vulkankegel des Ehi Tougountiou anzusteigen. Die Kappungsfläche wird von Basalten überdeckt, deren Mächtigkeit zum Tougountiou zunimmt. Weite, in die Fläche leicht eingelassene Mulden wurden durch den Basalt verfüllt. Eine ähnliche Höhenlage nehmen auch die höchsten Teile des Plateaus östlich von Bardai bei 1203 m ein (Fig. 2).

Am Südrand der Depression liegen Reste von Basaltschloten auf Sandsteinsockeln bei etwa 1203 m Höhe. 6 km südlich der Depression erstrecken sich ausgedehnte Flächenreste oberhalb des E. Tabiriou, die bis an die Westseite der Gégéré heranreichen. Sie kappen die hier bis zu 20° geneigten Sandsteinschichten und werden von 20 m hohen aufgesetzten Sandsteinrücken überragt. Die Fläche wurde in einen ehemals mächtigeren Sandsteinkomplex eingearbeitet; es ist daher mit mindestens noch einer weiteren älteren Fläche oberhalb der Kappungsfläche im Niveau I zu rechnen.

Die Reste der hochgelegenen Kappungsfläche im Randbereich der Depression lassen sich wahrscheinlich nicht nur mit einer ausgedehnten Fläche im Süden des Beckens von Bardai, sondern auch mit einer Fläche korrelieren, die auf der Sandstein-Schieferstufe nordwestlich von Bardai in einer Höhe von 1206 bzw. 1209 m entwickelt ist (D. BUSCHE, 1973, p. 32). Die Kappungsfläche, in die der Zoumri etwa 190 m tief eingelassen ist, stellt daher ein markantes Stadium der Reliefentwicklung noch vor der Anlage der Depression dar. Das an einer Lokalität beobachtete Vorkommen von Schottern in Höhe dieser Kappungsfläche weist auf zeitweilig fluviatile Formungsvorgänge hin. Unter der Voraussetzung, daß keine tektonischen Verstellungen nach der Bildung der Fläche stattgefunden haben, läßt sich ein Anstieg der Fläche in nördlicher, südlicher, östlicher und südöstlicher Richtung und daher möglicherweise ein Abfluß in westlicher Richtung rekonstruieren.

Auf das mögliche Alter dieses Reliefstadiums gibt es nur wenige Hinweise. Auf der Nordseite der Depression nahe bei Fig. 1 liegt der Kappungsfläche ein Olivinbasalt (Probe 297, Tab. 2) auf, der gut vergleichbar mit einer Basaltprobe des Ehi Tougountiou (Probe 246) 7 km nordöstlich von Bardai ist. Die Basaltdecke hat sich offenbar auf der Sandsteinkappungsfläche vom Ehi Tougountiou bis mindestens an den nördlichen Rand der Depression von Bardai ausgebreitet. Die Basalte sind nach P. M. VINCENT (1963) in die mittlere dunkle Serie (SN 2) zu stellen.

Auf der Südseite der Depression liegen Basalte (Probe 216) von stark erodierten Basaltschloten auf Resten der Kappungsfläche. Diese Basalte unterscheiden sich in ihrer Petrographie deutlich von den Basalten auf der Nordseite und sind auf Grund ihrer starken Erosion vielleicht älter als die Basalte am Nordrand. N. W. ROLAND

---

[12] Die in den Figuren und im Text verwendeten Signaturen und Abkürzungen sind am Schluß der Arbeit erklärt.

[13] Die Lage der in der Depression von Bardai gelegenen Profile mit den Nummern der Figuren ist der geomorphologischen Karte des Beckens von Bardai zu entnehmen.

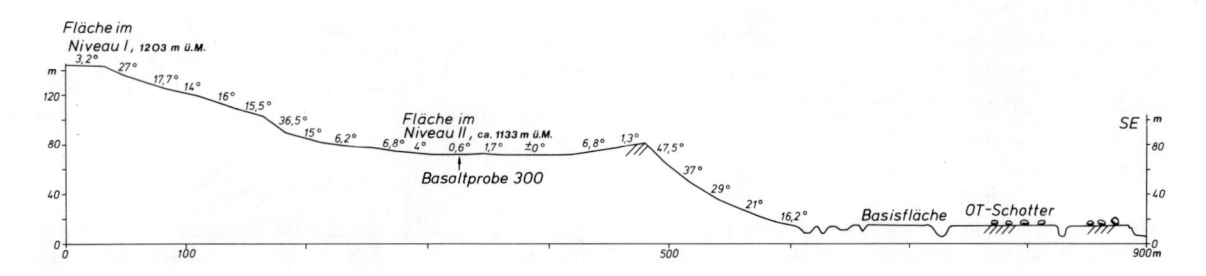

Fig. 2: Profil östlich von Bardai

(1973, p. 32) vermutet sogar ein präkretazisches Alter der Basaltschlote. Nach D. BUSCHE (1973, p. 35) bestand die Fläche auf der Sandstein-Schieferstufe schon vor der Förderung der ältesten Basalte, die der SN-1-Serie bei P. M. VINCENT (1963) entsprechen.

2.2.2 Das Niveau II

Nach einer kräftigen Ausräumungsphase, die mit Hilfe der Oberflächenformen und Sedimente im folgenden näher zu kennzeichnen sein wird, lassen sich etwa 60 bis 70 m unter dem Niveau I bzw. unter den Kappungsflächen in Höhe dieses Niveaus am Rand der Depression Reste eines zweiten Niveaus feststellen.

2.2.2.1 Die Schottervorkommen im Südwesten der Depression

Die am besten erhaltenen Vorkommen des Niveaus II liegen im Südwesten der Depression in einer Höhe von etwa 1128 m (Fig. 3, Tab. 1).

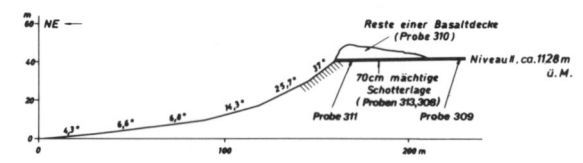

Fig. 3: Profil am Südwestrand der Depression von Bardai

Fig. 3 zeigt den im Quatre-Roches-Sandstein angelegten Stufenrand. Der in südlicher Richtung einfallende Sandstein wird von einer Fläche gekappt, die eine 30 cm bis 1 m mächtige Sedimentdecke trägt. Sie wird am Stufenrand von Resten einer Basaltdecke von 5 m Mächtigkeit überlagert. In 40 bis 60 m Entfernung vom Stufenrand liegt eine 30 x 60 m große Schotterfläche ohne Basaltbedeckung direkt an der Oberfläche. Die Schotterfläche ist leicht nach Norden geneigt und wird im Südwesten von 6 m hohen Sandsteinhängen begrenzt.

1,5 km südöstlich der Lokalität von Fig. 3 ist eine etwas höher gelegene weitere Schotterfläche desselben Niveaus zu beobachten. Es handelt sich um ein 15 m breites und 50 m langes, im Querschnitt kastenförmiges Tälchen, dessen Boden mit Schottern bedeckt ist. Die Talwände sind 6 bis 8 m tief in den umgebenden Sandstein eingelassen. Das Tälchen endet flußauf an einem steil abfallenden Stufenrand im Süden des Sandsteinplateaus. Es sind Reste eines alten Flußnetzes, das ehemals in dieser Höhenlage entwickelt war und das in nördlicher Richtung entwässerte. Die Sedimentanalyse kann weiteren Aufschluß über die Ablagerungsbedingungen der Akkumulation geben.

In mehreren Aufschlüssen lassen sich zwei Horizonte der Akkumulation unterscheiden, ein oberer, maximal 80 cm mächtiger Horizont aus gut gerundeten bis kugeligen Schottern (1) und ein unterer, bis zu 50 cm mächtiger Horizont aus Sanden, Kiesen und kleinen Schottern in einem fest verbackenen ockerfarbenen Lehm (2).

(1) Die Schotter des oberen Horizontes können Durchmesser von 80 cm erreichen. Es kommen Quarzitschotter, Eisenkiesel und Schotter aus quarzitischem Sandstein vor, die beim Aufschlagen die Schichtung des Sandsteins erkennen lassen (Probe 308, Tab. 2). Basaltschotter fehlen. Einige Schotter sind durch Kernsprünge gespalten. Die Oberfläche der Schotter wird aus einem gelblichgrauen, sehr harten, kieselgelartigen Überzug gebildet, der von einem Netz feiner Rillen durchzogen ist. Die Rillen wie auch die Kernsprünge belegen intensive Verwitterungsvorgänge nach Ablagerung der Schotter.

An einer Schotterprobe (Probe 313, Fig. 4) wurde die Zurundung nach der Methode von A. CAILLEUX (1952) gemessen. Das Zurundungsdiagramm zeigt ein Maximum in der Gruppe 200 bis 300, 10 % der Schotter weisen Indexwerte von 600 bis 1000 auf. Der Mittelwert der Zurundung liegt bei 340,95 (Tab. 3). Die Form der Schotter ist unterschiedlich. Die aus sehr feinkörnigen Schichten bestehenden Schotter sind deutlich abgeplattet, die aus Grobsand- und Feinkieslagen bestehenden Schotter haben dagegen eine mehr kugelige Form.

(2) Der im Liegenden der Grobschotter auftretende, stark verfestigte Lehm mit den eingeschlossenen Sand- und Kiespartikeln wurde röntgenographisch auf seine Zusammensetzung untersucht. Das aus einer Tiefe von 33 cm unter der Oberfläche des Horizontes entnommene Material ohne Basaltüberdeckung zeigt in der Fraktion 63–2 µ Kaolinit, Quarz, Chlorit und Illit, in der Fraktion <2 µ gut auskristallisierten Kaolinit, Montmorillonit, wenig Illit und Hämatit (Probe 309, Tab. 4). Eine aus dem gleichen Horizont unter Basaltbedeckung entnommene Probe (311) enthält in der Fraktion 63–2 µ Kaolinit, Quarz und Hämatit, in der Fraktion <2 µ gut auskristallisierten Kaolinit, etwas Illit und Hämatit. Montmorillonit fehlt in dieser Probe. Die Frage, ob das Auftreten von Montmorillonit in Probe 309 (ohne Basaltüberdeckung) im Unterschied zu Probe 311 (mit Basaltüberdeckung) auf die Einwirkung von Verwitterungsvorgängen nach Ablagerung des Sedimentes zurückzuführen ist, läßt sich bisher nicht beantworten. Allerdings zeigte bereits die Analyse des Schottermaterials, daß das Sediment nach seiner Ablagerung stark durch Verwitterungsvorgänge beansprucht wurde und daß daher diese Deutungsmöglichkeit nicht auszuschließen ist.

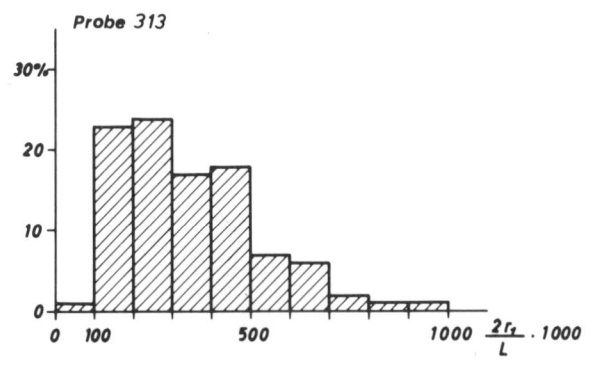

Fig. 4: Zurundungsdiagramm einer Schotterprobe des Niveaus II

Tabelle 3[14]

Länge, Zurundung und Plattheit von Schottern aus der Depression von Bardai

Gestein	Proben-Nr.	Anzahl der Einzelwerte n	$\bar{x}$	s	Nr. der miteinander vergl. Proben	t	Signifikanz[15]
			in cm				
Basalt + Sandstein	54 (MT)	65	4,08	1,32			
					54/55	2,74	X
—	55 (OT)	51	5,04	2,41			
—	47 (MT)	58	4,39	1,50			
			$\frac{2r_1}{L} \cdot 1000$				
Basalt	19-22 (NT)	400	224,25	16,20	19-22/ 255	1,15	O
—	255 (NT)	87	207,98	117,76			
—	61 (NT)	91	224,47	115,68	19-22/ 61	0,02	O
—	2-12 (OT)	1100	187,91	32,65	2-12/ 254	4,20	X
Basalt dominant	254 (OT)	78	133,01	72,01			
—	211 (OT)	73	147,66	89,47	2-12/ 211	2,96	X
Basalt	56 (OT)	90	171,89	86,82	2-12/ 56	1,30	O
—	12 (OT, Decke)	100	253,80	156,80			
					12/ 7-11	4,06	X
—	7-11 (OT, Körper)	500	199,08	7,24			
quarzit. Sandstein	313	100	340,95	174,49	313/317	1,05	O
—	317	86	366,56	155,34			
Basalt	24 (HW)	100	257,61	128,00	313+ 317/24	5,00	X
—	38	100	208,38	98,06			
Sandstein	57	100	104,99	64,06	57/58	2,10	/
—	58	100	126,52	80,05			
			$\frac{E}{L} \cdot 1000$				
—	57	100	534,59	139,74	57/58	2,22	/
—	58	100	492,85	125,23			
Basalt	12 (OT, Decke)	100	425,50	149,00			
					12/ 7-11	2,39	/
—	7-11 (OT, Körper)	500	462,18	14,15			

In Tab. 3 bedeuten:

L = Länge des Schotters
E = Dicke des Schotters
r_1 = kleinster Krümmungsradius in der Ebene Länge/Breite
$\frac{2r_1}{L} \cdot 1000$ = Zurundungsindex nach A. CAILLEUX (1952)
$\frac{E}{L} \cdot 1000$ = Formindex
$\bar{x}$ = arithmetischer Mittelwert
s = Standardabweichung der Stichprobe
t = Werte des t-Testes (A. LINDER, 1964, p. 93). Vor Durchführung des t-Testes wurde die Normalverteilung einzelner Stichproben mit Hilfe des Chiquadrat-Testes geprüft.

[14] Die Nummern der Proben sind in der geomorphologischen Karte des Beckens von Bardai verzeichnet. Die Werte für die Vergleichsproben 19-22, 2-12, 24 sind der Arbeit von 1971 (H.-G. MOLLE, p. 41, Tab. 2) entnommen.

[15] Die Signifikanz der Differenzen der Mittelwerte wurde mit dem t-Test geprüft: O: kein signifikanter Unterschied, /: signifikanter Unterschied mit 95 %, X: signifikanter Unterschied mit 99 %.

Zum Vergleich stehen Röntgenanalysen eines hellgrauen, sich unter den rezenten klimatischen Bedingungen bildenden Feinmaterialdetritus aus einer Höhle im Quatre-Roches-Sandstein westlich des E. Dougié (Probe 202, Tab. 4) und des Sandsteins selbst zur Verfügung (Probe 204, Fig. 32 c). Die letzte aus einer feinkörnigen Lage des Sandsteins stammende Probe enthält fast ausschließlich Kaolinit, daneben etwas Quarz, Calcit und Eisenoxyde; die Analysen des Feinmaterialdetritus zeigen in der Fraktion 63–2 µ außer dem Hauptgemengeanteil Quarz Feldspäte, Kaolinit, Illit und etwas Calcit, in der Fraktion <2 µ Kaolinit, Illit, Montmorillonit, Illit/Montmorillonit-Wechsellagerungsminerale und etwas Eisenoxyd. Bei der Abtragung des Sandsteins muß daher mit einer detritischen Zufuhr von Kaolinit, der recht stabil ist (G. MILLOT, 1970), und vermutlich auch von Illit in die Sedimentationsbereiche gerechnet werden.

Auf eine solche Möglichkeit scheint auch die folgende Beobachtung hinzudeuten. Eine Dünnschliffprobe des Basissandsteins, der nach N. W. ROLAND (1971) ersten Sandsteineinheit der Depression von Bardai, enthält eckige bis kantengerundete Quarzkörner, Feldspäte und Karbonate; der Zement zwischen den Körnern ist serizitisch bis chloritisch (Probe 294, Tab. 2). Die Probe stammt aus einem Gebiet 3 km südlich des untersuchten Aufschlusses. Da die Abdachung des Niveaus II nach Norden gerichtet ist, könnte der Chloritgemengeanteil in der 63–2 µ-Fraktion der Probe 309 hier seinen Ursprung haben.

Auch unter Berücksichtigung der Möglichkeit einer detritischen Materialzufuhr ergeben sich Hinweise auf intensive chemische Verwitterungsprozesse zur Bildungszeit des ockerfarbenen Lehms. So ist eine nahezu völlige Verwitterung der im Sandstein reichlich vertretenen Feldspäte in den 63–2 µ-Fraktionen der beiden Proben 309 und 311 zu beobachten. Auf solche Verwitterungsvorgänge scheinen auch die geringen Anteile von Quarz in diesen beiden Proben hinzudeuten.

Bei dem ockerfarbenen Lehm des unteren Horizontes könnte es sich um das fluviatil umgelagerte Material eines Bodens handeln, der unter intensiveren als den gegenwärtigen Verwitterungsprozessen gebildet wurde und der während bzw. auch vor der Ausbildung des beschriebenen Flußsystems in dessen Umgebung entwickelt war.

2.2.2.2 Weitere Vorkommen von Resten des Niveaus II

Fig. 5 vom Ostrand der Depression zeigt den schmalen Rest einer nach Westen geneigten Kappungsfläche, die von 2 m hohen Rücken, den Schichtköpfen des nach Nordwesten einfallenden Sandsteins, überragt wird. Auf der Fläche liegen in etwa 1178 m Höhe gut gerundete Schotter aus quarzitischem Sandstein und Reste eines hellrötlichen bis ockerfarbenen Feinmaterials. Der Durchmesser der Schotter beträgt maximal 60 cm. Einzelne Schotter finden sich zwischen Hangschutt auch auf dem nach Westen exponierten Hang. Dem Niveaurest entspricht jenseits eines sich nach Osten anschließenden, tief eingeschnittenen Kerbtales eine Verebnung von 80 m Breite. 60 m über dieser Verebnung liegen die im Kapitel 2.2.1 beschriebenen Schotter des Niveaus I.

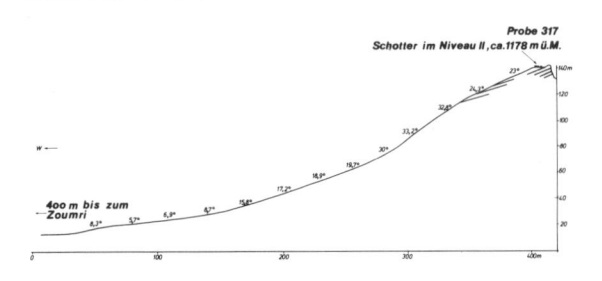

Fig. 5: Profil am Ostrand der Depression von Bardai

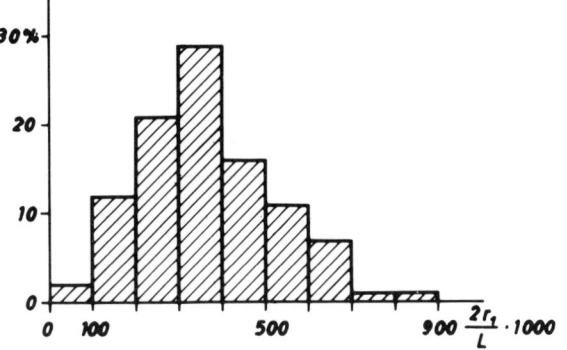

Fig. 6: Zurundungsdiagramm einer Schotterprobe des Niveaus II

Das Zurundungsdiagramm einer Schotterprobe weist ein Maximum bei Indexwerten zwischen 300 bis 400 auf, 9 % der Schotter zeigen Zurundungswerte von 600 bis 900 (Fig. 6). Der Mittelwert der Zurundung beträgt 366,56 (Tab. 2). Ein Vergleich mit der Schotterprobe 313 vom Südwestrand der Depression ergibt eine nur zufallsbedingte Differenz der Zurundungswerte beider Proben. Die Sedimente im Südwesten und im Osten der Depression sind in bezug auf die Zurundung der Schotter und das nachgewiesene Feinmaterial gut vergleichbar, allerdings beträgt die Höhendifferenz zwischen beiden Niveauresten etwa 50 m.

Vergleichbare Schottervorkommen liegen am Südostrand der Depression bei 1175 m und nordöstlich von Bardai bei 1138 m Höhe (Fig. 7). An der zuletzt genannten Lokalität sind gut gerundete Schotter bis zu 50 cm Durchmesser und Bruchstücke dieser Schotter auf einer Fläche von 50 x 100 m verbreitet. Dazwischen liegen Bruchstücke einer aus Hämatit bestehenden Eisenschwarte (Probe 319, Tab. 2), die wahrscheinlich aus abgetragenen Horizonten von Eisenkrusten stammen. N. W. ROLAND (1973, p. 22 f.) beschreibt solche Eisenkrusten aus dem Quatre-Roches-Sandstein. Im Unterschied zu den bisher dargestellten Aufschlüssen ist die Auflagefläche der Schotter hier an einen 3 bis 4 m mächtigen kontaktmetamorphen Horizont des Sandsteins angepaßt[16]. Die Schotterfläche wird von 10 m hohen Sandsteinrücken überragt. Ähnlich wie im Südwesten der Depression ist ein Flußsystem anzunehmen, das mehrere Meter in ein höheres Gelände eingelassen war.

---

[16] Auf die Rolle solcher Horizonte bei den Abtragungsvorgängen wird in Kapitel 2.2.4.1 eingegangen.

Tabelle 4
Röntgenanalysen aus der Depression von Bardai und der Gégéré[17]

Proben-Nummer	Lokalität[18]	Sediment	\ 63–2 µ\ Quarz	Feldspat	Glimmer	Calcit	Kaolinit	Montmorillonit	Illit	Chlorit	Hämatit	\ <2 µ\ Kaolinit	Montmorillonit	Illit	Illit/Montm.	Chlorit	Hämatit	Feldspat	Glimmer	Calcit
202	westlich des E. Dougié (Ehi Kournei)	helles Feinmaterial (Sandsteinhöhle)	●	+		+	O		O			−	+	+	+		O			
204	–	Sandstein										●		O			O			O
309	Südrand der Depression Niveau II	ockerfarbenes Sediment	+				+		O	O		−	+-	O			O			
311	–	–	O				+				O	−		O			O			
302	Nordrand der Depression	hellrötliches Sediment unter Basalt	+				+	O	O			−	−	O			O			
257	nordwestlich von Zoui	rötliches Material	+				O	O	O			−	+	O			O			
226	Gégéré	braunrötliches Feinmaterial	+				+		O			+	O	O			O			
Nr. 39	E. Tabiriou	fluvio-lakustre Sedimente	O	+			O	+	O			O	●	O						
Nr. 3	Ouanofo, 50 cm über NW	–	O	+			O	+	O			O	−							
Nr. 8	Ouanofo, 1,3 m über NW	–		O				+	+			−	O						+	
Nr. 51	Ouanofo, 3,5 m über NW	–		+			O	+	O			−								
Nr. 25	Ouanofo, 4 m über NW	–		O				+	O			●	O							
Nr. 7	Ouanofo, 7 m über NW	–						+	+			−								
Nr. 10	Ouanofo, 12–13 m über NW	–		+				O	O			+								
225	Gégéré	unterer Schutthorizont, rotbraunes Feinmaterial	+	+			O		+			+	O	O						
223	Gégéré	rotbrauner Horizont unter Seesediment	+	+			O		O			O	O	O						
12–18	E. Tabiriou	OT-Schwemmfächer	O	+	O		O	O	O			O	+	O			O			
Nr. 52	–	–		+	+		O		O			O	+	O						
264	Gégéré, 1 m über Sockel	–		O	O							O	O	O						
265	Gégéré, 1,5 m über Sockel	–		+	+				O			O	O							
251	westlich des E. Dougié	bräunliches Verwitterungsmaterial										O	O							
227-231	–	Sandsteingrushorizont	−	+			O	+	O			−	O	O						
285	E. Serdé	–		+	+		O	+	O		O	−	+	O			O			
1	E. Tabiriou, 3,5 m über NW	limnisches Sediment der MT-Akkumulation	O				+					O	O	O						+
2	E. Tabiriou, 4 m über NW	–		+	+			O	O			O	O	O			O			
3	E. Tabiriou, 4,4 m über NW	–		+	+			O	O			O	O	O			O			
4	E. Tabiriou, 4,7 m über NW	–		O	O		+					O	+							
5	E. Tabiriou, 6,5 m über NW	–		+	+	O		O		O			O	+	O			O		
B 87-89	E. Zoumri	–		+	+		+	O	O	O		O	O	O						
262	Gégéré	–		+	+				O			O	+		O					
222	–	–		+	+		+	O	O			O	O							+
Nr. 2	Ouanofo	–	O				+	O	O			O	+	O	O			O		
247	Südrand der Depression von Bardai	graue Schluffe und Feinsande	+	+				O	O			+	+	O						
293	E. Dougié	–		+	+		O	O	O			+	+	O						
116-125 und 170-178	E. Zoumri	rezente Schwemmfächer-sedimente	+	+			O	O	O			O	+	O						
181-185	–	HW-Sedimente	+	+			O	O	O			+	+	O						
82-90	westlich des E. Dougié	rezentes Sandschwemmebenen-Sedim.	+	+			O	O	O	O		+	+	O						
62-67 u. 78-80	–	Flugsand	+	+			O	O	O	O		+	+	O		O				

O = schwache Intensität + = mittlere Intensität − = hohe Intensität ● = sehr hohe Intensität

[17] Für die Beratung bei der Durchführung der Röntgenanalysen bin ich Herrn Prof. KALLENBACH und für die Hilfe bei der Probenaufbereitung Frau PEUKERT vom Geolog. Institut der Technischen Universität Berlin zu Dank verpflichtet.

[18] Die Lage der aus der Depression von Bardai stammenden Proben ist in der geomorphologischen Karte des Beckens von Bardai verzeichnet.

[19] Die beiden Fraktionen 63–2 µ und <2 µ wurden mit einer Zentrifuge getrennt; der Nachweis von Montmorillonit erfolgte über eine Behandlung mit Glycol, der Nachweis von Kaolinit durch Tempern bei 580° C über 30 Minuten in einzelnen Stichproben (vgl. Fig. 32); Strahlung: Cu, Filter: Ni.

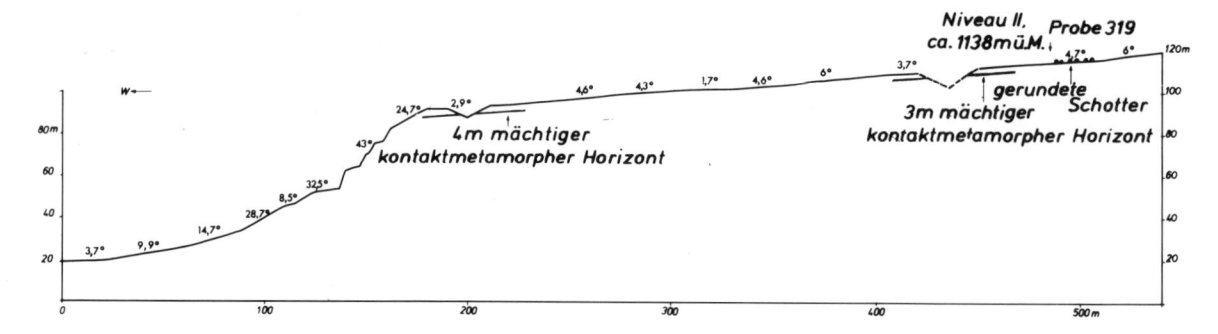

Fig. 7: Profil nordöstlich von Bardai

Eine Verebnung östlich von Bardai bei 1133 m mit Resten eines Basaltes (Fig. 2) und eine nicht eingemessene, aber ungefähr 40 bis 50 m über dem Niveau III gelegene Kappungsfläche im Gebiet der Basaltprobe 303 liegen etwa in Höhe des Niveaus II. Auf der zuletzt genannten Fläche ist unter einem 8 m mächtigen Basalt ein Horizont von 40 bis 50 cm aus einem intensiv hellrötlich gefärbten lockeren Feinmaterial erhalten. Die Fraktion 63–2 µ besteht aus Montmorillonit, Kaolinit, Illit und etwas Quarz, die Fraktion <2 µ aus Montmorillonit, Kaolinit, wenig Illit und Hämatit (Probe 302, Tab. 4). Wie bei dem Sediment am Südwestrand der Depression dürfte auch hier das Fehlen von Feldspäten auf intensive chemische Verwitterungsprozesse zur Zeit einer Bodenbildungsphase vor Ablagerung des Basaltes hindeuten.

2.2.2.3 Zur Entstehung und zum Alter des Niveaus II

Im Unterschied zu Niveau I, das nur an einer Lokalität durch Schotter belegt ist, lassen sich für das Niveau II an verschiedenen Stellen Schottervorkommen in etwa 90 bis 130 m Höhe über dem rezenten Flußbett des E. Zoumri nachweisen. Nach der Neigung der Schotterflächen ist ein weit verzweigtes Flußnetz anzunehmen, das in westlicher Richtung entwässerte. Die unterschiedliche Höhenlage der Schotterreste, die vor allem im Bereich von Seitentälern dieses Flußnetzes erhalten sind, läßt keine sichere Aussage darüber zu, ob es sich um ein oder um zwei Schotterniveaus handelte. Nimmt man einmal den ersten Fall an und legt der Berechnung des Gefälles des alten Flußlaufes die ermittelten Höhen zugrunde, so ergibt sich bei einer dem rezenten E. Zoumri entsprechenden Lauflänge ein Gefälle in westlicher Richtung von 0,45 %. Der rezente Zoumri hat auf dieser Strecke ein Gefälle von 0,35 % (D. JÄKEL, 1971, Nivellement E. Bardagué, Teil 1). Es läßt sich nicht entscheiden, ob das Gefälle des alten Flußlaufes vielleicht stärker als dasjenige des rezenten E. Zoumri war, oder ob es sich bei den miteinander korrelierten Schottervorkommen möglicherweise um zwei fossile Schotterterrassen handelt oder ob noch nach Ablagerung der Schotter tektonische Verstellungen stattgefunden haben.

Das alte Flußnetz wird am Nord- und Nordostrand der Depression von der noch überall gut erhaltenen Kappungsfläche in Höhe des Niveaus I überragt und ist von dieser Fläche durch eine 60 bis 70 m hohe Stufe getrennt. Am Südrand der Depression dagegen hat sich das Niveau II noch weit über das Untersuchungsgebiet hinaus nach Süden ausgedehnt, da hier nur wenige Reste der Kappungsfläche in Höhe des Niveaus I zu beobachten sind. Der in der Depression gelegene Inselberg des Ehi Kournei südlich von Bardai überragte bereits in dieser Zeit das Niveau II, da er eine Höhe von 1158 m besitzt. Während der Nordrand der Depression bereits zur Zeit des Niveaus II vorgezeichnet war, bildete sich der Südrand im wesentlichen erst nach Anlage des Niveaus II heraus. Zum ersten Mal scheint sich im Untersuchungsgebiet die bei den jüngeren Abtragungsvorgängen immer wieder festzustellende Beobachtung anzudeuten, daß südlich des heutigen E. Zoumri mit stärkeren Abtragungsvorgängen gerechnet werden muß als nördlich dieses Flußlaufes. Bereits in dieser Phase der Reliefentwicklung haben sich daher wahrscheinlich die großen Einzugsgebiete der Flüsse, die ihren Ursprung in den im Süden gelegenen Gebirgsmassiven hatten, auf die Intensität der Abtragung ausgewirkt.

Der Charakter der vorgefundenen Sedimente gibt wenige Hinweise auf die Verwitterungs- und Abtragungsbedingungen in dieser Zeit. Die Schotter zeigen sehr gute, bisher für keine andere Akkumulation nachgewiesene Zurundungswerte. Der höchste gemessene Zurundungswert einer Probe von Basaltschottern des Hochwasserbettes unterscheidet sich statistisch signifikant von den Zurundungswerten der Schotter des Niveaus II. Die starke Schotterzurundung läßt lange Transportwege und ein weit ausgedehntes Flußnetz zur Zeit des Niveaus II vermuten. Die im Vergleich zu den Schottersedimenten des jüngeren Quartärs sehr starke Zurundung der Schotter des Niveaus II könnte vielleicht für andere Ablagerungsbedingungen dieser Schotter sprechen. Eine klimatische Interpretation scheint aber bisher nicht möglich zu sein, da sich nach Untersuchungen von G. STÄBLEIN (1970) Grobsedimente aufgrund der Form-Indexverteilungen zwar regional, aber nicht überregional vergleichen lassen.

Zur Zeit des Niveaus II lassen sich an einer Lokalität im Querschnitt kastenförmige Täler nachweisen, die mehrere Meter tief in die umliegenden Flächen eingelassen waren. In den Sedimenten dieser Täler findet sich ein hellrötliches bis ockerfarbenes Bodenmaterial, das auch auf den Kappungsflächen unter einer schützenden Basaltdecke erhalten ist und das daher vermutlich von den Flächen abgespült wurde. Man kann vielleicht von einem Wechsel einer Bodenbildungs- mit einer Abtragungsphase im Sinne von H. ROHDENBURG (1970) sprechen. Die vorgefundenen Täler belegen starke lineare Erosionsprozesse während der Abtragungsphase. Die in Höhe des Niveau II beobachteten Kappungsflächen belegen, daß in dieser Zeit außerdem auch flächenhafte Erosionsprozesse wirksam wurden. Die durchgeführten Analysen des Bodenmaterials lassen keine eindeutigen Aussagen darüber zu, ob es sich möglicherweise um eine Flächenbildung unter wechselfeucht tropischen Klimabedingungen im Sinne von J. BÜDEL (1963) handelte. Eine kaolinitische Bodenbildung ist nicht ausgeschlossen, läßt sich aber aus den untersuchten Proben nicht eindeutig nachweisen, da eine detritische Tonmineralzufuhr möglich gewesen ist und da jüngere Verwitterungsvorgänge nachträglich auf die abgelagerten Sedimente eingewirkt haben können. Immerhin belegt die starke Feldspatverwitterung in dem Bodenmaterial eine Zeit sehr intensiver chemischer Verwitterung. Der fluviatilen Abtragungsphase ging offenbar eine Bodenbildungsphase voraus.

Verschiedene Untersuchungsergebnisse aus anderen Gebieten des Tibesti-Gebirges sind mit den dargestellten Befunden vergleichbar. Die Kappungsfläche in Höhe des Niveaus II findet ihre Fortsetzung wahrscheinlich in der von D. BUSCHE (1973, p. 32) beschriebenen Schieferrumpffläche im Nordwesten von Bardai, deren höchste Teile etwa 1140 m erreichen und die ca. 100 m relativer Höhe über der Flugplatzebene liegt. Die Fläche läßt sich nach Osten und Süden in den Sandsteinbereich hinein verfolgen. Außerdem gibt es auch Hinweise auf vielleicht mit dem Niveau II korrespondierende Schottervorkommen (Tab. 5). U. BÖTTCHER (1969, p. 14) beschreibt vom E. Misky im Südtibesti Streuschotter in 60 bis 70 m über dem Talboden, die aus Quarzit, Sandstein, Schiefer und Basalt bestehen und die mit einer Gipfelflur korrespondieren. B. GABRIEL (1970, p. 11 ff.) unterscheidet im Gebiet des E. Dirennao im Nordtibesti eine „untere und eine obere Höhenterrasse" zwischen 40 bis 60 m über rezent. Es sind alte in westlicher Richtung entwässernde Flußbetten mit gut gerundeten Schottern bis zu 1 m Durchmesser und einem hellrotbraunen Lehm an der Basis. K. KAISER (1972 b, p. 61) spricht von fluvialen Akkumulationen, die als „fein- bis mittelkörnige Quarzkiese mit kugel- bis eiförmiger Zurundung" in alten Flächenformungsbereichen erhalten sind. Diese Sedimente könnten aber vielleicht auch in das Niveau I gestellt werden.

Zur Frage der Altersstellung des Niveaus II lassen sich nur wenige Angaben machen. Die Schotterlage am Südwestrand der Depression wird von einem Basalt überdeckt, der sich als lang hinziehender Basaltgang in südöstlicher Richtung weiterverfolgen läßt (N. W. ROLAND, 1973). Dieser Basalt (Probe 310, Tab. 2) unterscheidet sich in seiner Petrographie deutlich von dem Basalt des in der Nähe gelegenen Basaltschlotes, der sich auf einer Kappungsfläche im Niveau I ausbreitet.

Am Nordrand der Depression liegt der Basalt der Probe 303 auf einer in Höhe des Niveaus II gelegenen Kappungsfläche. Dieser Basalt zeigt eine andere Zusammensetzung als der in Höhe des Niveaus I liegende und vermutlich aus dem Gebiet des Ehi Tougountiou stammende Basalt. Schließlich ist noch ein dritter Basalt zu nennen, der eine Sandsteinfläche in Höhe des Niveaus II östlich von Bardai überdeckt (Probe 300, Fig. 2) und der sich von allen anderen Basalten dadurch unterscheidet, daß sich bei ihm keine Trennung in Grundmasse und Einsprenglinge vornehmen läßt (Dünnschliffanalyse in Tab. 2).

Nach ihrer Petrographie lassen sich einerseits die Basalte auf der Nordseite der Depression von denjenigen auf der Südseite und andererseits auch die Basalte der beiden Niveaus I und II voneinander unterscheiden. Erst eine Datierung der Basalte könnte Aussagen zur Altersstellung der Niveaus ermöglichen. Immerhin läßt sich sagen, daß das Niveau II jünger als der Basaltschlot im Süden der Depression und wahrscheinlich auch jünger als der Basalt des Ehi Tougountiou im Norden der Depression ist. Mit der Ablagerung der Basalte in Höhe des Niveaus II sind die bedeutendsten vulkanischen Ereignisse im Bereich der Depression von Bardai abgeschlossen. Später lassen sich nur noch helle Vulkanite und junge Talbasalte beobachten.

2.2.3 Das Niveau III

Nach Ablagerung der Basalte in Höhe des Niveaus II ist, ähnlich wie nach der Bildung des Niveaus I, eine Phase der Tieferschaltung zu beobachten, die bis zum Niveau III ging. In diese Phase ist der Beginn der Anlage des Stufenrandes im Süden der Depression zu stellen. Mit der Erosionsphase nach Ausbildung des Niveaus II war die Depression daher ungefähr in den Grenzen, wie sie auch heute noch zu kartieren sind, festgelegt. Das Niveau III ist etwa 25 bis 50 m tief in das Niveau II eingeschaltet und besitzt eine relative Höhe von etwa 50 bis 60 m über dem Flußbett des E. Zoumri. Die absoluten Höhen des Niveaus sind mit etwa 1130 m im Nordosten und mit etwa 1090 bis 1070 m im mittleren bis westlichen Bereich der Depression anzusetzen. Reste des Niveaus wurden an verschiedenen Lokalitäten festgestellt.

Im Nordosten des Untersuchungsgebietes erstreckt sich ein ca. 160 m langer Rest einer Fläche, die als Kappungsfläche in dem leicht nach Süden einfallenden Sandstein angelegt ist (Fig. 8). Die im Randbereich der Depression liegende Fläche hat ein Gefälle von 1,2°. An der Oberfläche ist eine bis zu 50 cm mächtige Decke aus Basalt- und Sandsteingeröllen über einem mürben rötlich verwitterten Sandstein verbreitet. Die Basaltgerölle sind kantengerundet, wurden daher nur über eine kurze Entfernung transportiert und stammen wahrscheinlich aus der

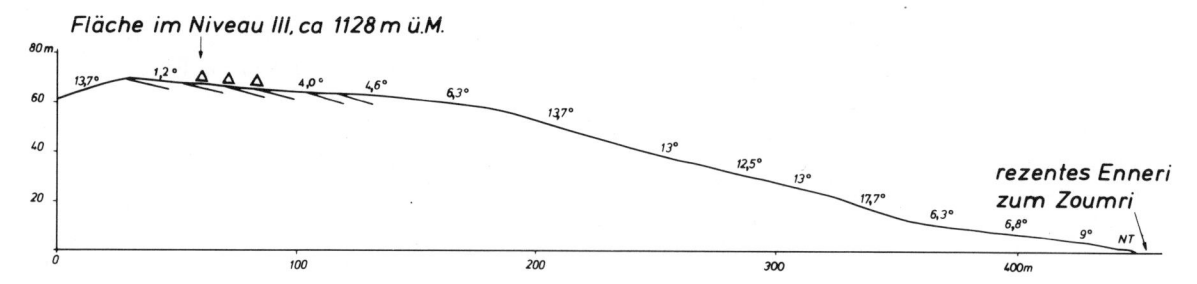

Fig. 8: Profil im Nordosten der Depression von Bardai

weiter nördlich gelegenen Basaltdecke in Höhe des Niveaus II. Von den Basalten ist die Gerölldecke durch eine breite, etwa 50 m tief eingeschnittene Talzone getrennt. Im Niveau III lassen sich zum ersten Mal im Untersuchungsgebiet Basaltgerölle nachweisen. Es hat eine kräftige Schuttzufuhr aus den Randbereichen der Depression stattgefunden. Im Stufenhangbereich ist in dieser Zeit mit Prozessen mechanischer Gesteinsaufbereitung zu rechnen. Ähnlich wie im Falle des Niveaus II ist davor eine Phase intensiver Rotverwitterung anzunehmen.

Verlängert man die obengenannte Kappungsfläche hypothetisch bis zum E. Zoumri unter der Annahme eines mittleren Gefälles von 1° – ähnliche Werte erreicht auch die nächstjüngere, tiefer gelegene Basisfläche –, so ergibt sich eine absolute Höhe der Fläche von etwa 1085 m im Bereich des Zoumri bzw. eine relative Höhe von 50 bis 60 m über dem Flußbett des E. Zoumri. In dieser Höhe liegen einzelne gut gerundete Sandstein- und Basaltschotter auf Sandsteininselbergen zwischen den Mündungen des E. Serdé und des E. Tabiriou in den Zoumri. In vergleichbarer Höhe sind auch einzelne Basaltschotter auf den Sandsteintürmen östlich von Bardai zu beobachten. Auch wenn kein Übergang der Schuttdecke am Nordrand der Depression zu den weiter im Zentrum gelegenen Schottervorkommen erhalten ist, so läßt doch ein Vergleich mit den Formungsvorgängen der jüngeren Reliefentwicklung (2.5) die Schlußfolgerung zu, daß zur Zeit des Niveaus III Hangschuttdecken von den Randbereichen der Depression auf eine Talzone ungefähr in der Position des heutigen Zoumri eingestellt waren. Die im Vergleich zum kantengerundeten Material auf der Kappungsfläche relativ gute Zurundung der Schotter in der Talzone weist darauf hin, daß es sich um ein weit über die Grenzen des Untersuchungsgebietes hinausgehendes altes Tal im Verlauf des heutigen Zoumri gehandelt haben könnte.

Auf der Südseite des Zoumri südlich von Bardai liegen die höchsten Teile von Miniaturschichtstufen und -tafelbergen, die der tiefergelegenen Basisfläche aufgesetzt sind, mit 1095 bis 1109 m in Höhe des Niveaus III. Im Südwesten des Arbeitsgebietes sind Reste einer Sandstein-Kappungsfläche in 1105 m Höhe bzw. bei 30 bis 40 m über der Basisfläche erhalten. Die Kappungsfläche ist in Richtung auf den E. Zoumri im Norden abgedacht und wird von einer 1 m mächtigen Decke aus hellgrünlichen Vulkaniten überlagert. Sie zeigen mit ihrem deutlich ausgeprägten Fließgefüge einen ignimbritähnlichen Charakter (Probe 316, Tab. 2). Der Sandstein durchragt die vollkommen flach lagernde Vulkanitdecke an einer Stelle in Form eines Sandsteinrückens von 1 bis 2 m Höhe. Unter dem von Süden her eingeflossenen Vulkanit ist der Sandstein rötlich verwittert. Auf der Vulkanitdecke ist Schuttmaterial aus Sandstein verstreut, das nach der Ablagerung der Vulkanite und vor der folgenden 30 bis 40 m tiefer führenden Ausräumungsphase von den Sandsteinhängen der Umgebung herabtransportiert worden sein muß. Wie auf der Nordseite des Zoumri so ist auch auf seiner Südseite eine Phase der Hangschuttverlagerung nachweisbar. Der Schutt-Transport war vermutlich auf die oben beschriebene Talzone in 50 bis 60 m Höhe über dem rezenten Zoumri eingestellt. Während die Neigung der Schuttdecken im Randbereich der Depression mehr als 1° beträgt, ist für den nach Westen gerichteten fossilen Flußlauf in 50 bis 60 m Höhe über dem Zoumri ein dem rezenten Enneri vergleichbares Gefälle anzunehmen.

Das Niveau III ist möglicherweise mit der „oberen Oberterrasse" von B. GABRIEL (1970) im nördlichen Tibesti und mit der „Oberterrasse" von U. BÖTTCHER (1969) zu parallelisieren (Tab. 5).

2.2.4 Die Basisfläche und das Niveau IV

Auf die Ausbildung des Niveaus III folgt eine Ausräumungsphase, die zur Anlage der Basisfläche führte. Sie kappt die Schichten des Quatre-Roches-Sandsteins (Abb. 1), stellenweise aber auch die Schichten des Tabiriou-Sandsteins, der nach N. W. ROLAND (1971) jüngsten Sandsteineinheit in der Depression von Bardai. D. BUSCHE (1973, p. 41) bezeichnet diese Fläche als „letzte Pedimentgeneration". Mit der Anlage der Basisfläche ist die Entstehung der Depression in ihren wesentlichsten Zügen abgeschlossen (Abb. 2).

Von einer Tiefenlinie im Bereich des heutigen Zoumri steigt die Basisfläche zu den Rändern der Depression nach Norden und Süden allmählich an. Da die 1075-m-Höhenlinie im östlichen Teil des Untersuchungsgebietes näher am Zoumri liegt als im westlichen Teil, hat die Basisfläche auch ein Gefälle in westlicher Richtung. Die Nebentäler des Zoumri, der E. Dougié, der E. Serdé und der E. Tabiriou, sind etwa 20 m tief in die Basisfläche

Tabelle 5

Vergleich der Terrassengliederungen in den Tälern des Tibesti-Gebirges [20]

Depression von Bardai	Gégéré	Umgebung von Bardai (BUSCHE 1973)	Bardagué (JÄKEL 1967, 1971)	Oudingueur (OBENAUF 1967, 1971)	Dirennao (GABRIEL 1970)	Wouri (BRIEM 1970, 1976)	Yebbigué (GRUNERT 1972 a, 1975)	Miski (BÖTTCHER 1969)	Tarso Voon (JANNSEN 1970)	Mouskorbé (MESSERLI 1972)
Kappungs-fläche Niveau I		Fläche bei 1206 und 1209 m				← ?		← ?		
Kappungs-fläche Niveau II	Kappungs-fläche	Schiefer-rumpf-fläche			untere u. obere Höhent.	alte, breite Kastent.		Streu-schotter ← ? →		
Kappungs-fläche Niveau III	Kappungs-fläche Schuttdecke				obere Obert.	→ ?		← ? Obert. → ?		
Basis-fläche Niveau IV	Basis-fläche	letzte Pediment-generation								
Ausraum-bereiche in der Basisfläche	Ausraum-bereiche									
Schotterakk. unter Basalt und Ignimbrit			Sand-Kies-Schotter-akkumulation	Sand-Kies-Schotter-akk.	mittlere Obert.	rote Sand-Kies-Schotter-akk.	rote Schotter-akk. unter Basalt			
fluvio-lakustre Sedimente			Hocht.-Sedimente	Hocht.-Sedimente		→ ?			Becken-ver-schüttung	
Obert. (G)	Obert. (G)		Obert. (G)	Obert. (G)	untere Obert. (G) obere Mittelt.	braune Sand-Kies-Schotter-akk. (G)	Hauptt. ← ?	Hauptt.	Hauptt.	
Mittelt. (G)	Mittelt. u. Seeakk. (G)		Mittelt. (G)	Mittelt. selten als Form	untere Mittelt. (G)	See-sedimente	→ ?	Seekreide		See-sedimente (G)
Niedert.	Niedert.		Niedert.	Niedert.	Niedert.		Niedert.	Niedert.	Niedert.	

In Tab. 5 bedeuten:
(G): Grobmaterialdecke an der Oberfläche der Akkumulation
t: Terrasse
akk.: Akkumulation

[20] Die relative Höhe der Terrassen über dem Niedrigwasserbett im Bereich der Depression von Bardai und in der Gégéré ist in Tab. 8 wiedergegeben, vgl. auch die Ausführungen im Text, besonders 2.6.

eingesenkt. Während im Bereich der Nebentäler nur selten Inselberge auftreten, sind solche Berge im Randbereich der Depression, wie z. B. westlich des E. Dougié, häufig anzutreffen.

Im Gebiet der südlichen Nebentäler des E. Zoumri ist die Basisfläche weit ausgedehnt; damit ist, ähnlich wie bei der Anlage des Niveaus II (2.2.2.3), eine deutliche Bevorzugung dieses Teiles der Depression bei den Abtragungsvorgängen während der Entstehung der Basisfläche erkennbar.

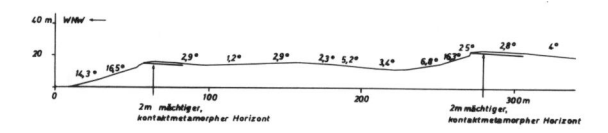

Fig. 9: Miniaturschichtstufen westlich des E. Dougié

2.2.4.1 Das Inselberggebiet westlich des E. Dougié

In diesem Gebiet hat die Basisfläche ein Gefälle von 1,8 % in Richtung auf den E. Dougié. Der Basisfläche sind zahlreiche Inselberge in Form von Säulen, Rücken, Kegeln, Miniaturschichtstufen und -tafelbergen aufgesetzt. Die zu beobachtenden Formen können Hinweise auf den Ablauf der Abtragungsprozesse nach Anlage des Niveaus III geben.

Am Südrand der Depression fehlt in einem größeren Bereich eine Überdeckung des Quatre-Roches-Sandsteins durch Basalte. Hier wird die Depression durch keine markante Stufe begrenzt, sondern es hat sich ein leicht konkav gekrümmter, nach Süden ansteigender Hang entwickelt, der nach Norden in die Basisfläche übergeht. Der Hang wird von einem Mosaik aus Rücken und Säulen überragt (vgl. die geomorphologische Karte), deren Höhe nach Süden gleichmäßig abnimmt. Die Inselberge liegen in den Zentren von Parzellen, die durch die Kluftnetzlinien des Sandsteins begrenzt werden. Die Konturen der Inselberge verlaufen meist parallel zu den Klüften. Die Inselberge wurden offenbar durch Verwitterungs- und Abtragungsprozesse herauspräpariert, die am Kluftnetz des Sandsteins ihren Ausgang nahmen und zu einer allmählichen Erweiterung der Klüfte führten.

Hinweise auf eine an den Kluftlinien des Quatre-Roches-Sandsteins ansetzende Verwitterung finden sich auch im Bereich des weiter nördlich gelegenen Inselbergmassivs des Ehi Kournei. Kleine Inselberge am Rande des Massivs sitzen zum Teil auf Sockeln, die die Basisfläche nur wenige Meter überragen und die nach der Abtragung der Inselberge als Zeugen für ehemals existierende Inselberge gewertet werden können. Im Innern des Inselbergmassivs, wo die Ausräumung des Sandsteins noch nicht so weit fortgeschritten ist, sind senkrechte Klüfte in Höhe feinkörniger Sandsteinlagen zu Höhlen erweitert. Sie liegen 10 bis 20 m unter der Oberfläche des Sandsteins. In Abhängigkeit vom Einfallswinkel der Schichten sind horizontale bis etwas geneigte Höhlengänge mehrfach übereinander entstanden. Die fortschreitende Verwitterung und Abtragung löste ehemals geschlossene Sandsteinkomplexe zu Pilzfelsen, Säulen und Rücken auf.

Außer diesen Formen entstanden bei der Verwitterung und Ausräumung des Sandsteins auch Miniaturschichtstufen und kleine Tafelberge wie z. B. westlich des Ehi Kournei.

Drei in Nordnordost-Südsüdwest-Richtung verlaufende kleine Schichtstufen sind im Gebiet der Figuren 9 und 10 entwickelt. Der Sandstein fällt hier nach Ostsüdosten ein. Das Querprofil in Fig. 9 kreuzt zwei der drei Stufen. Das Profil in Fig. 10 verläuft in Richtung des Streichens der Stufen und führt über die Fläche einer Schichtstufe zur Basisfläche im Südsüdwesten. Auf der Stufenfläche sind flache Muldentälchen entwickelt, die an der Oberfläche eine 10 cm mächtige Lage aus scherbigem Schutt in einem braunrötlichen Feinmaterial tragen. In den Stufenhang, der stellenweise mit großen Blöcken bedeckt ist, sind Kerbtälchen eingeschnitten, die auf die sich in westlicher Richtung anschließende Subsequenzzone eingestellt sind. Die relative Höhe der Schichtstufe nimmt von 12 bis 14 m im Nordnordosten auf wenige Meter im Südsüdwesten ab. Die Subsequenzzone läuft nach Südsüdwesten in Höhe einer flachen Mulde der Basisfläche aus. Ihre Oberfläche läßt sich in mehrere solcher weitgespannten Mulden mit dazwischen liegenden flachen Wasserscheiden gliedern. Die Basisfläche steigt etwas nach Südsüdwesten an.

Die Schichtstufen sind in Gesteinen unterschiedlicher morphologischer Härte entwickelt. Der Stufenbildner besteht aus einem kontaktmetamorphen Sandstein (D. JÄKEL, 1970, Berliner Geograph. Coll.; P. STOCK, 1972; N. W. ROLAND, 1973). Es handelt sich um kantengerundete Quarzkörner in einem hämatitisch-quarzitischen Bindemittel (Proben 274 und 307, Tab. 2). Diese Horizonte besitzen eine größere Abtragungsresistenz als der unterliegende unveränderte Quatre-Roches-Sandstein, der in Form sandiger, kiesiger und konglomeratischer Schichten ausgebildet ist. Da sich die Körner stellenweise relativ leicht aus ihrem Verband lösen lassen, ist der Quatre-Roches-Sandstein als wenig erosionsbeständiges Gestein zu bezeichnen (N. W. ROLAND, 1973, p. 20).

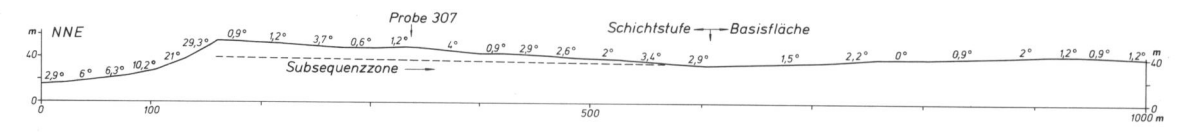

Fig. 10: Schichtstufe westlich des E. Dougié

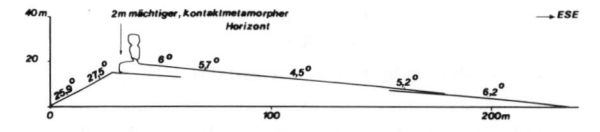

Fig. 11: Schichtstufe westlich des E. Dougié

Einen vergleichbaren Aufbau zeigt die Schichtstufe in Fig. 11 mit einem etwas stärkeren Einfallen der Schichten als in dem vorangehenden Beispiel. Nahe der Oberkante der Schichtfläche ist eine 10 m hohe Sandsteinsäule erhalten, an deren Fuß eine 2 m tiefe Hohlkehle entwikkelt ist. Eine solche Sandsteinsäule überragt auch den Tafelberg in Fig. 12. Von einer ehemaligen zweiten Säule auf dem Tafelberg ist nur noch ein flacher Kegelberg übriggeblieben, der von grobblockigem Schutt umgeben ist. Auf dem nach Osten gerichteten Stufenhang des Tafelberges liegt ein Schuttkegel, der auf die Basisfläche ausläuft.

Verwitterung und Abtragung nach Anlage des Niveaus III erfolgten in enger Bindung an Klüftung und Härteunterschiede des Sandsteins. Die an den Klüften des Sandsteins in die Tiefe greifende Verwitterung fand ihren Halt stellenweise an morphologisch harten Gesteinslagen, die als Strukturflächen herauspräpariert wurden. Die zum Teil auf den Schichtflächen und Tafelbergen erhaltenen Sandsteinsäulen belegen diesen Prozeß. Auch schon bei der Anlage der älteren Kappungsflächen kam es zur Bildung von Inselbergen, die die Flächen heute als über 20 m hohe Rücken überragen. Bei einer Fläche im Niveau II östlich von Bardai (2.2.2.2, Fig. 7) wurde bereits eine deutliche Anpassung an Härteunterschiede des Gesteins beobachtet.

Reste von Ansammlungen eines Block- und Feinschuttmaterials auf den Strukturflächen der Tafelberge und Miniaturschichtstufen könnten darauf hinweisen, daß die Aufbereitung des Sandsteins zeitweise über die Bildung eines grusigen Verwitterungsmaterials vor sich ging. Allerdings ist nicht auszuschließen, daß dieses Material erst nach Anlage der Basisfläche aus den Sandsteinsäulen auf den Strukturflächen entstanden ist.

2.2.4.2 Die Basisfläche im Gebiet des E. Zoumri und seiner südlichen Nebenflüsse

Im Bereich der aus den Gebirgsmassiven im Süden kommenden Täler sind die Abtragungsvorgänge sehr intensiv gewesen. Weite Kappungsflächen finden sich auf beiden Seiten des E. Dougié, stellenweise auf der Nord- und Südseite des Zoumri und in Resten zwischen dem E. Dougié und E. Serdé.

Die Basisfläche setzt am Südrand der Depression im Mündungsbereich der Nebentäler mit weit nach Süden reichenden Buchten ein. Im Mündungsgebiet des E. Dougié in die Depression hat die Fläche eine über 1 km breite Ausdehnung und endet im Süden an den Wänden eines breiten kastenförmigen Tales, in das der E. Dougié eingeschnitten ist. Im Bereich zwischen den Einmündungen der Nebentäler, wie z. B. zwischen dem E. Dougié und E. Serdé, ist der Rand der Depression nach Norden verschoben. In dem genannten Gebiet reicht die Basisfläche bis an den Rand einer markanten, am E. Serdé über 100 m hohen Stufe aus Quatre-Roches- und auflagerndem Tabiriou-Sandstein. Der Übergang von der Stufe zur Fläche vollzieht sich über einen konkav gekrümmten, im Quatre-Roches-Sandstein angelegten Hangabschnitt. Der Rand der Depression verläuft hier in Anlehnung an eine Störung in Nordost-Südwest-Richtung.

Vom Südrand der Depression aus ist die Basisfläche leicht nach Norden in Richtung auf den E. Zoumri geneigt. Es lassen sich Flächen mit und ohne jüngere Schotterüberdeckung unterscheiden. Außerhalb der unmittelbaren Umgebung der Nebentäler liegt der gekappte Sandstein oft direkt an der Oberfläche. Infolge einer großen Zahl von Tälchen zeigt er eine Kammerung in kleinsten Flächeneinheiten. Die zum Teil mit rezentem Flug- und Schwemmsand verfüllten Tälchen sind über Querrinnen miteinander verbunden und in ihrem Verlauf an das Kluftnetz im Sandstein angepaßt. Es könnte sich um Tälchen handeln, die schon zur Bildungszeit der Basisfläche existierten und die während der folgenden Erosions- und Akkumulationsphasen überformt wurden. Wie im Gebiet westlich des E. Dougié scheint auch hier die Verwitterung und Ausräumung vorzugsweise vom Kluftnetz des Sandsteins ausgegangen zu sein.

Stellenweise wird die Basisfläche von alten Schottersedimenten überlagert. Auf der Südseite der Depression finden sich zwischen dem E. Dougié und E. Serdé und auf der Ostseite des E. Dougié nahe dem Beckenrand einzelne, zum Teil zerbrochene Quarzitblöcke und Quarzitschotter. D. BUSCHE (1973, p. 62) beschreibt solche Vorkommen auch von der Westseite des E. Dougié. Die Schotterreste könnten zu einem alten Flußnetz gehören, das am Ende bzw. nach Anlage der Basisfläche in etwa 20 bis 30 m Höhe über dem rezenten Flußnetz entwickelt war. Dieses Flußnetz wird als Niveau IV bezeichnet (Tab. 8).

Neben solchen alten, fast vollkommen ausgeräumten Schottern lassen sich auch jüngere Schotterablagerungen beobachten, die aus den Mündungsbereichen der Täler in die Depression vorgeschüttet wurden und die, wie z. B.

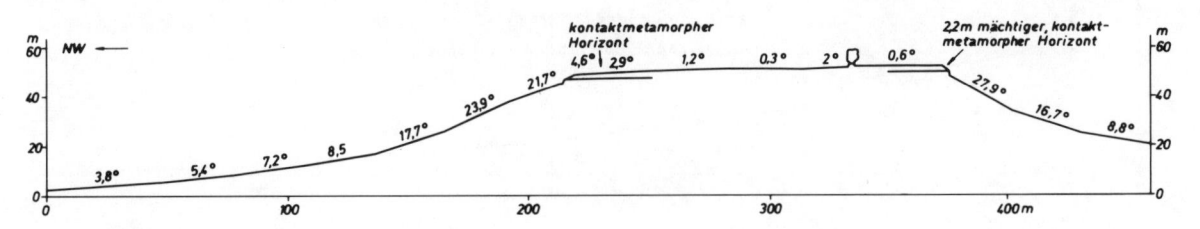

Fig. 12: Tafelberg westlich des E. Dougié

entlang des E. Dougié, stellenweise auch des E. Tabiriou und E. Serdé, die Basisfläche überdecken (Abb. 1, vgl. 2.5.4.1).

Am nördlichen Talrand des Zoumri, nordwestlich von Zoui, ist zwischen einer 60 cm mächtigen Grobschotterlage und der Basisfläche ein 1 m mächtiger Horizont aus rötlichem Feinmaterial erhalten. In dem Feinmaterial kommen einzelne Quarzkörner vor, die wahrscheinlich aus dem verwitterten Sandstein stammen. Das Material zeigt eine säulige Struktur und ist ungeschichtet. Die größeren Gerölle der Schotterdecke reichen mit ihrer Unterseite in den Feinmaterialhorizont hinein. Die Röntgenanalyse des rötlichen Feinmaterials zeigt in der Fraktion 63–2 µ Quarz, Kaolinit, etwas Illit und Montmorillonit (Probe 257, Tab. 4). Im Vergleich zum Quatre-Roches-Sandstein weist das Material eine starke Abnahme an Quarz und eine nahezu völlige Verwitterung der Feldspäte auf. Das Material ist kalkfrei. In der Fraktion <2 µ besteht es aus gut auskristallisiertem Kaolinit, Illit, Montmorillonit und Hämatit. Eine Unterscheidung dieses Materials von dem ockerfarbenen bis hellrötlichen Lehm im Niveau II (2.2.2) ist nach den Röntgendiagrammen nicht möglich. Eine Umlagerung des Materials von den höher gelegenen Niveaus II und III auf die Basisfläche ist wenig wahrscheinlich, da die zwischengeschalteten Erosionsphasen mit Ausnahme einiger besonders gut geschützter Vorkommen zu einer völligen Ausräumung der alten Verwitterungsdecken führten. Dagegen ist eher mit einer erneuten Phase intensiver Verwitterung und Bodenbildung zu rechnen.

Ein dem Aufschluß nordwestlich von Zoui vergleichbarer Horizont ist auf der Ostseite des E. Dougié stellenweise zwischen einer Grobschotterlage und der Basisfläche erhalten. Die oberen Lagen des etwa 70 cm mächtigen Horizontes sind mit Sand, Kies und kleinen Schottern durchsetzt, so daß hier mit einer späteren fluviatilen Aufarbeitung des Verwitterungsmaterials gerechnet werden muß. Die beschriebenen Feinmaterialvorkommen sind vermutlich mit hellroten lehmigen Bodenresten zu korrelieren, die D. BUSCHE (1973, p. 62) auf gut erhaltenen Teilen des Sandsteinpediments in der Depression von Bardai beobachtet hat. Wie im Falle der Niveaus II und III, so gibt es auch bei dem Niveau IV Hinweise auf Zeitabschnitte mit intensiver Verwitterung und Bodenbildung und auf eine Phase fluviatiler Aktivität.

2.3 Vergleich der Untersuchungsbefunde in der Depression von Bardai mit Beobachtungen am Nordrand der Gégéré

Der Nordrand der Depression der Gégéré ist in den gleichen Sandsteinformationen angelegt wie das Becken von Bardai. Die auf der linken Seite des Profils in Fig. 13 angedeutete Kappungsfläche wird von Basalten überdeckt, die nach einer Karte bei G. BRUSCHEK (1974, Fig. 6) der mittleren dunklen Serie, nach einer Karte bei K. KAISER (1972 a, Fig. 3) der mittleren bzw. oberen dunklen Serie zugehören könnten. Unterhalb dieser Fläche lassen sich zwei weitere Kappungsflächen im Sandstein unterscheiden, die nach Süden in Richtung auf das Zentrum des Beckens abgedacht sind. Die erste Anlage des nördlichen Beckenrandes, in den ungefähr auch gegenwärtig noch zu kartierenden Grenzen, fällt in eine Ausräumungsphase nach Ablagerung der Basalte. Die überwiegend hellen Vulkanite am Südrand der Gégéré müssen dagegen in einen viel jüngeren Zeitraum gestellt werden (2.5.1).

Die vielleicht aus der Beziehung zwischen Vulkanismus und Beckenanlage abzuleitende Möglichkeit einer Parallelisierung der höchsten Kappungsfläche am Nordrand der Gégéré mit der Kappungsfläche im Niveau II der Depression von Bardai scheint sich auch durch Beobachtungen im Bereich der beiden tiefer gelegenen Kappungsflächen der Gégéré zu bestätigen. Die obere der beiden Flächen trägt eine Decke aus kantengerundeten Sandstein- und Basaltblöcken mit einem Durchmesser von 50 bis 70 cm. Das Basaltmaterial wurde vom Beckenrand über einen konkav gekrümmten Hang auf die Fläche transportiert. Die Basaltblöcke sind mit ihrer Unterseite in Reste eines rötlichen Feinmaterials eingebettet, das an der Oberfläche des verwitterten Sandsteins verbreitet ist. Wie im Falle des Niveaus III der Depression von Bardai gibt es hier Belege für Zeitabschnitte mit intensiver Bodenbildung und für Zeitabschnitte mit einer kräftigen Hangschuttverlagerung.

Die untere der beiden Kappungsflächen bildet im nördlichen und westlichen Bereich der Gégéré über weite Flächen die Basis der Depression und kann daher mit der Basisfläche des Beckens von Bardai korreliert werden. Der Fläche sind zahlreiche Inselberge aufgesetzt. Auf der östlichen Seite ist das Tal des E. Hamora 30 m tief in die Fläche eingelassen. Ähnlich wird die Basisfläche im Becken

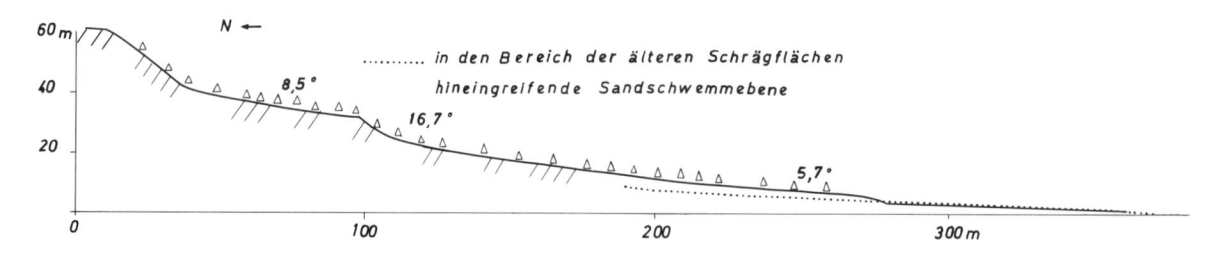

Fig. 13: Profil am Nordrand der Gégéré

von Bardai durch die Schluchten des E. Dougié, E. Serdé und E. Tabiriou zerschnitten.

Am Rande eines in der Depression gelegenen Inselbergmassives ist zwischen der unteren Kappungsfläche bzw. der Basisfläche und einer 40 cm mächtigen Schuttdecke (2.5.3) ein Horizont aus kräftig rot bis rotbraun gefärbtem Material erhalten (Probe 226, Fig. 32 b, Tab. 4). Der Horizont ist 50 cm mächtig. In seine oberen und mittleren Partien sind einzelne große Schuttstücke eingeschaltet. Das rötliche Material besteht zu 40 bis 50 % aus Korngrößen unter 63 µ. Die Röntgenanalyse ergab für die Fraktion 63–2 µ Quarz, Kaolinit, Illit, für die Fraktion <2 µ Kaolinit, Hämatit, etwas Illit und Montmorillonit. Die Feldspäte sind vollkommen zersetzt. Die Materialzusammensetzung entspricht der Probe 257, die aus einem Horizont in vergleichbarer Position auf der Basisfläche in der Depression von Bardai stammt (2.2.4.2).

Die morphologischen und sedimentologischen Befunde sprechen für eine Parallelisierung der von Basalt bedeckten Fläche am Nordrand der Gégéré mit der Fläche im Niveau II am Rande der Depression von Bardai und der oberen und unteren Kappungsfläche der Gégéré mit den Flächen in Höhe der Niveaus III und IV im Becken von Bardai. Eine vergleichbare Abfolge von Formungsstadien ist vermutlich auch für die im östlichen Zoumrigebiet gelegenen Depressionen, wie z. B. das Becken von Oskoi und das Becken östlich von Osouni, anzunehmen. Diese Becken sind ebenfalls im Sandstein angelegt. Bei der Kartierung der Terrassen des E. Zoumri wurden hier der Basisfläche vergleichbare Kappungsflächen festgestellt. Die älteren Formungsstadien wurden in diesen Gebieten bisher nicht untersucht.

2.4 Ergebnisse

Im Untersuchungsgebiet läßt sich auf Grund der Höhenverhältnisse, der vorgefundenen Sedimente und Böden und ihrer stellenweise zu beobachtenden Überdeckung durch petrographisch voneinander zu unterscheidende Vulkanite eine Abfolge von vier Niveaus rekonstruieren, die durch Schottervorkommen gekennzeichnet sind. Das Niveau I ist älter als Basaltschlote am Südrand und als der Olivinbasalt des Ehi Tougountiou am Nordrand der Depression von Bardai; das Niveau II ist älter als ein Gangbasalt am Süd- und Deckenbasalte am Nordrand des Beckens; das Niveau IV schließlich ist älter als Ignimbrite und Talbasalte (Tab. 8).

In Höhe der Niveaus, zum Teil auch etwas höher liegend, wie z. B. im Falle des Niveaus II, sind Kappungsflächen im Sandstein angelegt. Die Existenz einer weiteren, noch älteren Fläche ist wegen des Vorkommens von Inselbergen auf der obersten der vier Kappungsflächen zu vermuten. Während zur Zeit des Niveaus I eine weite Kappungsfläche in etwa 190 m Höhe über dem Flußbett des E. Zoumri lag, ist zur Zeit der Anlage des Niveaus II der Nordrand der Depression von Bardai bereits vorgezeichnet. Erst nach Bildung dieses Niveaus erfolgte die Anlage der Depressionen in ihren etwa heute noch zu beobachtenden Grenzen. In welcher Beziehung die beschriebenen Kappungsflächen zu den Rumpfflächen im nördlichen Tibesti-Vorland (H. HAGEDORN, 1971; H.-J. PACHUR, 1974) und im südlichen Tibesti-Vorland (P. ERGENZINGER, 1971) stehen, ist unsicher.

Während der Entstehung der Depressionen wurden die hochaufragenden Basalt- und Sandsteinplateaus in den Randbereichen durch tief eingeschnittene Buchten und Schluchten in schmale Kämme und Rücken aufgelöst, die zum Teil noch mit den Plateaus verbunden sind. Von den parallel zu den Buchten verlaufenden Hauptkämmen zweigen zahlreiche Nebenkämme ab, deren Streichrichtung, wie z. B. bei dem Plateau nordöstlich von Bardai, durch das Kluftnetz des Sandsteins festgelegt ist. Die kastenförmige Schlucht des E. Dougié an seinem Eintritt in das Becken von Bardai und zahlreiche kurze Schluchten im Inselbergmassiv des Ehi Kournei und am Südrand der Depression von Bardai wurden im wesentlichen in den Erosionsphasen zwischen den Niveaus II und IV, d. h. während der Anlage der Depressionen, gebildet. Die Tiefenlinien der Schluchten laufen etwa in Höhe der Basisfläche aus.

Während der Anlage der Depressionen müssen auch die stellenweise über 100 m tief in ihre Umgebung eingelassenen Schluchten entstanden sein, die als Engtalstrecken die Depressionen im Talverlauf des E. Zoumri miteinander verbinden. E. BRIEM (1976) beschreibt weite kastenförmige Talungen im Sandstein aus dem Gebiet des E. Wouri im westlichen Tibesti-Gebirge, die später durch verschiedene vulkanische Ablagerungen verschüttet wurden und die vielleicht in die oben genannte Phase der Schluchtenbildung zu stellen sind. Im Sandsteinbereich des Untersuchungsgebietes verliefen die Anlagen des Talnetzes, das heute in seinen Grundzügen noch erhalten ist, und die Anlage der Depressionen parallel. Die in etwa 190 (Niveau I), 90 bis 130 (Niveau II), 50 bis 60 (Niveau III) und 20 bis 30 m (Niveau IV) Höhe über dem heutigen Flußnetz nachgewiesenen Schottervorkommen belegen die Bedeutung fluviatiler Abtragungsvorgänge in dieser Zeit.

Mit der Anlage des Niveaus II lassen sich zum ersten Mal eindeutig lineare Erosionsprozesse nachweisen. Im Querschnitt kastenförmige Täler sind in die Reste einer Kappungsfläche eingelassen und belegen die Zerschneidung der Fläche. Zur Zeit des Niveaus III ist zum ersten Mal eine Schuttzufuhr von den Hängen der Depression in Richtung auf ein altes Tal in 50 bis 60 m über dem rezenten Zoumri feststellbar.

Auf den Kappungsflächen in Höhe der Niveaus II, III und IV sind Reste eines ockerfarbenen bis rötlichen, stark kaolinithaltigen Feinmaterials nachweisbar. Bei der Anlage der Depressionen haben offenbar Perioden, in welchen mit einer Intensivierung der Bodenbildungsprozesse gerechnet werden muß, mit Perioden stärkerer Morphodynamik im Hang- und Talbereich gewechselt (Tab. 8). Nicht nur Prozesse der Feinmaterialbildung und -abspülung, sondern auch Prozesse der mechanischen Gesteinsaufbereitung und der linearen Erosion sind in dieser Zeit nachweisbar.

2.5 Die Erosions- und Akkumulationsprozesse in den Tälern und die Beziehungen zu Formungsvorgängen im Hangbereich nach Anlage der Basisfläche

2.5.1 Erosions- und Akkumulationsphasen in Zusammenhang mit der Verbreitung von Ignimbriten und Talbasalten

Nach Anlage der Basisfläche hat im Talnetz des E. Zoumri und seiner Nebenflüsse eine Phase linearer Erosion eingesetzt, die im Bereich der Depressionen zu einer Zerschneidung der Basisfläche führte.

Südwestlich des Beckens von Bardai sind in einer 3 km langen Schluchtstrecke des E. Dougié, vor seinem Eintritt in die Depression, alte Talböden über gekapptem Basissandstein in einer Höhe von 16 bis 21 m über dem rezenten Niedrigwasserbett erhalten. 10 bis 14 m oberhalb der Talböden sind am Rande der Schlucht Reste von Verflachungen im Sandstein zu beobachten, die in Höhe der Basisfläche liegen.

Die fossilen Talböden sind durch 1 m mächtige Schotterlagen aus gut gerundeten, bis zu 70 cm großen Schottern in einem sandig-schluffigen Feinmaterial ausgewiesen. Die sehr gute Zurundung der bei späteren Verwitterungsprozessen zum Teil zerstörten Schotter läßt die Ausbildung eines ausgedehnten Flußnetzes in dieser Zeit vermuten.

Die Schotter liegen auf Sandsteinsockeln und werden stellenweise von einer 15 m mächtigen Ignimbritdecke überlagert. Nach Anlage der Basisfläche erfolgte eine Tieferlegung des Sandsteinsockels um etwa 10 m, danach die Ablagerung der Schotterdecke und schließlich die Ignimbritverfüllung des Tales. Als Herkunftsgebiet der Ignimbrite kommen die weiter im Süden gelegenen Vulkanmassive des Tibesti in Frage.

Durch Ignimbritströme verfüllte Täler wurden auch in anderen Teilen des Tibesti beobachtet, so z. B. im Gebiet von Gonoa südwestlich von Bardai (P. M. VINCENT, 1963; D. BUSCHE, 1973), im E. Oudingueur auf der Nordabdachung des Pic Toussidé (K. P. OBENAUF, 1971) und im östlichen Zoumrigebiet (Abb. 3).

Ausläufer des Ignimbritstromes am E. Dougié reichen bis in die Depression von Bardai hinein. Sie liegen in Tälern, die 10 bis 12 m tief in die Basisfläche eingeschnitten sind und in 8 bis 10 m Höhe über dem rezenten Niedrigwasserbett des E. Dougié verlaufen. Im Südwestteil der Depression sind Reste einer 1 bis 2 m mächtigen Ignimbritdecke verbreitet, deren Auflagefläche unter die Basisfläche herabreicht. Im Liegenden der Ignimbritdecke folgen 5 m tief aufgeschlossene hellgrünliche, weiße und hellgraue Feinmateriallagen, die vulkanisches Material enthalten.

Auch im östlichen Teil der Depression von Bardai ist eine Erosionsphase nach Anlage der Basisfläche feststellbar. Am E. Tabiriou ist 1 bis 2 km vor seiner Mündung in den Zoumri ein im Sandstein angelegter Sockel in 3 bis 5 m über dem rezenten Niedrigwasserbett erhalten. Über dem Felssockel folgen von unten nach oben ein hellrötlich gefärbtes, 2 m mächtiges Schotterpaket (1), helle geschichtete Feinmateriallagen von 8 m Mächtigkeit (2) und eine 4 m mächtige Basaltdecke (Probe 305, Tab. 2)[21]. Ein anderer Talbasalt liegt etwa 2 km weiter oberhalb westlich des E. Tabiriou (Probe 304).

(1) Die Basaltschotter des unteren Horizontes, der sich aus Sandstein- und Basaltschottern zusammensetzt, zeigen einen Zurundungswert (Probe 38, Tab. 3), der weit unter dem Wert der Schotter des Niveaus II bleibt und der ungefähr dem Wert der Niederterrassenschotter, d. h. der durchschnittlich am besten zugerundeten Schotter der jüngeren Akkumulationen, entspricht.

Wie die Beobachtungen am E. Dougié, so belegen auch diese Befunde die Existenz eines Flußnetzes, das in die Basisfläche eingelassen war und das sich weit über den Bereich der Depression hinaus erstreckte.

Vergleichbare Schotterablagerungen von 10 m Mächtigkeit bilden die Unterlage eines säuligen Talbasaltes im Gebiet des Zoumri, 50 km östlich von Bardai (Abb. 4). J. GRUNERT (1975, Abb. 11 und p. 34 ff.) beschreibt aus der Yebbigué-Schlucht im nördlichen Tibesti rote Schotter- und Schwemmfächerakkumulationen, die unter Talbasalten liegen und vielleicht mit den Schotterablagerungen des Horizontes (1) parallelisiert werden können.

(2) Nach einer Erosionsphase, in der der ältere Schotterkörper fast vollständig ausgeräumt wurde, folgte die Ablagerung horizontal geschichteter Feinmateriallagen mit einem hohen Anteil vulkanischen Materials. Diese Ablagerung ist in bezug auf ihre Ausbildung und ihre Stellung zur Basisfläche der Akkumulation unter der Ignimbritdecke im Südwestteil der Depression vergleichbar und dürfte den von D. JÄKEL (1971, Bild 10) beschriebenen Sedimenten der „Hochterrasse" im Gebiet des E. Tabiriou entsprechen, die eine Höhe von 23 m über Niedrigwasserbett erreichen.

Ähnliche Sedimente finden sich auch im Tal des Zoumri 50 bis 80 km östlich von Bardai (Abb. 5). Sowohl hier als auch in der Depression von Bardai liegen die Sedimente unter jungen Basalten bzw. Ignimbriten. Im Ostteil des Beckens von Bardai verfüllen die Ablagerungen in die Basisfläche eingelassene breit angelegte Talbereiche, im östlichen Zoumrigebiet liegen sie in bis zu 800 m breiten Talerweiterungen. Ob es sich bei diesen Ablagerungen tatsächlich um die gleiche Formation handelt, ist aber bisher nicht sicher, da nach J. MALEY u. a. (1970, p. 132) auf den Ablagerungen im östlichen Zoumrigebiet bei Ouanofo Horizonte der SN-1-Serie liegen können. Ein solch hohes Alter dieser Sedimente kann aber in der Depression von Bardai ausgeschlossen werden, da hier die alten Basaltdecken auf Kappungsflächen hoch über der Basisfläche liegen.

Die röntgenographische Analyse der hellen Feinmaterialsedimente am E. Tabiriou ergab für die Fraktion 63–2 μ überwiegend Montmorillonit, daneben etwas Illit, Kaolinit, Feldspat und Quarz, für die Fraktion <2 μ fast 100 % Montmorillonit mit etwas Kaolinit und Illit (Probe Nr. 39, Tab. 4). Die im Vergleich zu den bisher untersuchten Sedimenten vollständig andere Materialzusammensetzung

---

[21] Vergleiche dazu auch D. JÄKEL (1971, p. 20)

deutet darauf hin, daß eine Materialzufuhr aus der unmittelbaren Umgebung der Depression bei dem Aufbau der Ablagerung nur eine geringe Rolle gespielt haben kann. Bimssteinschotterlagen in den hellen Feinmaterialsedimenten belegen zeitweise herrschende fluviatile Ablagerungsbedingungen.

Ähnlich hohe Werte an Montmorillonit wie in den Feinmateriallagen am E. Tabiriou wurden nur in Proben der hellen Formation von Ouanofo gefunden. Ihr fluviatil-lakustrer Charakter ist durch die Einschaltung von Horizonten aus Sand, Kies und Schotter und durch die horizontale Lagerung der Feinmaterialsedimente belegt.

Der Formation von Ouanofo wurden bis in eine Höhe von 12 bis 13 m über dem Niedrigwasserbett mehrere Proben entnommen und auf ihre mineralogische Zusammensetzung untersucht (Abb. 5, Tab. 4). Ein mit eckigen bis kantengerundeten Basaltschottern durchsetzter 50 cm mächtiger Horizont in Höhe des Niedrigwasserbettes erhält seine dunkle Färbung durch ein graues bis schwärzliches Feinmaterial, das in der Fraktion 63–2 µ aus Feldspat, Montmorillonit und etwas Quarz, Kaolinit und Illit, in der Fraktion <2 µ zu fast 100 % aus Montmorillonit, daneben etwas Kaolinit, besteht (Probe Nr. 3). Ähnliche Horizonte liegen bei 6 und 12 bis 13 m Höhe über Niedrigwasserbett. Der zuletzt genannte Horizont aus dunkelgrauem, erdigem Feinmaterial mit Schottern und Schuttstücken darin setzt sich in der Fraktion 63–2 µ aus Feldspäten, Illit und Montmorillonit, in der Fraktion <2 µ aus Montmorillonit zusammen (Probe Nr. 10). Die dunklen Horizonte zeigen stellenweise eine Schrägschichtung ihres gröberen Materials und sind deutlich gegen die über- und unterlagernden weißen und gelblichgrauen Horizonte abgesetzt. Eine Probe aus weißen feingeschichteten Lagen in 1,3 m Höhe ergab eine Zusammensetzung aus Montmorillonit, Illit und Feldspat (Probe Nr. 8). Die gelblichgrauen Horizonte enthalten in der Fraktion 63–2 µ in 3,5 (Probe Nr. 51), in 4 (Probe Nr. 25) und in 7 m Höhe (Probe Nr. 7, Fig. 32 a) Feldspat, Montmorillonit und Illit, zum Teil etwas Kaolinit, in der Fraktion <2 µ nahezu ausschließlich Montmorillonit, im Falle der Probe Nr. 25 auch etwas Illit.

Die sehr gute Vergleichbarkeit der Feinmaterialsedimente am E. Tabiriou und bei Ouanofo in bezug auf ihren Aufbau ist kein eindeutiger Beleg dafür, daß es sich hier um die gleiche Formation handelt, da die Sedimente in der Depression von Bardai aus Abtragungsprodukten der Ablagerungen im östlichen Zoumrigebiet hervorgegangen sein können. Festzuhalten ist, daß sich diese Sedimente in ihrer Zusammensetzung eindeutig von dem ockerfarbenen bis rötlichen Bodenmaterial der älteren Niveaus unterscheiden, da die Feinmaterialsedimente in der Tonfraktion zu fast 100 % aus Montmorillonit bestehen und da in der Schluff-Fraktion relativ hohe Anteile leicht verwitterbarer Minerale (Feldspäte) vorkommen. Die Verwitterungsintensität scheint daher zur Bildungszeit der fluvio-lakustren Sedimente schwächer gewesen zu sein als während der Bodenbildungsphasen zur Zeit der älteren Niveaus.

Der hohe Montmorillonitgehalt der fluvio-lakustren Sedimente kann verschiedene Ursachen haben. Einerseits könnte sich der Montmorillonit in den zeitweilig existierenden Seen bei behinderter Drainage neu gebildet haben (G. MILLOT, 1970, p. 97), andererseits könnte es sich auch um eine detritische Zufuhr von Montmorillonit aus Abtragungsprodukten von Böden gehandelt haben, die zu dieser Zeit auf vulkanischen Aschen und Tuffen entwickelt waren (SCHEFFER-SCHACHTSCHABEL, 1966, p. 56). Das Vorkommen dunkelgrau bis schwärzlich gefärbter Horizonte, die wahrscheinlich als fluviatil umgelagerte Bodensedimente zu deuten sind, läßt vermuten, daß mindestens für einzelne Zeitabschnitte während der Ablagerung der fluvio-lakustren Sedimente die 2. Hypothese anzunehmen ist.

Auf die Entstehung der Basisfläche folgt eine Erosionsphase, danach eine Akkumulationsphase mit der Ablagerung von Schottern und nach einer weiteren Erosionsphase eine Bildungszeit fluvio-lakustrer Sedimente. Sie belegen die Existenz von Seen in den Depressionen im Talverlauf des E. Zoumri.

Vor und auch während dieser Seen-Phase kam es wahrscheinlich zur Bildung dunkelgrauer und schwärzlicher Böden zumindest in den Gebirgsregionen oberhalb von 1000 bis 1300 m. Die Abtragungsprodukte dieser Böden wurden zusammen mit vulkanischem Lockermaterial im Talsystem des E. Zoumri und seiner Nebentäler weit flußabwärts transportiert.

In anderen Regionen des Tibesti wurden ähnliche Sedimente beobachtet. K. P. OBENAUF (1971, p. 53) beschreibt „Hochterrassensedimente" aus dem nordwestlichen Tibesti, die horizontal geschichtet sind und die an der Basis Bimssteine und weiße und graue geschichtete Aschen enthalten. Wie im Untersuchungsgebiet geht diesen Sedimenten eine Sand-Kies-Schotter-Akkumulation voraus. Den fluvio-lakustren Sedimenten im Untersuchungsgebiet könnten im Gebiet des E. Dirennao (B. GABRIEL, 1970) die Sedimente der „mittleren Oberterrasse", einer mindestens 20 m mächtigen Verschüttung mit hellen limnischen Ablagerungen an der Basis, entsprechen. Ähnlich wie im Tal des E. Zoumri werden diese Sedimente oft von Schottern der „unteren Oberterrasse" (B. GABRIEL, 1970) überlagert, die vermutlich mit der Oberterrasse des Zoumri korrespondiert (Tab. 5).

Die Bildung der Schotterakkumulation, der fluvio-lakustren Sedimente und der überlagernden Talbasalte bzw. Ignimbrite fand in einer Zeit statt, als die Basisfläche am E. Dougié und am E. Tabiriou bereits stark zerschnitten war. Aber nicht nur im Bereich dieser Nebentäler, sondern auch im Gebiet zwischen den Nebentälern gibt es Hinweise auf Erosionsprozesse in dieser Zeit.

Zwischen dem E. Tabiriou und E. Serdé verfüllen die fluvio-lakustren Sedimente breite, in die Basisfläche eingelassene Ausraumzonen. In die Sockel der Inselberge im Gebiet des Ehi Kournei sind 10 m breite und 1 bis 2 m tiefe Tälchen eingesenkt, die vielleicht in diese Erosionsphase zu stellen sind. Westlich des E. Dougié und zwischen dem E. Dougié und E. Serdé sind Ausraumzonen entwickelt, die unter dem Niveau der Basisfläche liegen und die im ersten Fall auf den E. Dougié, im zweiten Fall auf den Zoumri eingestellt sind. Die Ausraumbereiche wurden später mit jungen Sedimenten verfüllt, auf denen sich Sandschwemmebenen bildeten (2.5.7.2).

In Fig. 14 sind die relativen Höhenverhältnisse zwischen der Basisfläche und der jüngeren Ausraumzone dargestellt, die etwa im Niveau der Sandschwemmebene östlich des E. Dougié liegt. Im Süden beträgt der Höhenabstand nur wenige Dezimeter bis zu 1 m, weiter im Norden dagegen etwa 4 bis 5 m. Mehr oder weniger parallel zu der Erosionsphase in den Tälern hat in den Zwischen-

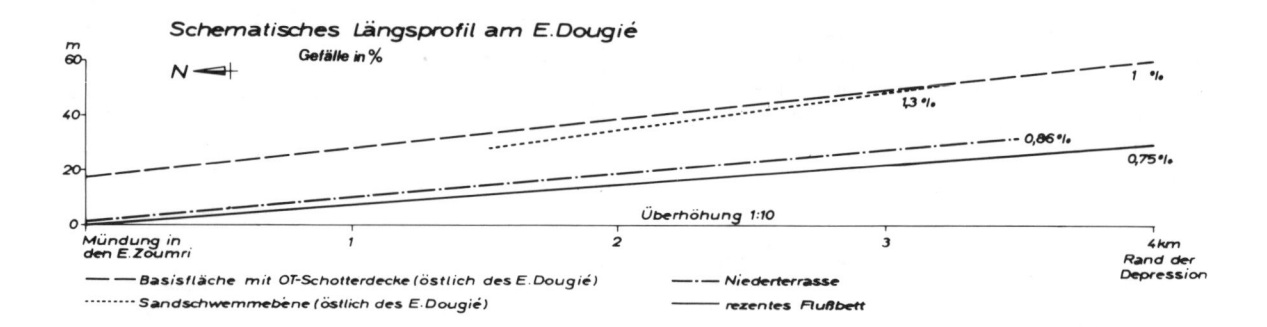

Fig. 14: Schematisches Längsprofil am E. Dougié

talbereichen die Anlage breiter Ausraumzonen stattgefunden. Allerdings läßt sich oft nicht feststellen, ob nicht auch jüngere Erosionsprozesse an der Entstehung der Ausraumbereiche beteiligt waren. Der Quatre-Roches-Sandstein hat der Abtragung und Verwitterung in dieser Zeit wenig Widerstand entgegengesetzt. Mit Sicherheit dieser Phase zuzuordnende Verwitterungs- oder Bodenbildungen wurden bisher nicht gefunden (vgl. Tab. 8).

Eine den Verhältnissen in der Depression von Bardai vergleichbare morphologische Entwicklung ist auch im Gebiet der Gégéré zu beobachten. Hier sind mächtige Ignimbritströme von Süden her in ein in die Basisfläche eingeschnittenes Tal geflossen, das ungefähr in der Position des rezenten E. Hamora gelegen hat. Die Ignimbrite haben sich am Südrand der Gégéré seitlich weit auf der Basisfläche ausgebreitet. Im Sandstein auf der Nordseite der Gégéré ist, wie in der Depression von Bardai, ein 3 bis 4 m unter der Basisfläche gelegener Ausraumbereich erkennbar, der heute von Sandschwemmebenen eingenommen wird. Die relative zeitliche Stellung der Ignimbrite im Süden zu dem Ausraumbereich in der Basisfläche im Norden ließ sich nicht feststellen.

Wie in der Depression von Bardai, so ist auch in der Gégéré ein langer Zeitabschnitt zwischen der Ablagerung der Basalte am Nordrand in Höhe des Niveaus II und den Ignimbriten am Südrand anzunehmen, da in diesen Zeitabschnitt die Anlage der Depression in den etwa heute noch zu beobachtenden Grenzen gestellt werden muß.

2.5.2 Die Phase der Schluchtenbildung nach der Ablagerung von Ignimbriten und Basalten

Nach der Ablagerung der Ignimbrite und jungen Basalte ist im Talnetz des E. Zoumri und seiner südlichen Nebenflüsse eine kräftige Erosionsphase festzustellen, in der tief eingeschnittene Schluchten gebildet wurden.

Auf der Südostseite der Gégéré entwickelte sich eine Schlucht, die im Süden eine Tiefe von etwa 80 m, 2 km weiter im Norden eine Tiefe von 30 bis 40 m besitzt (Fig. 15). Die Schlucht ist in einen Schild aus mächtigen

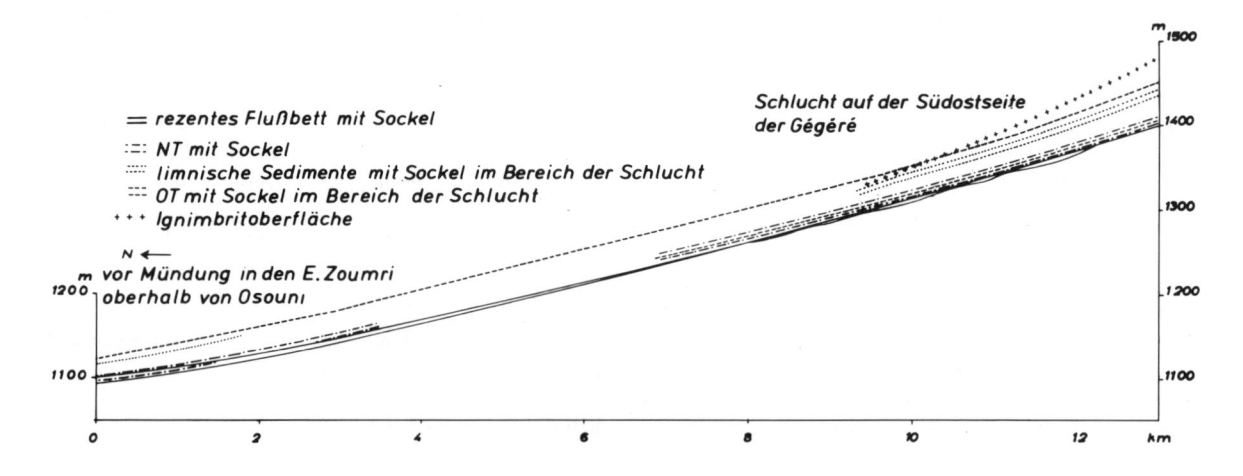

Fig. 15: Schematisches Längsprofil am E. Hamora östlich der Gégéré

Ignimbriten eingelassen, die von Süden her abgelagert wurden und nach Norden abgedacht sind. Da die Oberfläche des Ignimbritschildes mit 2 % ein größeres Gefälle besitzt als der Boden der Schlucht, nimmt die relative Höhe der Schlucht in nördlicher Richtung auf kurze Entfernung stark ab. Der im Ignimbrit angelegte Boden der Schlucht hat eine Höhe von 3 m über dem heutigen Flußbett des E. Hamora. Die Erosionsphasen nach Anlage der Schlucht konnten den Talboden daher nur noch um 3 m im Anstehenden tieferlegen. Der unter dem Ignimbrit liegende Sandstein wurde bei der Schluchteintiefung nur im nördlichsten Abschnitt erreicht.

Als Ursachen für die Entstehung der Schluchten kommen nicht nur tektonische Bewegungen oder klimatische Änderungen, sondern in erster Linie vermutlich auch die kurzfristig starken Erhöhungen der Reliefenergie durch die Ablagerung der mächtigen Ignimbritdecken in Frage.

Die Schluchtwände am E. Hamora zeigen, daß sich zwei Ignimbritdecken unterscheiden lassen, eine untere Decke mit bis zu 60 bis 70 cm großen Tuffgeröllen darin und eine obere homogen aufgebaute Decke. In der unteren Ignimbritdecke wird die Schluchtwand durch zahlreiche Höhlen von über 2 m Durchmesser gegliedert. In den Höhlen liegen oft Schotter aus einer Zeit der Verfüllung der Schlucht mit Lockermaterial (2.5.4). Die Höhlen besitzen daher teilweise ein höheres als rezentes Alter.

Die oberen homogenen Ignimbritlagen ragen über die untere stark verwitterungsanfällige Ignimbritdecke hinaus und brechen in großen Blöcken ab. Diese stellenweise auch rezent zu beobachtenden Prozesse haben vielleicht in der Vergangenheit zu einer Verbreiterung der Schlucht auf etwa 200 m beigetragen. Die Eintiefung der Schlucht muß mit großer Geschwindigkeit abgelaufen sein, da sich bisher nur 200 bis 300 m lange Seitentälchen bilden konnten, die bei einer Breite von nur 3 bis 4 m 30 m tief sein können.

Der Ignimbritschild überdeckt westlich der Schlucht den gesamten südlichen Bereich der Depression. Dort, wo der Ignimbrit von einem jüngeren Basalt überdeckt wird, ist der Südrand der Depression durch eine 20 bis 30 m hohe Stufe markiert. Auf der Abdachung des Ignimbritschildes sind 2 bis 3 km lange und 100 bis 300 m breite Täler entwickelt, die 6 bis 10 m tief in den Ignimbrit eingelassen sind und die parallel zur Schlucht in nordöstlicher Richtung verlaufen. Die Täler liegen im Süden 60 bis 70 m und im Norden etwa 30 m über dem Boden der Schlucht. In den Talböden kommt teilweise der gekappte Ignimbrit an die Oberfläche, teilweise ist eine dünne Sand- und Kiesdecke entwickelt. Die Täler sind auf eine Sandsteinschlucht eingestellt, die über mehrere Gefällestelen in den E. Hamora am Nordostausgang der Ignimbritschlucht mündet.

Ebenso wie die Ignimbrite der Gégéré so unterlagen auch die Ignimbrite im östlichen Zoumrigebiet bei Oré, 50 km östlich von Bardai, starken Abtragungsprozessen. Hier sind helle horizontal geschichtete Feinmaterialsedimente, die wahrscheinlich mit den fluvio-lakustren Sedimenten bei Ouanofo parallelisiert werden können (2.5.1), zwischen eine ältere Ignimbritdecke im Liegenden und eine jüngere Ignimbritdecke im Hangenden eingeschaltet. In der Umgebung eines Nebentales des E. Zoumri wurden hier die Feinmaterialsedimente und die aufliegenden Ignimbrite auf Flächen von mehr als 1 km^2 ausgeräumt. Auf den in der unteren Ignimbritdecke angelegten Flächen sind stellenweise 2 bis 3 m große Blöcke zu beobachten, die als Reste der oberen Ignimbritdecke zu deuten sind (Abb. 6). Die Abtragungsvorgänge führten zur Anlage von Depressionen in der Nähe des Nebentales; Die Depressionen sind etwa 20 m tief in das umgebende Gelände eingesenkt und mit steilen Stufen gegen dieses Gelände abgesetzt.

Die in der Gégéré und im östlichen Zoumrigebiet nachgewiesene Erosionsphase hat in der Depression von Bardai zu einer Zerschneidung von Talbasalten und Ignimbriten (vgl. 2.5.1) und zur Bildung von Schluchten geführt, die etwa 20 m tief unter das Niveau der Basisfläche herabreichen.

Eine Phase starker Tiefenerosion und Schluchtbildung nach Ablagerung junger Talbasalte ist auch in anderen Gebieten des Tibesti, wie z. B. auf seiner Nordabdachung im Bereich des E. Yebbigué (J. GRUNERT, 1975) oder auf seiner Nordwestabdachung im Bereich des E. Wouri (E. BRIEM, 1970, 1976) nachgewiesen worden.

Die Ignimbrite im Bereich der Gégéré und des östlichen Zoumrigebietes wurden außer durch die Vorgänge der Schluchtbildung auch durch flächenhaft wirksam werdende Abtragungsprozesse überformt. Diese Prozesse sind in Zusammenhang mit den Akkumulations- und Erosionsphasen im Talnetz des E. Zoumri und seiner Nebenflüsse in den folgenden Kapiteln näher zu untersuchen.

2.5.3 Die Hangschuttdecken in den Randbereichen der Depressionen

An den Rändern der Depressionen, stellenweise auch an den Hängen der Inselberge, sind Hangschuttdecken entwickelt, die in Richtung auf die Talzonen geneigt sind und die sich zum Teil bis weit in die Becken hinein verfolgen lassen. Der Hangschutt überdeckt die Basisfläche an zahlreichen Stellen.

Nordwestlich von Zoui ist ein Schuttfächer zu beobachten, der eine Neigung von 8,5° am Beckenrand besitzt und dessen Gefälle kontinuierlich auf 0,5° im Bereich des Zoumri abnimmt. Ein Tälchen hat den Schuttfächer auf einer Seite zerschnitten und ist noch 4 m tief in den unterlagernden Sandstein eingesenkt. An den Einschnitten mehrerer Tälchen ist zu erkennen, daß sich die Schuttdecke nicht über einem vollkommen ebenen Sandsteinsockel, sondern über einem reliefierten Gelände ausbreitet. Die maximale, in den Aufschlüssen gemessene Mächtigkeit der Schuttdecke beträgt 4 m. In 400 m Entfernung vom Stufenrand und bei einer Neigung von 6° lassen sich zwei Horizonte in der Schuttdecke unterscheiden, ein 2 bis 3 m mächtiger unterer Horizont aus grobem unpatiniertem Sandsteinschutt in einer braunrötlichen, aus Grus, Sand und Feinmaterial aufgebauten Matrix und ein oberer 60 bis 80 cm mächtiger Horizont aus patiniertem Grobschutt mit den größten Blöcken nahe der Oberfläche. Diese Blöcke sind meist auf der Ober- wie Unterseite patiniert und bestehen zum überwiegenden Teil aus Basalt. Sie stammen daher von den 500 bis 600 m weiter nördlich gelegenen Basaltdecken oberhalb des Beckenrandes. Die größeren Schuttstücke zeigen oft eine poröse Oberfläche und werden von tiefen Rissen durchzogen. Der Basaltschutt wurde in einer Zeit mechanischer Gesteinsaufbereitung gebildet und bis in den Bereich des E. Zoumri über eine Entfernung von mehr als 1 km transportiert.

Einen ähnlichen Aufbau zeigen auch Schuttdecken an der Sandsteinstufe am Südrand der Depression von Bardai, zwischen dem E. Dougié und E. Serdé. Hier ist unterhalb einer 30 m hohen Steilwand ein konkav gekrümmter Hang von 300 m Länge entwickelt, der den nach Südosten einfallenden Sandstein kappt und dessen Neigung kontinuierlich von 33° auf 3° abnimmt. Während im obersten, 50 m langen Hangabschnitt unbedeckter Sandstein vorherrscht, setzt bei einer Neigung von 29° ein sich hangabwärts erstreckender Schuttkegel ein, dessen oberer Teil dem gekappten Sandstein als dünne Decke aus patiniertem Grobschutt aufliegt. Bei Neigungen unter 8° ließen sich wiederum zwei Horizonte in der Schuttdecke unterscheiden, ein oberer Horizont aus patiniertem Grobschutt und ein unterer Horizont aus Sandsteinschutt in einer rotbraunen Matrix aus Sand und Feinmaterial. Der untere Horizont dürfte der „rotbraunen Akkumulation" bei D. BUSCHE (1973, p. 56) entsprechen; er beschreibt diese Akkumulation aus verschiedenen Gebieten des Tibesti.

Die Gliederung der Schuttdecken in 2 Horizonte wurde mit Zurundungs- und Einregelungsmessungen näher untersucht. Am Südrand der Depression wurden einer Schuttdecke 2 Proben zur Bestimmung der Zurundung entnommen, eine aus dem unteren Horizont (Probe 57) und eine aus der aufliegenden Grobmaterialdecke (Probe 58). Die Zurundungswerte beider Proben liegen deutlich unter den Werten aller gemessenen Schotterproben (Tab. 3). Während die Zurundungsdiagramme der Schotter-

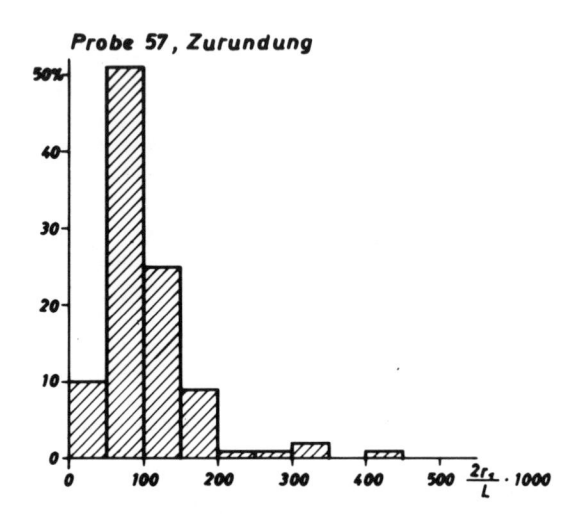

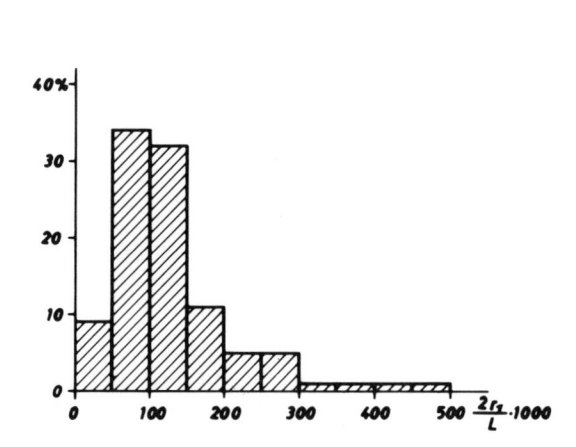

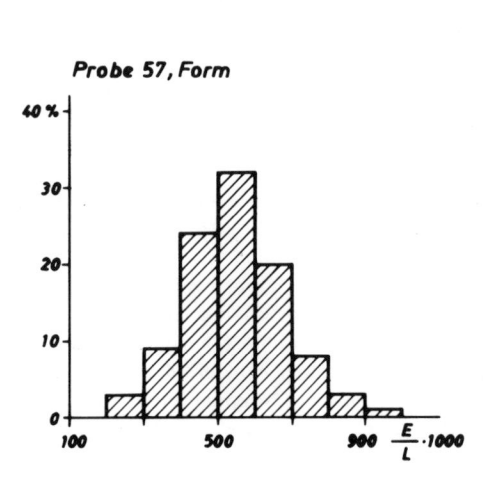

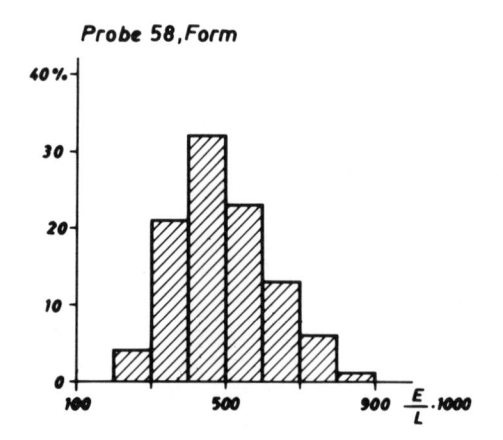

Fig. 16: Zurundung und Form des Grobmaterials der Hangschuttdecken

proben im allgemeinen Maxima in der 3. (Indexwerte zwischen 100 und 150) und in höheren Gruppen zeigen, liegen die Maxima des Hangschutts in der 2. Gruppe (Indexwerte zwischen 50 und 100, Fig. 16). Ein Vergleich der beiden Proben 57 und 58 untereinander zeigt einen höheren Zurundungswert für die aufliegende Grobschuttdecke. Ihm entspricht auch eine Zunahme der Plattheit des Materials im oberen Horizont. Die festgestellten Differenzen weisen auf die Möglichkeit unterschiedlicher Transportbedingungen zur Zeit der Ablagerung der beiden Horizonte bzw. auf die Möglichkeit einer Überarbeitung eines älteren Hangschuttkörpers durch jüngere Transportvorgänge hin.

Einregelungsmessungen nach der Methode von H. POSER und J. HÖVERMANN (1951) können Hinweise auf die Art des Materialtransportes geben (Tab. 6). Die Proben a bis c wurden im unteren, die Proben d bis f im oberen Horizont der Schuttdecken eingemessen. Die Proben d bis f der oberen Grobmaterialdecke stimmen in der Einregelung ihrer Schuttpartikel gut mit zwei Vergleichsproben (g, h) von Schottern der Oberterrasse überein und zeigen ein deutlich fluviatil geprägtes Einregelungsspektrum mit dem Maximum der Gruppe III.

Auf fluviatile Transportvorgänge bei der Entstehung des oberen Horizontes deuten auch isohypsenparallele Anordnungen von grobem Schuttmaterial auf den 5 bis 8° geneigten Oberflächen der Schuttkegel hin. Jüngere Spülvorgänge führten zur Ablagerung von grauem Feinmaterial und feinem Schutt oberhalb des Grobschuttmaterials und damit zur Anlage von Terrassetten. Ihre Höhe beträgt 30 cm und ihre Breite etwa 2 m. Im Vergleich zu rezenten Terrassetten, die bei einer Hangneigung von 22° eine Höhe von 7 cm und eine Breite von 25 cm besitzen (H. J. PACHUR, 1970, p. 48), dürften die fossilen Terrassetten bei sehr starken Spülvorgängen entstanden sein.

Bei den Abspülungsprozessen wurde nicht nur der untere Schutthorizont überarbeitet, sondern es wurde auch frisches Schuttmaterial aus dem Hangbereich herantransportiert. Darauf weist der hohe Anteil von Basaltschutt im oberen Horizont des Schuttfächers nordwestlich von Zoui hin.

Auf fluviatile Abspülungsvorgänge weisen auch Größenmessungen der Schuttpartikel des oberen Horizontes hin. Der maximale Durchmesser der Schuttstücke nimmt mit wachsendem Hangwinkel zu (Tab. 7). Der Korrelationskoeffizient zwischen Schuttgröße und Hangwinkel liegt bei 0,78 und ist statistisch signifikant. Bei einer Neigung von 0,6° treten noch Schuttstücke mit einem Durchmesser von 35 cm auf. Auch der maximale Durchmesser der auf der Ober- wie Unterseite patinierten Schuttstücke, die daher mindestens eine Wendung während der Abspülungsvorgänge erfahren haben dürften, nimmt mit wachsendem Hangwinkel zu. Die Beobachtung einer Patinierung vieler Schuttstücke von allen Seiten spricht dafür, daß während des Aufbaus des oberen Horizontes mehrere Spülvorgänge stattgefunden haben, die eine Umlagerung und sogar ein Wenden der Schuttpartikel verursachten. Vergleichsmessungen an rezentem gelblichgrauen Sandsteinschutt im Randbereich der Depression (Tab. 7, vgl. 2.5.7.1) zeigen, daß die Transportkräfte während der Entstehungszeit des oberen Schutthorizontes sehr viel größer gewesen sein müssen als in jüngster Zeit.

Der untere Horizont der Schuttdecke zeigt schwache Maxima in Gruppe I (Tab. 6, Proben a–c). Die für diese Gruppe errechneten Zahlen liegen weit unter den Werten, die von B. MESSERLI (1972, p. 51) für Hangschuttsedimente aus einer Phase kaltzeitlicher Solifluktion in der Hochregion des Tibesti ermittelt wurden. Auch die von G. STÄBLEIN (1968, p. 86 ff.) angegebenen Werte für Solifluktionsdecken um 70 % in Gruppe I liegen weit über den errechneten Werten. Die Meßergebnisse scheinen dagegen eher mit Einregelungsmessungen vergleichbar zu sein, die z. B. von J. HAGEDORN (1969, p. 86 ff.) für murartig verfrachtetes Material oder von D. J. WERNER (1972) für Schlammstromablagerungen angegeben werden. Als Transportart für den unteren Horizont ist daher möglicherweise an ein „zähfließendes Abwärtswandern der Schuttdecke", vielleicht bei starker Durchfeuchtung des Substrats (H.-J. PACHUR, 1970, p. 45) oder an Fließungen zu denken, wie sie von J. HÖVERMANN (1972) aus dem Tarso Ourari und anderen Gebirgsmassiven des Tibesti beschrieben werden.

Die Herkunft des rotbraunen Feinmaterials im unteren Schutthorizont ist schwer zu ermitteln. Die röntgenographische Untersuchung dieses Materials aus dem Sandsteinbereich der Gégéré in einer Tiefe von 70 cm ergab für die Fraktion 63–2 µ Quarz, Feldspat, Kaolinit und Illit, für die Fration <2 µ Kaolinit, Illit und etwas Montmorillonit (Proben 223, 225, Tab. 4). Der Kaolinit ist vermutlich detritischer Entstehung. Er könnte sich aus den Verwitterungsprodukten des kaolinithaltigen Sandsteins oder aus den Abtragungsprodukten des rötlichen Bodenmaterials auf der Basisfläche herleiten, das in der Schuttdecke aufgearbeitet wurde. Für die letzte Möglichkeit scheint besonders die stellenweise beobachtete Überlagerung des noch in Resten auf der Basisfläche erhaltenen roten Bodenmaterials durch Schuttdecken zu sprechen (vgl. 2.2.4.2). Die im Unterschied zu dem Bodenmaterial im Feinmaterial des unteren Schutthorizontes reichlich vertretenen Feldspäte dürften darauf hinweisen, daß zur Bildungszeit dieses Schutthorizontes nicht mit sehr intensi-

Tabelle 6: **Einregelungsmessungen**

Anteile in %

Probe	I	II	III	IV	Signifikanz
a	44	23	20	13	/
b	50	13	22	15	X
c	47	16	24	13	X
d	22	23	53	2	X
e	17	20	52	11	X
f	20	27	49	4	X
g	16	19	58	7	X
h	17	19	63	1	X

Die Lage der Proben ist in der geomorphologischen Karte verzeichnet.

Der Signifikanztest der Einregelungsunterschiede wurde für die Gruppen I bis III mit dem Chiquadrat-Test durchgeführt: O: kein signifikanter Unterschied, /: signifikanter Unterschied mit 95 %, X: signifikanter Unterschied mit 99 %.

Tabelle 7
Messungen zur Schuttgröße (Depression von Bardai)[22]

	Nr. der Entnahmestelle	Hanggwinkel in Grad	maximaler Durchmesser in cm[23]	Korrelationskoeffizient r
stark patinierter Hangschutt	P_{14}	0,6	35	
	P_{15}	3,4	35	
	P_{12}	3,4	38	
	P_6	4	48	
	P_7	5	37	
	P_{13}	5,7	38	
	P_{11}	16	90	
	P_{10}	23,4	68	
	P_3	26	80	
	P_9	26	115	
	P_8	27	66	
	P_4	28	63	r=0,78
Grobschotterdecke der OT-Akkumulation	P_{16}	0,6	33	
	P_{17}	0,9	40	
gelblich-grauer, rezenter Hangschutt	P_6	4	9	
	P_7	5	9	
	P_1	8,5	11,5	
	P_2	8,5	12	
	P_5	24	17	
	P_3	26	18	
	P_8	27	28	r=0,89

[22] Die Entnahmestellen der Proben sind mit der entsprechenden Proben-Nr. in der geomorphologischen Karte des Beckens von Bardai verzeichnet.

[23] Zur Ermittlung des maximalen Durchmessers wurden jeweils über 50 Schuttstücke vermessen.

ven chemischen Verwitterungsprozessen gerechnet werden kann. Der hohe Anteil an Grobmaterial und Grus im unteren Horizont läßt eher eine Zeit relativ starker mechanischer Gesteinsaufbereitung vermuten.

Die nach Beobachtungen und Messungen durchgeführte Gliederung der Schuttdecken in zwei Horizonte wurde auch an Hangschuttdecken in der Fußzone von Rücken und höher aufragenden Geländepartien festgestellt, die die Kappungsflächen und Plateaus in 100 bis 200 m oberhalb des rezenten Flußsystems überragen. Auf dem Anstehenden ist hier oft ein 1,2 m mächtiger Horizont aus Schutt und Grus in einem braunrötlichen Feinmaterial entwickelt; der Horizont wird stellenweise von einer Grobmaterialdecke überlagert, an deren Oberfläche fluviatile Terrassetten ausgebildet sind. Die Prozesse, die die Entstehung der Schuttdecken an den Rändern der Depressionen verursachten, wirkten sich offenbar auch in den oberhalb der Depressionen gelegenen Bereichen aus.

Den deutlich voneinander zu unterscheidenden Ablagerungsbedingungen der beiden Horizonte, die die Schuttdecken aufbauen, entspricht auch eine unterschiedliche Altersstellung. Während für den oberen fluviatil geprägten Horizont infolge seiner engen Beziehung zur Grobmaterialdecke der Oberterrassen-Akkumulation ein Hinweis auf die relative zeitliche Stellung gegeben ist, fehlen Belege für eine Einordnung des unteren Horizontes. Es läßt sich nur sagen, daß er jünger als die Basisfläche und älter als die Schotterdecke der Oberterrassen-Akkumulation ist (Tab. 8).

2.5.4 Die Oberterrassen-Akkumulation und ihre Beziehung zu Formungsvorgängen im Hangbereich

Während der untere Horizont der Hangschuttdecken im stufenrandnahen Bereich der Depression beobachtet wurde, ließ sich der obere fluviatil geprägte Horizont bis in den Bereich des E. Zoumri und seiner Nebentäler und bis zu der hier entwickelten Grobschotterdecke der OT-Akkumulation verfolgen[24]. Die Schotterdecke liegt in den Talzonen stellenweise über Sedimenten aus Sand, Kies und Schottern. Diese Sedimente können in der Depression von Bardai 12 m, in der Schlucht des E. Hamora auf der Südostseite der Gégéré 45 bis 50 m Mächtigkeit erreichen. Sie verfüllen die nach der Ablagerung von Ignimbriten und Basalten (Talbasalte in der Depression von Bardai und Deckenbasalte auf den Ignimbriten in der Gégéré) gebildeten Schluchten.

[24] Im folgenden Text wird Oberterrasse mit OT, Mittelterrasse mit MT und Niederterrasse mit NT abgekürzt.

Tabelle 8
Reliefentwicklung in der Depression von Bardai und in der Gégéré[25]

Depression von Bardai	Gégéré
mindestens noch eine ältere höhere Kappungsfläche	
Kappungsfläche, breite Muldentäler	Flächenreste auf der Westseite
Niveau I (ca. 190 m), Schotter an einer Lokalität	
Basaltschlote am Südrand, Olivinbasalt des Ehi Tougountiou am Nordrand	
Kappungsfläche	Fläche bei ca. 90 m am Nordrand
ockerfarbener und hellrötlicher Lehm	
Niveau II (90–130 m, noch in 1–2 weitere Niveaus zu gliedern?), lineare Erosion mit Kastentälern, Schotterdecken	
Gangbasalt am Süd-, Basalte am Nordrand	Basaltdecke auf der Fläche am Nordrand
Kappungsfläche	obere Kappungsfläche
rötlich verwitterter Sandstein	rötlich verwitterter Sandstein
hellgrünlicher Vulkanit im Süden	
Niveau III (50–60 m), Hangschutt und Schotter	Hangschutt bei ca. 60 m auf der oberen Kappungsfläche
Herauspräparieren von Miniaturschichtstufen und -tafelbergen, Sandsteinschutt und -grus	
Basisfläche	untere Kappungsfläche (ca. 30 m)
rötliches Feinmaterial	braunrötliches Feinmaterial
Niveau IV (ca. 20 m), Gerölle und Schotter	
3–5 m tief in die Basisfläche eingelassene Ausraumbereiche, Talbildung, **Reste eines rötlichen Schottersedimentes**	Ausraumbereiche in der unteren Kappungsfläche, Sandsteinschlucht des E. Hamora auf der Ostseite ?
fluvio-lakustre Sedimente	
Ignimbrite, Talbasalte	Ignimbrite mit Basalten im Hangenden
Erosion in Haupttälern	bis 80 m tiefe Schlucht
rötlichbrauner Schutthorizont	Schutthorizont
OT-Sedimente (ca. 20 m) Abspülungsprozesse	OT-Sedimente (bis ca. max. 50 m)
Grobmaterialdecke, Tal- und Hangglacis bräunliches Verwitterungsmaterial	Grobmaterialdecke
Erosionsphase	Erosion
MT-Akkumulation (bis max. ca. 12 m) Sandsteingrushorizont, limnische Sedimente, Schwemmfächer aus Sand und Kies, Grobmaterialdecke und Bildung kleiner Tal- u. Hangglacis, Grobmaterialzufuhr von älteren Akkumulationen	limnische Sedimente im Nordwesten (1 m mächtig) und in der Schlucht des E. Hamora (6 m mächtig), dünne Schotterdecke
Erosionsphase	Erosionsphase
NT-Akkumulation (ca. 4 m), Grobmaterialzufuhr aus älteren Akkumulationen	NT-Akkumulation (ca. 6 m), Grobmaterialzufuhr von der OT-Akkumulation
Erosion	
hell- bis dunkelgraue, ton- und schluffreiche Sedimente in Talerweiterungen (ca. 2–3 m)	
Erosion	Erosion
Schwemmfächerablagerungen in Talerweiterungen, Abspülungsprozesse im Bereich fossiler Sedimente	starker Materialtransport in der Schlucht des E. Hamora, Abspülungsprozesse

---

[25] Die Höhenangaben sind auf das Niedrigwasserbett des E. Zoumri (Depression von Bardai) bzw. des E. Hamora (Gégéré) bezogen.

2.5.4.1 Die Grobschotterdecke
der OT-Akkumulation

Die Schotterdecke der Oberterrasse erstreckt sich im Gebiet des E. Dougié, E. Serdé und E. Tabiriou vom Südrand der Depression von Bardai bis zum E. Zoumri über eine Länge von mehr als 5 km. Es sind breite Schotterströme, die auf eine Tiefenlinie ungefähr in der Position des rezenten Zoumri, nur in einem etwa 16 bis 18 m höheren Niveau, eingestellt waren. Die Schotter breiten sich in Form flacher Schwemmfächer, deren Wurzeln an den Einmündungen der Nebentäler in die Depression liegen, über Sandsteinflächen oder Lockersedimenten aus. Unterhalb von Engstellen, wie z. B. am E. Tabiriou, überdecken die Schotterströme fächerförmig die umgebenden Flächen.

Ein weites Ausgreifen der Schotterfächer auf die Flächen ist auch am Rand der Schlucht des E. Hamora in der Gégéré feststellbar. Im südlichen, etwa 80 m tiefen Teil der Schlucht liegt die Grobschotterdecke der Oberterrasse über mächtigen Lockersedimenten bei ungefähr 50 m Höhe über dem Boden der Schlucht, ist daher in diesem Talabschnitt auf den Bereich der Schlucht selbst beschränkt. 2 km weiter nördlich wurde die hier nur noch 35 m tiefe Schlucht vollkommen mit Lockermaterial verfüllt, so daß sich die Schotterdecke weit auf die Ignimbritflächen der Umgebung ausbreiten konnte.

Im Becken von Bardai südlich des Zoumri biegen die Höhenlinien zum Teil etwas nach Norden aus, da die Schotterströme im Querprofil leicht konvex gewölbt sind. In ihre Oberfläche sind flache, meistens muldenförmige, manchmal auch kastenförmige Tälchen eingelassen. Sie verlaufen in Richtung des Gefälles der Schotterdecke und pendeln frei auf ihrer Oberfläche. Die fossilen Tälchen wurden vielleicht noch während des Aufbaus der Schotterdecke angelegt und bei jungen Erosionsprozessen nachträglich überformt.

Der fluviatil geprägte obere Horizont der Hangschuttdecken an den Rändern der Depression ist auf das Niveau der Schotterströme eingestellt. An beiden Seiten der Einmündung des E. Dougié in die Depression sind an den Stufenrändern 300 bis 600 m lange Schuttdecken zu beobachten, deren Oberflächen im Niveau der OT-Schotterdecke des E. Dougié auslaufen. Die Bewegungsrichtungen der Schuttlagen schwenken von einer Ost- in eine Nordwest- bzw. von einer West- in eine Nordwestrichtung um und passen sich der allgemeinen, nach Norden gerichteten Bewegung der OT-Schotterdecke an.

Ähnliche Verhältnisse sind auch auf der Ostseite des E. Tabiriou zu beobachten. Auf seiner Westseite nimmt der Anteil der Sandsteinschotter in der Schotterdecke mit Annäherung an den Rand der Depression im Südwesten zu. Der Schotterdecke wurde von dem im Sandstein angelegten Stufenhang Schuttmaterial zugeführt. In anderen Gebieten des Tibesti stellte J. HÖVERMANN (1972) fest, daß mit Scherbenschutt bedeckte Hänge auf die Oberterrasse eingestellt sind.

Im oberen Teil der Schlucht der Gégéré liegen in der OT-Schotterdecke gewaltige Ignimbritblöcke, die von den Schluchtwänden in der unmittelbaren Umgebung stammen und die in die Schotterdecke eingelagert wurden. Zu ähnlichen Beobachtungen kommt U. BÖTTCHER (1969, p. 10) bei den Terrassen des Tieroko auf der Südabdachung des Tibesti-Gebirges, wenn er schreibt, daß große Blöcke in den Akkumulationen ganz selten sind, dagegen häufig in den Grobschotterdecken auftreten.

Während der größte Teil der Schotter aus dem Einzugsgebiet des E. Zoumri und seiner Nebentäler stammt, wurde ein vergleichsweise geringer Anteil des Grobmaterials aus dem Bereich der Depression selbst über konkave Schuttschleppen in die Tiefenlinien der Flüsse transportiert. Offenbar sind die klimatischen Verhältnisse, die im Randbereich der Depression zu einer mechanischen Gesteinsaufbereitung und zu einer Schuttverlagerung bei Abspülungsereignissen führten, in verstärktem Maße in den Einzugsgebieten des E. Zoumri und seiner Nebentäler oberhalb des Untersuchungsgebietes wirksam gewesen.

Bei mindestens zeitweilig sehr kräftigen Abkommen wurde das Grobmaterial bis in das Untersuchungsgebiet und darüber hinaus verfrachtet. Es war eine Zeit starker Morphodynamik im Bereich der Hänge, der Fußflächen und der Täler. Als Ursache für die kräftige Grobmaterialverlagerung sind vielleicht kurzfristig sehr starke Niederschlagsereignisse heranzuziehen, die sich nicht nur in den hohen Gebirgslagen, sondern auch bis herab in das Untersuchungsgebiet auswirkten[26].

2.5.4.2 Der Sand-, Kies- und Schotterkörper der
OT-Akkumulation

In den Talbereichen liegt die OT-Schotterdecke oft über einem Sand-, Kies- und Schotterkörper, der stellenweise von der Schotterdecke gekappt und ihrer Neigung entsprechend überformt wurde. Das Lockermaterial wurde in den tiefen Schluchten sedimentiert, die sich in der Depression von Bardai nach der Ablagerung von Talbasalten und in der Gégéré nach der Ablagerung von Ignimbriten und aufliegenden Basalten gebildet hatten. Während im Becken von Bardai, wie z. B. am E. Tabiriou und im unteren Talabschnitt des E. Hamora in der Gégéré, eine vollständige Verfüllung der Schluchten zu beobachten ist, wurde der 80 m tiefe obere Schluchtabschnitt des E. Hamora nur bis zu einer Höhe von 50 m zusedimentiert. In der Höhenzone zwischen 1000 und 1400 m scheint die Mächtigkeit der Verschüttungssedimente gebirgseinwärts zuzunehmen.

Die Akkumulation setzt sich aus Schrägschichtungskörpern zusammen, die überwiegend aus Sand und Kies, weniger aus Schottern, aufgebaut sind. In einer Höhe von 10 bis 12 m über dem Niedrigwasserbett des E. Tabiriou wurden der Akkumulation Proben in Abständen von

---

[26] Zur Frage der möglichen Bildungsbedingungen des Schuttmaterials vgl. Kap. 2.7.

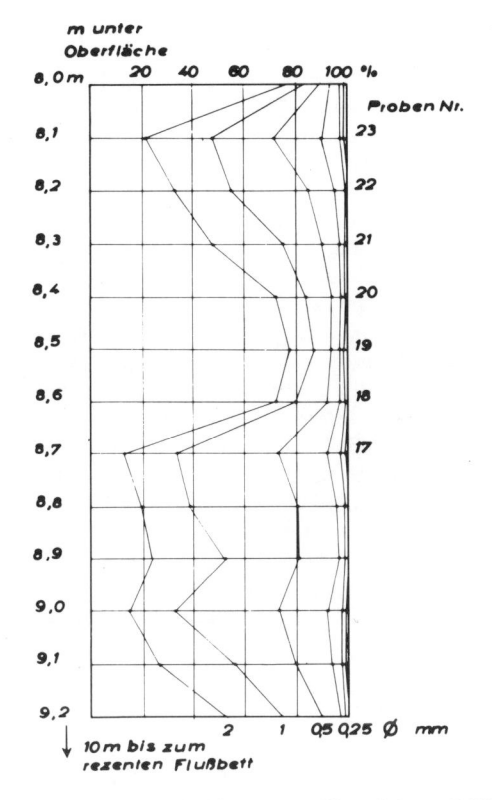

Fig. 17: Siebanalysen (12—24) der Oberterrassen-Akkumulation am E. Tabiriou

10 cm entnommen. Die Korngrößenverteilung ist in Fig. 17 dargestellt (vgl. Abb. 7). Von Grobmaterialschichten bei 9,2 bzw. 8,6 m nimmt die Korngröße allmählich bis zu Feinmaterialschichten bei 8,7 bzw. 8,1 m ab. Die Korngrößenverteilung des oberen der beiden Zyklen zwischen 8,7 und 8,1 m ist in Fig. 18 mit Hilfe von Summenkurven noch einmal verdeutlicht. Auf die Feinmaterialschicht zum Abschluß des unteren Zyklus (Probe 17) legt sich das Grobmaterial der Basisschichten des oberen Zyklus (Proben 18, 19, 20), darüber folgen Schichten mit allmählich abnehmender Korngröße (Proben 21, 22) und schließlich die Feinmaterialschicht am Ende dieses Zyklus (Probe 23). Die Sortierung des Materials nimmt innerhalb eines Zyklus von den unteren zu den oberen Schichten bei abnehmender Korngröße zu.

Oft ist zu beobachten, daß die Grobmateriallagen eines Zyklus in schmalen, nur wenige Dezimeter tiefen Rinnen abgelagert wurden, die in die oberen feinkörnigen Horizonte des darunter liegenden Zyklus eingelassen sind. Der Aufbau der Sedimente erfolgte über ein System von Rinnen und Schwemmfächern, wie es auch für die rezenten Sedimente der Talerweiterungen des E. Zoumri charakteristisch ist (2.5.7.3).

Der größeren Mächtigkeit der Schwemmfächer der OT-Akkumulation mit etwa 50 bis 60 cm – im Vergleich zu den Schwemmfächern der rezenten Flußbettsedimente mit etwa 20 cm – entsprechen eine größere Breite und Länge der Schwemmfächer und damit auch stärkere Abkommen und größere Wassertiefen zur Zeit der OT-Akkumulation als gegenwärtig, da nach H. ILLIES (1949,

p. 100 f.) die Mächtigkeit eines Schwemmfächers in Beziehung zur Wassertiefe während der Zeit seiner Ablagerung steht. Die Schubkräfte dürften in den Tälern zur Zeit der Ablagerung der OT-Sedimente größer gewesen sein als heute, da eine Zunahme der Wassertiefe eine Vergrößerung der Schubkraft bewirkt (W. v. ENGELHARDT, 1973, p. 58). Die Ablagerung von Feinmaterial am Ende eines Zyklus, ähnlich wie in den rezenten Flußbetten, spricht für zeitweilige Unterbrechungen des Fließvorganges und für eine periodisch oder episodisch auftretende stoßweise Wasserführung der Flüsse.

Die sedimentologischen Befunde belegen zur Zeit der OT-Akkumulation Ablagerungsbedingungen, die bei etwas stärkeren Abflußereignissen den gegenwärtigen Verhältnissen in den Talerweiterungen des E. Zoumri ähnlich waren und die daher auf ein relativ arides Sedimentationsmilieu hinweisen. Diese Schlußfolgerungen stehen in Übereinstimmung mit Beobachtungen von K. P. OBENAUF (1971, p. 33), der in den OT-Sedimenten Dünensande fand und daher einen Abfluß unter ariden Bedingungen annimmt.

Die zyklisch aufgebauten Ablagerungen der OT-Akkumulation sind gut mit den Sedimenten der „terrasse moyenne" oder der „terrasse graveleuse" von P. ROGNON (1967, p. 501) aus dem Hoggar-Gebirge vergleichbar. In dieser Akkumulation unterscheidet P. DUTIL (1959, p. 199) 6 bis 7 Zyklen mit einem Wechsel von Schottern zu Kies in den unteren Lagen und einem Wechsel von Kies zu Sand in den oberen Lagen. Die Mächtigkeit der Zyklen liegt in den unteren Lagen im Meter-, in den oberen Lagen im Dezimeter-Bereich. Die Akkumulation enthält wie die OT-Sedimente (vgl. die folgenden Ausführungen) sehr viel Feldspat und Quarz. Die „terrasse moyenne" ist im gesamten Gebirge in uniformer Ausprägung verbreitet, fällt in eine relativ trockene Phase mit der Verfüllung aller Talbereiche und stellt einen generellen Halt bei der Einschneidung der Täler dar (P. ROGNON, 1967, p. 501). Wie später noch zu zeigen sein wird, spricht außer der

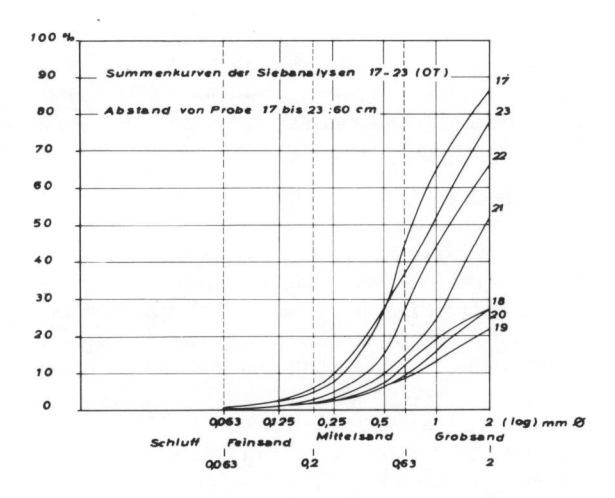

Fig. 18: Summenkurven der Siebanalysen der Oberterrassen-Akkumulation (E. Tabiriou)

faziellen Ausbildung der Akkumulation auch ihre stratigraphische Stellung für eine Korrelation mit dem Sand-, Kies- und Schotterkörper der OT-Akkumulation.

Es gibt verschiedene Hinweise auf die mögliche Herkunft der mächtigen Verfüllungsedimente in den Schluchten. Die Schotter in der Akkumulation zeichnen sich durch relativ schwache Zurundungswerte aus. Sie liegen zwar deutlich über den Meßwerten des Materials der Hangschuttdecken, weisen aber im Vergleich zu allen übrigen fluviatilen Akkumulationen noch die engste Beziehung zu diesen Meßwerten auf (Tab. 3). Es muß sich daher um ein Material handeln, das seine Herkunft nicht der Umlagerung älterer fluviatiler Schottersedimente, sondern der Zufuhr von Sedimenten verdankt, die zum ersten Mal in den fluviatilen Abtragungsprozeß gelangt sind. Diese Sedimente wurden vermutlich aus der engeren Umgebung der Täler herangeführt und in den Flüssen weiter verfrachtet. Da einerseits der fluviatil geprägte obere Horizont der Hangschuttdecken auf die OT-Grobmaterialdecke eingestellt ist und da andererseits das Material älterer Hangschuttdecken mit Ausnahme weniger, gut geschützter Reste vollständig ausgeräumt wurde, kommt als Materiallieferant für die Verfüllungssedimente in erster Linie der zum Teil sehr mächtige rotbraungefärbte untere Horizont der Hangschuttdecken in Frage.

Auffällig ist die Zunahme von Zurundung und Plattheit des Grobmaterials sowohl vom unteren zum oberen Horizont der Hangschuttdecken als auch vom OT-Körper zur auflagernden Grobschotterdecke (Tab. 3). Das aus der Umgebung herangeführte Material unterlag bei den zeitweilig auftretenden Abflußereignissen einem longitudinalen Transport in den Tälern und wurde in Form sich überlagernder, parallel zum Talverlauf angeordneter Schwemmfächer sedimentiert. Während des Akkumulationsvorganges war eine andauernde Umlagerung eines großen Teils der Sedimente nicht möglich, da die älteren von den jüngeren Schwemmfächern überdeckt wurden. Der Zurundungswert des Materials blieb daher relativ klein. Dagegen ist aus der Patinierung der Ober- und Unterseiten des Materials der Grobschotterdecken, ähnlich wie bei dem oberen Horizont der Hangschuttdecken, auf eine mehrfache Umlagerung des gesamten Materials zu schließen; sie könnte in diesem Fall die relativ hohen Zurundungswerte verursacht haben.

Es gibt noch einen weiteren Hinweis auf die Herkunft der OT-Sedimente. In diesem Sediment ist oft eine rötlichbraune Färbung des Feinmaterials zu beobachten, die an die Farbe des rotbraunen unteren Horizontes der Schuttdecken erinnert. Das Feinmaterial besteht am E. Tabiriou und am E. Hamora in der Fraktion 63–2 μ aus Quarz, Feldspat, Montmorillonit, Kaolinit und Illit, zum Teil auch Glimmern, in der Fraktion <2 μ aus Montmorillonit, schlecht auskristallisiertem Kaolinit und Illit (Proben 12–18, Nr. 52, 264, 265, Tab. 4). Ein Vergleich mit Analysen des rotbraunen Schutthorizontes zeigt, daß der Kaolinit und der hohe Anteil an unverwitterten Feldspäten hier ihren Ursprung haben könnten. Der Gehalt an Montmorillonit ist vielleicht mit einer Materialzufuhr aus den Abtragungsprodukten der fluvio-lakustren Sedimente zu erklären, die fast ausschließlich aus Montmorillonit aufgebaut sind (2.5.1).

Während zur Bildungszeit der Grobmaterialdecken mit Prozessen mechanischer Verwitterung im Hangbereich und mit zeitweise sehr kräftigen Abflußereignissen gerechnet werden muß, ist in der Phase des Aufbaus der OT-Akkumulation ein Sedimentationsmilieu anzunehmen, wie es ähnlich auch heute zu beobachten ist. Bei den gelegentlich auftretenden Niederschlagsereignissen wurde Material, das in einer älteren Verwitterungsphase aufbereitet wurde, abgespült, allmählich in die großen Täler transportiert, hier weiter verfrachtet und noch innerhalb des Gebirges infolge relativ schwacher Abkommen der Flüsse in Form von Schwemmfächern wieder abgelagert. Die aus dem Aufbau der Sedimente abzuleitenden, wahrscheinlich relativ trockenen Klimaverhältnisse, die – nach der größeren Wassertiefe der Flüsse zu urteilen – vielleicht etwas feuchter als heute waren, könnten die Entwicklung einer geschlossenen Vegetationsdecke behindert und die Prozesse der Abspülung begünstigt haben.

2.5.4.3 Hinweise auf eine Bodenbildungsphase

Auf der Westseite des E. Dougié sind nahe der Oberfläche Kiese und Schotter der OT-Akkumulation durch ein bräunliches, in erster Linie aus Kaolinit und Illit bestehendes Feinmaterial in einem etwa 40 cm mächtigen Horizont miteinander verbacken (Probe 251, Tab. 4). Der Gewichtsprozentanteil an Korngrößen unter 63 μ ist in dieser Lage etwas größer als in den tieferen Schichten.

Zahlreiche Schotter sind in mehrere Stücke auseinandergefallen. Die Oberfläche anderer Schotter ist durch dicht beieinanderliegende Vertiefungen gegliedert, zwischen denen oft nur noch 1 cm hohe scharfkantige Reste der alten Schotteroberfläche erhalten sind. Viele Basaltschotter zeigen 1 bis 2 mm tiefe Löcher an ihrer Oberfläche. Nach dem Sedimentationsprozeß unterlagen die Schotter einem Verwitterungsvorgang, der ihre Zurundung veränderte. Zwei Proben des Schottermaterials weisen deutlich niedrigere Zurundungsmittelwerte auf, als sie für die OT-Sedimente typisch sind (Proben 254, 211, Tab. 3). Verwendet man für die Zurundungsanalyse nur die noch erhaltenen Schotter, so ergibt sich keine signifikante Abweichung von den Werten der OT-Akkumulation (Probe 56).

Die Schotterlage hat nach ihrer Ablagerung eine Überformung durch Verwitterungsprozesse erfahren, die möglicherweise in Zusammenhang mit der Entstehung des bräunlichen Feinmaterials und mit einer Bodenbildungsphase gesehen werden müssen. Ihre relative zeitliche Einordnung ist schwierig, da bisher nicht feststellbar ist, ob es sich um eine Bodenbildung noch vor oder schon nach Ablagerung der Schotterdecke der OT-Akkumulation handelt (Tab. 8). Eine bräunliche Verfärbung im obersten Meter seiner „unteren Oberterrasse", die mit der Oberterrasse des Zoumri zu parallelisieren ist (Tab. 5), hat auch B. GABRIEL (1970, p. 23) beobachtet.

2.5.5 Die Mittelterrassen-Akkumulation und ihre Beziehung zu Formungsvorgängen im Hangbereich

Auf die Ablagerung der Grobschotterdecke der OT-Akkumulation folgt eine Erosionsphase, die vor allem in den Tiefenlinien des E. Zoumri und seiner Nebentäler, aber auch in den zwischenliegenden Bereichen eine teilweise Ausräumung der OT-Sedimente bewirkte. Während in der Depression von Bardai vor Ablagerung der MT-Sedimente eine Zerschneidung der OT-Akkumulation bis auf ihren Sockel nahe dem heutigen Niedrigwasserbett zu beobachten ist, läßt sich im südlichen Teil der Ignimbritschlucht in der Gégéré lediglich die Erosion einer 10 bis 15 m mächtigen Lage der hier insgesamt 45 bis 50 m Mächtigkeit erreichenden OT-Sedimente feststellen. Ähnlich wurden im östlichen Zoumrigebiet etwa 10 m der hier 20 m mächtigen OT-Akkumulation vor Ablagerung der MT-Sedimente erodiert. Die Ausräumung des Lockermaterials der OT-Akkumulation scheint daher in einem Prozeß rückschreitender Erosion abgelaufen zu sein. Bevor dieser Prozeß zu einer völligen Zerschneidung der Akkumulation in der Gégéré und im östlichen Zoumrigebiet führte, setzte bereits die Sedimentation von MT-Sedimenten ein.

Am Aufbau der MT-Akkumulation sind drei verschiedene Horizonte beteiligt, ein Sandsteingrushorizont an der Basis (1), helle, vorwiegend limnische Sedimente in der Mitte (2) und ein abschließendes Sand-, Kies- und Schotterpaket (3).

(1) Der Horizont aus Sandsteingrus ist in der Nähe der Sandsteinhänge an den Beckenrändern als Unterlage der limnischen Sedimente verbreitet.

Das Material ist blaßrötlich gefärbt und erreicht eine Mächtigkeit von 2 m. Es ist unterschiedlich stark durch Kalk verbacken. Die Kalkverbackung des Horizontes kann auch sekundär bei der Ablagerung der kalkhaltigen limnischen Sedimente im mittleren Horizont erfolgt sein. Stellenweise kommen in der Ablagerung kleine Schuttpartikel vor, die jeweils aus mehreren, noch in der Matrix des Sandsteins eingeschlossenen Quarzkörnern bestehen und die daher aus Verwitterungsprodukten des Sandsteins stammen. Vor Eintritt des E. Serdé in das Becken von Bardai enthält der Horizont auch gröberes Schuttmaterial.

Am Südwestrand der Depression von Bardai ist ein 2 m mächtiger Sandsteingrushorizont entlang eines rezenten Tälchens aufgeschlossen, das aus einer Schlucht des sich im Süden anschließenden Berglandes in das Becken eintritt. Am Beckenrand liegt das Tälchen im Sandstein und hat daher den Grushorizont bis zu seiner Auflage auf den Sandstein zerschnitten. An der Basis des Horizontes kommen Schotter aus Sandstein und Basalt- und Sandsteinschuttstücke vor, die von dem feinen Sandsteingrus überdeckt wurden. Da ältere als OT-zeitliche Schotter nur in wenigen Resten und an besonders gut geschützten Positionen gefunden wurden, ist anzunehmen, daß es sich um Schotter der OT-Akkumulation handelt. Der Sandsteingrushorizont dürfte daher jünger als die OT-Akkumulation sein.

In 2,5 m Höhe über der Oberfläche des Grushorizontes haften Reste einer 20 cm mächtigen Kalkkruste an den Wänden eines Sandsteininselberges in der Nähe des oben beschriebenen Tälchens. Seit Bildung der Kalkkruste wurde daher eine 2,5 m mächtige Sedimentlage abgetragen. Da es sich bei der Kruste um eine für die limnischen Sedimente der MT-Akkumulation typische Bildung handelt und da diese Sedimente etwa im Zeitraum zwischen 14 000 bis 7400 B. P. abgelagert wurden (H.-G. MOLLE, 1971, p. 37), dürfte die Entstehung des Sandsteingrushorizontes vor diesen Zeitraum zu stellen sein. Im Gegensatz zu diesen Schlußfolgerungen ergab die Datierung der Kalkkruste ein ^{14}C-Alter von 1965±710 B. P. (Hv. 6841, Tab. 15). Da das Probenmaterial oberflächlich entnommen wurde, ist in diesem Fall mit einer erheblichen Verjüngung zu rechnen[27].

Um Hinweise auf die Sedimentationsbedingungen des Sandsteingrushorizontes zu erhalten, wurden Korngrößenanalysen und Untersuchungen des Feinmaterials durchgeführt. Die Korngrößenverteilung von der Oberfläche der Akkumulation bis 120 cm Tiefe ist in Fig. 19 dargestellt. Die Akkumulation ist kaum geschichtet. In 80 und 120 cm Tiefe liegen Bänder gröberen Materials aus Grobkies und Sandsteinschutt. Die Änderungen der

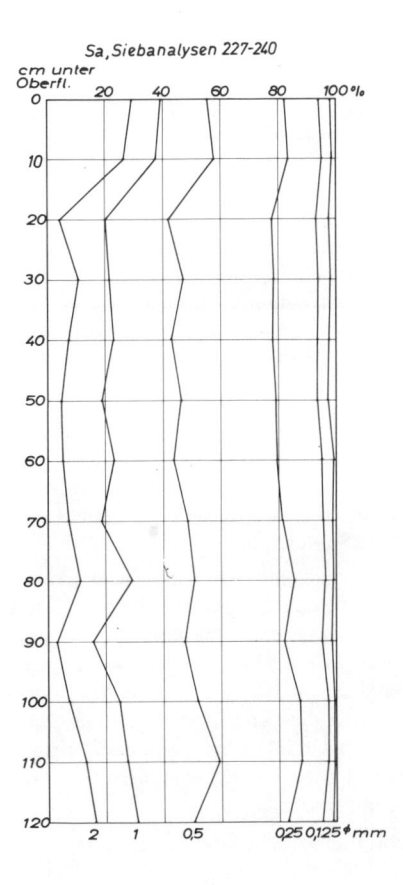

Fig. 19: Siebanalysen im Bereich der Sandschwemmebene westlich des E. Dougié.

---

[27] Nach einem Kommentar von M. A. GEYH zu dieser Probe.

Korngröße im Profil sind sehr gering; eine zyklische Gliederung, wie z. B. bei den OT-Sedimenten, ist nicht nachweisbar. Die Anreicherung von Grobmaterial in den oberen 10 bis 20 cm geht auf junge Ausspülungsprozesse zurück (2.5.7.2).

Die geringe Schichtung und Sortierung des Materials sprechen für einen kurzen Transportweg. Die Verwitterungsprodukte des Quatre-Roches-Sandsteins wurden in der Nähe der Beckenränder und in der Umgebung von Inselbergmassiven, wie z. B. dem Ehi Kournei, in Ausraumzonen abgelagert, die in die Basisfläche eingelassen waren. Die zwischengeschalteten Bänder aus Grobmaterial weisen auf einen kurzfristigen fluviatilen Umlagerungsprozeß hin.

In dem Sandsteingrushorizont ist Feinmaterial in sehr geringer Menge vertreten. Es besteht in der Fraktion 63–2 µ neben den Hauptgemengeanteilen Quarz, Feldspat und Calcit aus gut auskristallisiertem Kaolinit und Illit, in der Fraktion <2 µ aus Montmorillonit, gut auskristallisiertem Kaolinit, etwas Illit und Hämatit (Proben 227 bis 231, 285, Tab. 4). Die Zusammensetzung entspricht derjenigen des Feinmaterials im Sandstein. Das Vorkommen leicht verwitterbarer Minerale wie Feldspat dürfte so intensive chemische Verwitterungsvorgänge, wie sie z. B. für die Bildung der rötlichen Horizonte der hochgelegenen alten Niveaus anzunehmen sind, ausschließen.

Problematisch ist die Herkunft des Montmorillonits in der Fraktion <2 µ. Er könnte entweder bei der Verwitterung des Sandsteins entstanden sein, d. h. primär im Grushorizont vorhanden gewesen sein, oder er könnte nachträglich aus den ursprünglich wahrscheinlich darüberlagernden limnischen Sedimenten, vielleicht zusammen mit den Calciumkarbonaten, in den hohlraumreichen Grushorizont transportiert worden sein.

Ein unter limnischen Sedimenten begrabener Sandsteingrushorizont, kurz vor Eintritt des E. Serdé in die Depression von Bardai, enthält Gipsnadeln, die vielleicht auf relativ trockene Klimabedingungen hindeuten könnten. Auch hier ist allerdings eine nachträgliche Bildung nicht auszuschließen.

Zur Entstehungszeit des Sandsteingrushorizontes hat eine kräftige, offenbar vorwiegend mechanische Aufbereitung des Quatre-Roches-Sandsteins und eine fluviatile Umlagerung der Verwitterungsprodukte über kurze Strecken stattgefunden.

(2) Das überwiegend helle limnische Feinmaterial ist nicht mit dem Sandsteingrus verzahnt, sondern mit scharfer Grenze gegen den Grushorizont abgesetzt. Zu den Hängen hin, wie z. B. am E. Serdé vor seinem Eintritt in die Depression und im Südwesten der Depression von Bardai, keilen die Seeablagerungen mit allmählich abnehmender Mächtigkeit zwischen dem Grushorizont und einem Sand-, Kies- und Schotterpaket bzw. einer dünnen Schuttdecke aus.

Die Verbreitung der Seeablagerungen in der Depression von Bardai läßt die ehemalige Existenz eines großen zentralen Sees im Gebiet des Zoumri mit weit nach Süden vorstoßenden Buchten im Mündungsbereich der Nebentäler und die Existenz kleiner Seen in den Randbereichen der Depression vermuten. Reste einer Kalkkruste an den Schluchtwänden des E. Dougié belegen eine Ausdehnung des zentralen Sees bis weit in dieses Tal hinein. Seebildungen sind im ganzen Talverlauf des E. Zoumri bis 80 km östlich von Bardai und in der Gégéré nachweisbar.

Im Nordwestabschnitt der Gégéré existierte ein flacher See von 1,5 bis 2 km Durchmesser. Die 1 m mächtigen feingeschichteten limnischen Sedimente tragen eine dünne Kies- und Schotterdecke im Hangenden und liegen auf einem 80 cm tief aufgeschlossenen Horizont aus Sand, Kies und kleinen Schottern in einem braunrötlichen Feinmaterial. Dieser Horizont läßt sich nach Südosten bis zum Rand des ehemaligen Sees weiterverfolgen. Hier ist eine rotbraun gefärbte Hangschuttdecke entwickelt, die unter die Seeablagerungen herabzieht und die nach ihrer Lage zur Basisfläche mit dem unteren Horizont der oben beschriebenen Hangschuttdecken (2.5.3) parallelisiert werden kann. Das Schuttmaterial wurde bei Abspülungsvorgängen, vielleicht zur Zeit der OT-Akkumulation, weit in die Depression hinaus transportiert, wo es heute die Unterlage der Seesedimente bildet.

Auch auf der Südostseite der Gégéré, in der Ignimbritschlucht des E. Hamora, sind Seesedimente verbreitet. 30 bis 35 m mächtige OT-Sedimente werden von horizontal geschichteten hellgrauen Schluffen und Feinsandlagen überdeckt, die eine Mächtigkeit von 6 m erreichen. In vertikalen Abständen von 1 bis 2 m sind dünne Lagen gröberen Materials eingeschaltet. Den Abschluß der Akkumulation bildet ein Sand-, Kies- und Schotterpaket. Das Feinmaterial ist zum Teil kalkhaltig und mit zahlreichen Kalkröhren und Wurzelhaaren durchsetzt. Die Datierung eines durch Kalk leicht verbackenen Horizontes bei 1,5 m unter der Oberfläche, d. h. mehr in der Schlußphase dieser Sedimente, ergab ein ^{14}C-Alter von 6435±1025 B. P. (Hv. 6840, Tab. 15). Dieses Datum ist jünger als die Datierung einer Kalkkruste in der Schlußphase der Seeablagerungen im östlichen Zoumrigebiet (7380±110 B. P., Hv. 2921; H.-G. MOLLE, 1971, p. 37). Eine Parallelisierung der limnischen Sedimente der Gégéré mit den Seeablagerungen im E. Zoumri scheint dennoch sehr gut möglich zu sein, da bei dem nur schwach durch Kalk verbackenen Material eine geringe Verjüngung durch den Kontakt mit Oberflächenwasser nicht ausgeschlossen werden kann[28]. Auf die Möglichkeit einer solchen Parallelisierung weist auch die stratigraphische Position der Sedimente hin.

Die ehemalige Existenz MT-zeitlicher Seen über 30 bis 35 m mächtigen Lockersedimenten aus Sand, Kies und Schottern dürfte die Auffüllung dieser Sedimente mit Grundwasser zur Voraussetzung haben. Hinweise auf Grundwassereinflüsse fanden sich in den Basislagen der Verfüllungssedimente in der Ignimbritschlucht des E. Hamora. Hier sind schräggeschichtete braune Sande mit einzelnen Schotter- und Kiesbändern verbreitet. 8 cm große Schotter sind bis zu ihrem Kern verwittert. Das Material der Schotterbänder ist stellenweise von schwarzen

---

[28] Nach einem Kommentar von M. A. GEYH zu dieser Probe.

Eisen-Mangan-Krusten eingehüllt. Die aus der OT-Zeit stammenden mächtigen Lockermaterialverfüllungen der Schluchten dienten vermutlich während der Seenphase der MT-Akkumulation der Speicherung und Zirkulation von Grundwasser.

Für eine im Vergleich zu heute mindestens zeitweise günstigere Wasserversorgung während der Bildung der Seeablagerungen gibt es weitere Belege. Im östlichen Zoumrigebiet bei Ouanofo ist auf limnischen Ablagerungen ein dunkelgrauer, 30 bis 40 cm mächtiger, krümeliger Boden entwickelt (Abb. 8). Er gehört wahrscheinlich in die Schlußphase der limnischen Akkumulation, da über ihm eine nur wenige Zentimeter mächtige Kalkkruste und darüber eine 10 bis 20 cm mächtige Schuttdecke folgen. Der Schutt wurde über konkave Hangabschnitte von einer 30 m entfernten Basaltkuppe auf den Boden transportiert.

Eine ähnliche Bodenbildung ist bei Oskoi, 20 km östlich von Bardai, auf hellen Seeablagerungen in 9,5 m über dem Niedrigwasserbett zu beobachten. Schuttstücke wurden später von dem sich anschließenden Sandsteinhang auf den Boden bewegt. 50 km östlich von Bardai fand sich bei Oré ein hellgrauer Boden im Niveau der Mittelterrasse. Er zeigt eine krümelige Struktur und ist mit zahlreichen Hohlräumen durchsetzt. Da bisher keine Datierungen der auf den kalkhaltigen Seesedimenten entwickelten Bodenhorizonte vorliegen, ist unsicher, ob sie noch der Schlußphase der Seeablagerungen oder einem jüngeren Zeitabschnitt zuzuordnen sind.

Im Vergleich zu den kräftigen Materialverlagerungen während der Bildung der Hangschuttdecken, des Sandsteingrushorizontes und der Schuttlage auf den Seeablagerungen sind die hangnahen Bereiche während der Ablagerung der limnischen Sedimente mindestens zeitweise als relativ stabil zu bezeichnen.

Der Materialtransport in die zu dieser Zeit existierenden Seen ist durch lang andauernde Zyklen mit der Sedimentation von Feinsand und Schluff und durch die rhythmische Einschaltung dünner Bänder gröberen Materials gekennzeichnet (H.-G. MOLLE, 1971). Für die vorherrschende Verlagerung von Feinmaterial in dieser Zeit lassen sich auch Beobachtungen aus Bereichen außerhalb der Seen anführen.

Zwischen dem E. Dougié und E. Serdé liegt in der Fußzone der die Depression nach Süden begrenzenden Sandsteinstufe an einer Stelle eine 1 m mächtige Schuttdecke, die nicht, wie in Kap. 2.5.3 beschrieben, aus Schuttmaterial in einer braunrötlichen Matrix, sondern aus sich gegenseitig berührenden Schuttstücken aufgebaut ist. Die Hohlräume zwischen dem Schuttmaterial sind mit grauen Schluffen und Feinsanden verfüllt. Die Hangschuttdecke unterlag an dieser Stelle – möglicherweise zur Zeit der OT-Akkumulation – einem starken Abspülungsprozeß, der nur das Grobmaterial zurückließ. Zu einem späteren Zeitpunkt wurde dann das graue Feinmaterial eingespült.

Die grauen Schluffe und Feinsande enthalten außer Wurzelhaaren und Pflanzenresten mehrere Exemplare der xerothermen Landschnecke Zootecus insularis. Weitere Vorkommen dieser Molluskenart fanden sich in vergleichbarer Position und in ähnlichen Sedimenten an verschiedenen Stellen im Randbereich der Depression (vgl. die geomorphologische Karte). Zootecus insularis ist außerdem auch in den limnischen Sedimenten der MT-Zeit, wie z. B. in der Randzone eines Sees bei Osouni 20 km östlich von Bardai verbreitet.

Zahlreiche Exemplare dieser Schneckenart fand B. GABRIEL (1972, p. 122) in der untersten Schicht der Grabung Gabrong nördlich von Bardai. Er konnte ein ^{14}C-Alter der Schicht von 8065±100 B. P. ermitteln. Die Schicht ist daher in die Zeit der Seeablagerungen der MT-Akkumulation zu stellen. Zur Zeit der MT-zeitlichen Seebildungen gab es daher Phasen der Feinmaterialverspülung im Hangbereich. Das Feinmaterial wurde bis in die Seen transportiert und hier sedimentiert.

Das graue Feinmaterial im Hangbereich und die limnischen Sedimente zeigen in der Fraktion <63 µ eine ähnliche Zusammensetzung. Neben den Hauptgemengeanteilen Feldspat, Calcit und Quarz, in den Seeablagerungen auch Glimmern, kommen Montmorillonit, Kaolinit und Illit vor (Tab. 4). Der Montmorillonit scheint in der Fraktion <2 µ meist zu überwiegen, ist aber nicht annähernd so stark vertreten wie in den älteren, fluvio-lakustren Sedimenten (2.5.1). Die Herkunft des Montmorillonits in den Seeablagerungen ist problematisch. Einerseits kommen die oben beschriebenen Bodenbildungen in den Randzonen der Seen als Liefergebiet in Frage, andererseits ist auch eine starke Zufuhr von Montmorillonit bei der Abtragung der alten fluvio-lakustren Sedimente anzunehmen. Als dritte Möglichkeit ist auch eine Neubildung von Montmorillonit in den Seebecken der MT-Zeit nicht auszuschließen.

Zur Zeit der Seeablagerungen sind außer mindestens einer Phase der Bodenbildung und einer im Vergleich zu heute zeitweilig günstigeren Wasserversorgung bei hohem Grundwasserstand auch Phasen geschlossener Vegetationsbedeckung in dem Zeitraum zwischen 14 000 bis 5000 B. P. (E. SCHULZ, 1973) anzunehmen.

Daneben scheint es aber auch Phasen mit einer relativ geringen Vegetationsbedeckung gegeben zu haben, worauf das Vorkommen von Bändern gröberen Materials in den Sedimenten und die Ergebnisse von Pollenanalysen (Tab. 9) hinzudeuten scheinen. Zu Probe 11, die aus einem unteren Horizont der Seeablagerungen, 17 km östlich von Bardai, in 3 m Höhe über dem Niedrigwasserbett des Zoumri entnommen wurde, gibt E. SCHULZ (1973, p. 86) folgenden Kommentar: „Der hohe Gehalt an PK von Gramineae und Artemisia deutet auf eine sehr offene Vegetation der Umgebung, wobei das starke Vorkommen von PK von Quercus unklar ist. Die vielen varia lassen keine sichere Deutung dieser Probe zu." Die Datierung einer Probe dieses Horizontes ergab ein ^{14}C-Alter von 14 055±135 B. P. (Hv. 2753, H.-G. MOLLE, 1971). Eine weitere aus den oberen Horizonten der Seesedimente entnommene Probe enthält zu wenige Pollen für eine Interpretation (Probe 26, Tab. 9).

Tabelle 9: **Pollenanalysen**[29]

Proben-Nr. und Ort	11 (Oskoi)	26 (Ouanofo)
Pinus		2
Betula		3
Tilia		1
Fagus		1
Quercus	24	1
Ericaceae	3	
Gramineae	21	2
Caryophyllaceae	1	
Liliaceae	1	
Papilionaceae	2	
Ephedra-frag.-Typ		2
Artemisia	19	
Plantaginaceae		2
Tamarix	1	
Polypodiaceae	5	
varia	30	4
Summe PK	107	18

[29] Nach einer Tabelle von E. SCHULZ (1973, p. 86), die Pollenanalysen wurden von E. SCHULZ am Institut für Physische Geographie der Freien Universität Berlin durchgeführt.

Es läßt sich sagen, daß die klimatischen Bedingungen während der Seebildungen zeitweise zu einer günstigen Wasserversorgung und zur Entwicklung einer Vegetationsdecke und damit offenbar zu länger andauernden Phasen relativer Hangstabilität führten, in denen nur Feinmaterial abgetragen und sedimentiert wurde. Phasen mit relativ offener Vegetation und stärkeren Abspülungsprozessen waren zwischengeschaltet. Auf Grund der Korngrößen der transportierten Sedimente sind Starkregen vermutlich sehr selten gewesen, viel wahrscheinlicher sind dagegen Niederschlagsereignisse geringer Intensität, dafür aber vielleicht längerer Dauer[30].

(3) Die Phase relativer Hangstabilität ist mit Beginn der Ablagerung des Sand-, Kies- und Schotterpaketes auf den limnischen Sedimenten beendet. Die stellenweise zu beobachtende Diskordanz zwischen den Seeablagerungen und der Schotterdecke wurde, ähnlich wie im Falle der Überlagerung der OT-Sedimente mit einer Grobmaterialdecke, durch eine Überformung und Abschrägung der liegenden Sedimente in Richtung auf die Taltiefenlinien verursacht. Die Sand-, Kies- und Schotterdecke ist 40 bis 70 cm mächtig.

Es lassen sich ein unterer und ein oberer Horizont unterscheiden. Im unteren Horizont ist oft eine zyklische Gliederung der Sedimente in dünne Lagen mit einer Korngrößenabfolge von grob nach fein festzustellen. Wie im Falle der OT-Akkumulation und des rezenten Flußbettes ist diese Gliederung durch eine Überlagerung von Schwemmfächern bedingt. Die Flächen und Hänge in der Umgebung der Täler waren ungeschützt, so daß bei Abspülungsvorgängen auch grobes Material in die Täler verfrachtet und hier bei den gelegentlich auftretenden

[30] Zur klimatischen Interpretation der vorwiegend limnischen Sedimente der MT-Akkumulation sei auf die Arbeiten von D. JÄKEL und E. SCHULZ (1972), E. SCHULZ (1973) und M. A. GEYH und D. JÄKEL (1974 a) verwiesen.

Abflußereignissen weiter transportiert werden konnte. Im Vergleich zu der vorangehenden Zeit der Seebildungen war es eine kurze Phase relativ trockener Klimaverhältnisse.

Der obere Horizont des Sand-, Kies- und Schotterpaketes besteht überwiegend aus Schottern und baut sich aus einem nach oben allmählich gröber werdenden Material auf (Fig. 20).

Von der OT-Akkumulation ziehen konkav gekrümmte Hänge zur Schotterdecke der MT-Akkumulation herab. Während der Entstehung der Schotterdecke hat eine fluviatile Überformung der OT-Sedimente stattgefunden. Sie dokumentiert sich in dem deutlichen Anstieg der Zurundungswerte der Schotter. Die Materialzufuhr von der OT-Akkumulation während des Aufbaus der Grobmaterialdecke zeigt Abtragungsvorgänge und instabile Verhältnisse in der Umgebung der Täler an.

Die nach oben zunehmende Größe der Schotter in der Grobmaterialdecke weist auf eine Phase wachsender Transportkraft in den Flüssen hin. Am Eintritt des E. Serdé in die Depression von Bardai wurden die Durchmesser der über 3 cm großen Schotter in der obersten Lage der OT- und MT-Schotterdecke miteinander verglichen (Proben 54, 55, Tab. 3). Der Größenvergleich zeigt eine Abnahme der Schubkräfte während der Abflußereignisse von der OT- zur MT-Schotterdecke.

Wie im Falle der Oberterrasse ist das Schottermaterial auf allen Seiten patiniert; es hat daher bei den zeitweilig starken Abkommen der Flüsse eine mehrfache Umlagerung erfahren. Als Ursache dieser Abkommen sind Niederschlagsereignisse relativ hoher Intensität im Untersuchungsgebiet, vor allem aber in den höheren Gebirgsregionen, anzunehmen.

Wenn die Seeablagerungen in der Nachbarschaft von Basalt- und Sandsteinhängen im Randbereich der Depression liegen, wie am E. Serdé und im östlichen Zoumrigebiet, dann ist oft eine Überdeckung durch eine 10 bis 20 cm mächtige Schuttdecke festzustellen.

Im Südwesten des Beckens von Bardai keilen die limnischen Sedimente eines kleinen Sees zum Hang hin allmählich aus, so daß sich eine Schuttdecke im Hangenden und ein Sandsteingrushorizont im Liegenden der Seeablagerungen im unteren Hangabschnitt überdecken.

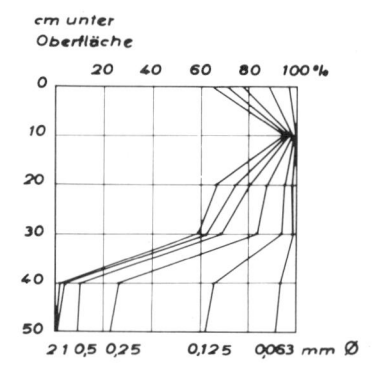

Fig. 20: Siebanalysen der Mittelterrassen-Akkumulation

Während sich daher im Hangbereich – ähnlich wie bei den älteren Hangschuttdecken (2.5.3) – ein unterer und ein direkt darüber liegender oberer Schutthorizont unterscheiden lassen, sind die beiden Horizonte weiter unterhalb, am Talrand, durch die Akkumulationsphase der Seeablagerungen voneinander getrennt. Eine ähnliche stratigraphische Stellung scheinen auch die zyklisch aufgebauten OT-Sedimente zwischen der OT-Grobschotterdecke und dem rötlichbraun gefärbten unteren Horizont der älteren Hangschuttdecken einzunehmen.

An die Stelle der Schotterdecke auf den Seeablagerungen im Talbereich tritt im hangnahen Bereich eine dünne Schuttdecke. Bisher ließ sich nicht klären, ob an ihrer Bildung auch Prozesse mechanischer Gesteinsaufbereitung beteiligt waren oder ob es sich lediglich um die Abspülungsprodukte älterer Hangschuttdecken handelt. Während des Aufbaus der Grobmaterialdecke auf den Seesedimenten ist nicht nur im Bereich der älteren Lockersedimente, d. h. vor allem der OT-Sedimente in der unmittelbaren Umgebung der Täler, sondern auch im Bereich der Sandstein- und Basalthänge eine Phase der Instabilität nachweisbar.

Diese Befunde sind gut vergleichbar mit Untersuchungen von B. MESSERLI (1972, p. 56) in der Hochregion des Mouskorbé im östlichen Tibesti-Gebirge. Er hat in diesem Gebiet Seeablagerungen gefunden, die nach einer ^{14}C-Datierung (8530±100 B. P.) in die Zeit der limnischen Sedimente der MT-Akkumulation gehören und die von den Seitenhängen her durch Schwemmfächer mit Geröllen bis zu 10 cm Durchmesser in einer Phase intensiver Flächenspülung überdeckt wurden.

2.5.6 Die Niederterrassen-Akkumulation und ihre Beziehung zu Formungsvorgängen im Hangbereich

Auf die Ablagerung der Schotterdecke der MT-Akkumulation folgt eine Phase linearer Erosion. Sie führt in der Schlucht des E. Hamora in der Gégéré bis in eine Tiefe von 1 bis 2 m über dem heutigen Talboden. Nach der Ausräumung von 35 bis 40 m mächtigen Lockersedimenten der OT- und MT-Akkumulation konnte sich das Tal noch 1 bis 2 m in den Ignimbritsockel eintiefen (Fig. 15). In dieser Erosionsphase verbreitete sich die Schlucht vor allem an den Außenbögen der Mäander durch seitliche Unterschneidung. An den Innenbögen der Mäander sind dagegen oft ausgedehnte Reste der alten Lockersedimente erhalten. Nach einer ^{14}C-Datierung von MT-Sedimenten in über 35 m Höhe oberhalb des Niedrigwasserbettes (6435±1025 B. P., Hv. 6840) handelt es sich um eine sehr junge Erosionsphase. In der Depression von Bardai und im östlichen Zoumrigebiet hat die Erosionsphase eine Ausräumung von etwa 10 bis 12 m Lockermaterial verursacht.

Auf dem Ignimbritsockel in 1 bis 2 m über dem Schluchtboden des E. Hamora liegt die NT-Akkumulation. Sie besteht aus überwiegend groben Schotterlagen von 4 bis 5 m Mächtigkeit. Während des Aufbaus der Akkumulation wurden Schotter der älteren Lockermaterialverfüllungen über steil geneigte Hänge herabtransportiert und einsedimentiert. In die oberen Horizonte der NT-Akkumulation sind außerdem große von den Ignimbritwänden abgestürzte Blöcke eingelagert.

Während der Sockel der NT-Akkumulation in den Schluchtstrecken der südlichen Nebentäler des E. Zoumri am Talrand aufgeschlossen ist, liegt er in den Becken und Talerweiterungen des E. Zoumri oft unter dem Niveau des rezenten Flußbettes (Fig. 15). Im Lee von Oberterrassenresten zwischen dem E. Tabiriou und E. Serdé sind z. B. größere NT-Flächen in geringer Höhe über dem rezenten Flußbett erhalten; die Basis der NT-Schotter ist nicht aufgeschlossen. Die rezent abgelagerten Flußbettsedimente haben die Auflagefläche der NT-Schotter in den Becken des E. Zoumri an den Talrändern verhüllt.

Die bereits in der Gégéré zu beobachtende Materialzufuhr aus alten Terrassenkörpern in die NT-Akkumulation ist auch in der Depression von Bardai feststellbar. Auf der Westseite des E. Dougié zieht von der OT-Akkumulation eine hangabwärts allmählich mächtiger werdende Schotterdecke herab. Sie geht in eine Schotterakkumulation über, die die jüngste Akkumulation vor der Ablagerung rezent verschwemmter Sande darstellt (2.5.7.2) und die unter diese über 1 m mächtige Sandablagerung abtaucht (Fig. 21). Gegenwärtig findet auf dem Hang nur eine Verspülung von Sand in Richtung auf die Sandablagerung am Hangfuß statt. Zur Zeit der Schotterbewegung auf dem Hang ist die Abspülungsintensität größer gewesen als gegenwärtig. Nach ihrer relativen Stellung zu den älteren und jüngeren Sedimenten und nach der Zurundung ihrer Schotter (Probe 255, Tab. 3) entspricht die junge Schotterablagerung der NT-Akkumulation. Die grauen Schluffe und Feinsande oberhalb der NT-Akkumulation gehören wahrscheinlich in die Zeit der Mittelterrasse.

Die Prozesse der Verlagerung von Grobmaterial noch nach Ablagerung der feinkörnigen Sedimente der MT-Akkumulation waren vielleicht auch am Aufbau der Terrassetten auf dem Schuttfächer nordwestlich von Zoui beteiligt (vgl. 2.5.3). Oberhalb von Grobschotterwällen finden sich 25 cm mächtige graue Schluffe und Feinsande mit einer dünnen Decke aus kleinen Schuttpartikeln darüber. Im Unterschied zu dem groben Schutt der Wälle zeigt der Feinschutt auf den Terrassettenflächen eine glatte Oberfläche und keine Verwitterungsspuren. Die Verlagerung der kleinen Schuttstücke könnte in der Bildungszeit der Schotterlagen der MT- oder NT-Akkumulation erfolgt sein.

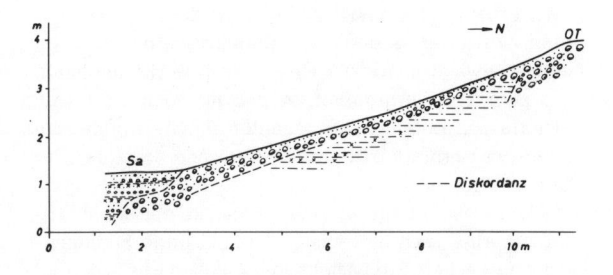

Fig. 21: Querprofil westlich des E. Dougié (Sa: Sandschwemmebene, OT: Oberterrasse)

Tabelle 10
Varianzanalyse für 13 Schotterproben aus der Depression von Bardai für den Zurundungsindex $\frac{2r_1}{L} \cdot 1000$, vgl. Tab. 3)[31]

Art der Variation	Freiheitsgrade	Summe der Quadrate	Streuung
zwischen den Terrassen-Akkumulationen (OT, MT, NT, HW)	4–1 = 3	9 637,30	3212,43
innerhalb der Terrassen-Akkumulationen	13–4 = 9	2 684,82	298,31
Gesamtvariation	13–1 = 12	12 322,12	

Streuungsquotient:
$$\frac{3212,43}{298,31} = 10,77$$

---

[31] Die Varianzanalyse wurde nach A. LINDER (1964, p. 106 ff.) durchgeführt. Der errechnete Streuungsquotient von 10,77 ist größer als der Wert der F-Verteilung von 6,99 (für die Freiheitsgrade 3 und 9) bei einer Signifikanz von 99 % (A. LINDER, 1964, p. 467), d. h. die Streuung zwischen den Proben der verschiedenen Akkumulationen ist signifikant größer als die Streuung zwischen den Proben ein und derselben Akkumulation. Die signifikanten Differenzen der Zurundungswerte der Schotter aus den verschiedenen Terrassenakkumulationen sind wahrscheinlich auf die Überarbeitung der Schotter bei ihrer Umlagerung von der vorangehenden in die folgende Akkumulation, d. h. auf eine Intensitätszunahme der fluviatilen Überarbeitung zurückzuführen (vgl. 2.5.4 bis 2.5.6).

Die Zurundung der Schotter nimmt von der OT- über die MT- zur NT-Akkumulation zu. Die Differenzen der Zurundungswerte zwischen den verschiedenen Terrassenakkumulationen sind dabei auf Grund einer Streuungszerlegung als signifikant zu bezeichnen (Tab. 10). Als Ursache für die wachsende Zurundung ist vor allem die fluviatile Überarbeitung der Schotter bei ihrer Umlagerung von der vorangehenden in die folgende Akkumulation heranzuziehen. Belege für solche Umlagerungsprozesse zur MT- und NT-Zeit fanden sich in zahlreichen oben beschriebenen Aufschlüssen.

Die Erosionsphase nach Ablagerung der Schotterdecke der MT-Akkumulation wurde durch die Ablagerung der NT-Akkumulation unterbrochen. Sie entstand in den Flußbetten durch eine Grobmaterialzufuhr aus den Einzugsgebieten des E. Zoumri und seiner Nebentäler und unter Beteiligung einer Materialumlagerung aus den älteren Lockersedimenten. In den Flüssen kam es zeitweise zu intensiven Abflußvorgängen, in der Umgebung der Täler waren die Abspülungsprozesse stärker als gegenwärtig.

2.5.7 Die rezenten Formungsprozesse im Tal- und Hangbereich

In der Erosionsphase nach Ablagerung der NT-Akkumulation wird der Boden der Ignimbritschlucht in der Gégéré etwa 2 m tiefer gelegt. Die NT-Akkumulation wird zum Teil ausgeräumt, so daß ihr Sockel schmale Felsterrassen parallel zum rezenten Flußbett bildet. Im Niedrigwasserbett tritt an zahlreichen Stellen der Ignimbrit hervor.

Streckenweise ist im rezenten Flußbett der Ignimbritschlucht aber auch eine bis zu 1 m mächtige Sedimentdecke entwickelt. Sie besteht überwiegend aus Sand und Kies im Niedrig- und Schottern im Hochwasserbett. An einigen Stellen erreichen die rezenten Schotter sogar den Felssockel der abgeräumten NT-Akkumulation. Im Flußbett sind vereinzelt Ignimbritblöcke anzutreffen, die unterhalb ihrer Abbruchstellen liegen und in situ verwittern. Die rezente Sedimentdecke wird flußab in Richtung auf den Zoumri allmählich mächtiger. In den Talerweiterungen des Zoumri erreichen die rezenten Sedimente bereits ein höheres Niveau als der Sockel der NT-Akkumulation.

In der Depression von Bardai gibt es verschiedene Hinweise auf eine Phase der Ablagerung von Feinmaterialsedimenten im Tal des E. Zoumri noch vor Gestaltung des heutigen Flußbettes. In der Talerweiterung nördlich von Zoui sind Reste dunkelgrauer schluff- und tonreicher Sedimente verbreitet, die eine gegenüber dem rezenten Flußbett etwas erhöhte Position einnehmen und die von den Einwohnern zur Anlage von Feldern benutzt werden (vgl. die geomorphologische Karte). Westlich der Einmündung des E. Dougié in den Zoumri liegen unter zyklisch aufgebauten feinkörnigen Sedimenten des Hochwasserbettes lehmige Sedimente mit Einschlüssen fein verteilter Holzkohle. Diese Beobachtungen sprechen für eine Trennung von Hochwasserbettsedimenten, die in den Talrandzonen des Zoumri vielleicht noch heute weitergebildet werden, und älteren Feinsedimenten.

Kurz oberhalb der Mündung des E. Tabiriou in den Zoumri sind am Talrand 2 m mächtige Sedimente aus Schluffen und Feinsanden aufgeschlossen (Abb. 9). Die Sedimente werden gegenwärtig seitlich unterschnitten und abgetragen. 1 km weiter oberhalb sind am Rand des E. Tabiriou 2,8 m mächtige sandige Ablagerungen verbreitet, die von Tamarisken bewachsen sind. Tamariskennadeln und -zweige in 2,6 m Tiefe ergaben ein ^{14}C-Alter von 260±100 B. P. (Hv. 6600, Tab. 15). Damit sind relativ junge und kräftige Sedimentationsvorgänge im Becken von Bardai belegt.

Die oben beschriebenen tonreichen Sedimente im Talverlauf des E. Zoumri dürften aber vermutlich ein höheres Alter besitzen als die sehr jungen sandigen Ablagerungen am E. Tabiriou.

Nach der Zerschneidung der NT-Akkumulation und der Ablagerung von eventuell subrezenten Feinmaterialsedimenten lassen sich im Untersuchungsgebiet drei rezente Formungsbereiche unterscheiden: die Randbereiche der Depressionen, die Sandschwemmebenen und kleinen Nebentälchen und der E. Zoumri mit seinen Nebentälern.

2.5.7.1 Die Randbereiche der Depression von Bardai

Zwischen dem E. Serdé und E. Dougié sind am Hang der Sandsteinstufe, die die Depression im Süden begrenzt, bei Neigungen um 27° gelblichgrau gefärbte, sehr schwach patinierte Schuttstücke verbreitet. Sie liegen auf gekapptem Sandstein oberhalb von schwarz patinierten fossilen Hangschuttdecken (vgl. 2.5.3).
Solche Schuttstücke sind auch auf 8 bis 19° geneigten Schrägflächen im Gipfelbereich des Inselbergmassives des Ehi Kournei im Süden von Bardai zu beobachten. Die Flächen sind in Richtung auf tiefe Schluchten abgedacht, die in Höhe der Basisfläche auslaufen. 20 bis 40 cm tiefe und 1 m breite Rinnen, die die Kluftlinien des Sandsteins nachzeichnen, durchziehen die Schrägflächen. Die Schuttstücke sammeln sich in den Rinnen und werden bei Abflußereignissen in Richtung auf die Schlucht bewegt. Der maximale Durchmesser der Schuttstücke ist bei entsprechendem Hangwinkel deutlich geringer als im oberen Horizont der fossilen Schuttdecken (Tab. 7). Ebenso dürften auch die Transportkräfte bei Abflußvorgängen im Randbereich der Depression gegenwärtig erheblich geringer sein als z. B. zur Bildungszeit des oberen Horizontes der Schuttdecken.
Beobachtungen im Bereich der Schrägflächen des Ehi Kournei und der Sandsteinflächen östlich des E. Dougié können Hinweise auf die mögliche Entstehung des Schuttmaterials geben. Auf den Sandsteinflächen sind Felder von Säulen und Pilzfelsen als Miniaturformen von 5 bis maximal 60 cm Höhe entwickelt. Sie sind im Bereich ihrer Fußzone, die in hellgraues, schluffiges, poröses Feinmaterial eingebettet ist, zum Teil so dünn, daß sie sich mit der Hand umkippen lassen. Einzelne auf den Flächen liegende Schuttstücke geben sich durch ihre Form als solche ehemaligen Säulchen und Pilzfelsen zu erkennen. Der Schutt kann bei entsprechend starken Niederschlagsereignissen allmählich bis in die Schluchten am Rande der Sandsteinflächen transportiert werden. Die nicht transportablen Schuttstücke bleiben auf der Fläche liegen und zerfallen allmählich in kleinere Schuttpartikel.
Große Schuttstücke werden unter den heutigen klimatischen Bedingungen nur bis an die Ausgänge der Schluchten in den Sandsteinstufen verfrachtet und hier abgelagert. Das grobe Sand- und Kiesmaterial gelangt etwas weiter bis in die Zone alter Strudelkessel, die vermutlich während der Anlage der Schluchten an ihren Ausgängen entstanden sind (vgl. 2.3). Das feinere Material wird über schmale, in Sandgrusablagerungen eingelassene Tälchen in den Bereich der Sandschwemmebenen und von hier aus weiter in Richtung auf den E. Zoumri und seine Nebentäler transportiert. Die Transportkräfte sind gegenwärtig viel geringer als z. B. zur Zeit der Schotterdecke der OT-Akkumulation, da die Schuttverlagerung zu dieser Zeit bis weit in die Depression hineinreichte.
Außer Schutt, Kies und Sand wird durch die rezenten Verwitterungsprozesse auch ein hellgraues Schluff- und Tonmaterial für den Transport bereitgestellt. Es findet sich in der Fußzone der beschriebenen Miniaturpilzfelsen in kleinen Höhlen, die in den Wänden alter Höhlengänge im Inselberggebiet des Ehi Kournei ausgebildet sind, und in Vertiefungen an den Außenwänden der Sandsteinmassive (Abb. 10). Das Feinmaterial gelangt durch Abspülungsprozesse, vielleicht auch durch äolischen Transport (H. HAGEDORN, 1971) in den Bereich der Sandschwemmebenen und Täler.

2.5.7.2 Die Sandschwemmebenen

Zwischen die Randbereiche der Depressionen und den E. Zoumri mit seinen Nebentälern sind weite Flächen eingeschaltet, auf denen gegenwärtig Prozesse der Sandverschwemmung stattfinden. In der Depression von Bardai liegen solche Flächen östlich und westlich des E. Dougié (Abb. 2), östlich von Bardai und zwischen dem E. Serdé und E. Tabiriou (vgl. die geomorphologische Karte). Kleine Sandschwemmflächen kommen auch oberhalb des Beckenrandes vor.
Die großen Sandschwemmebenen am E. Dougié sind in die Basisfläche eingelassen. Die Ebene östlich des Tales ist auf den 4 km entfernten E. Zoumri eingestellt, ihr Gefälle beträgt 1,3 % (Fig. 14). Die Ebene westlich des Tales ist in Richtung auf die Schlucht des E. Dougié abgedacht und hat ein Gefälle von über 2 %. Das Gerinnetz der westlichen Ebene ist vermutlich infolge dieses Gefälleunterschiedes deutlicher ausgebildet als dasjenige der östlichen Ebene.
Im Bereich der Sandschwemmebene westlich des E. Dougié wurden die Oberflächenformen und Sedimente untersucht. Der am höchsten gelegene Teil dieser Ebene im Südwesten und Süden wird durch ein 2 m tief eingeschnittenes Tälchen von dem höher aufragenden Gelände getrennt. Nur der auf die Ebene selbst fallende Niederschlag kann hier einen Oberflächenabfluß verursachen. Das abfließende Wasser wird über eine flache, nach Osten gerichtete Rinne dem unteren Teil der Ebene und von hier den trichterförmigen Ausgängen der Sandschwemmebene zugeführt, die über Tälchen mit starkem Gefälle in den E. Dougié münden.
Die Sandschwemmebene breitet sich in ihrem oberen Teil über Sandsteingrussedimenten aus, die wahrscheinlich in die Zeit der Mittelterrassenakkumulation gehören (vgl. 2.5.5). In diesem Gebiet wurde das Querprofil von Fig. 22 aufgenommen. Die Ebene hat hier ein Gefälle von 1 % quer zur Entwässerungsrichtung nach Nordosten. Das Querprofil schneidet mehrere Rinnen und die dazwischen liegenden bis zu 20 cm hohen Rücken. Bei den Abspülungsprozessen ist an der Oberfläche der Rücken eine dünne Decke aus grobem Sand und Kies entstanden (Fig. 19). In den Rinnen ist an der Oberfläche heller lockerer

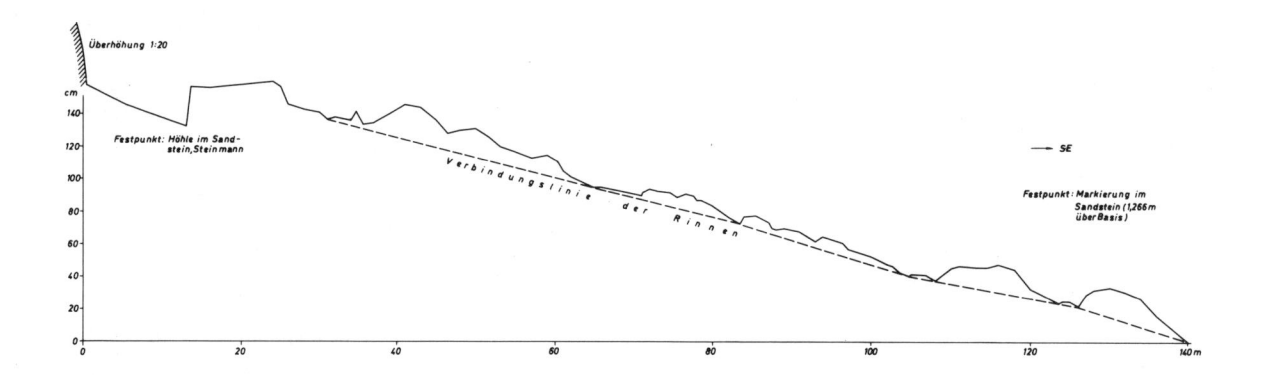

Fig. 22: Querprofil der Sandschwemmebene westlich des E. Dougié

Sand verbreitet, der zu den weiter unterhalb gelegenen Teilen der Ebene transportiert wird. Die Rücken zeigen einen steilen Nordwest- und einen flachen Südosthang. Die Rinnen verlagern sich allmählich nach Südosten und unterschneiden die Rücken. Die Abtragung der fossilen Sandsteingrussedimente und die Verlagerung der Rinnen führen zu einer langsamen Tieferlegung der Ebene in ihrer ganzen Breite. Im obersten Teil der Ebene ist mit der flächenhaften Abtragung eines 2,5 m mächtigen Sedimentpaketes seit der Mittelterrassenzeit zu rechnen (vgl. 2.5.5).

Der Abtragung im oberen Teil steht eine Akkumulation in den breiten Ausgängen der Sandschwemmebene gegenüber. Das helle im Gerinnenetz transportierte Material sammelt sich in über 100 m breiten flachen Mulden, die durch leicht konvex gewölbte Wasserscheiden voneinander getrennt sind und die auf die Ausgänge der Sandschwemmebene eingestellt sind. Die Mächtigkeit der rezenten Sedimentdecke nimmt talabwärts auf einer Strecke von 600 m von 2 bis 5 cm auf 40 cm und schließlich auf über 90 cm in den Ausgängen der Ebene zu. Die Sedimente sind aus Sand- und Kiesschichten mit zwischengeschalteten Tonhäutchen aufgebaut (Fig. 23).

Das Material eines Horizontes zwischen zwei Tonhäuten zeigt eine nach oben abnehmende Korngröße; die Sedimente sind zyklisch aufgebaut (Fig. 24, 25). Die Akkumulation setzt sich aus zwei bis fünf bis 10 cm mächtigen Schwemmfächern zusammen, die einzelnen Abspülungsereignissen auf der Sandschwemmebene zuzuordnen sind. Das Vorkommen von Wurzelhaaren im Liegenden der Tonhäutchen weist auf die Entwicklung einer dünnen Vegetationsdecke am Ende eines Abflußvorganges hin. Ob die nach oben abnehmende Mächtigkeit der Zyklen auf eine Abnahme der Transportkraft bei den Abkommen, d. h. auf ein arider werdendes Klima im Bereich der Depression zurückzuführen ist, oder ob dieses Phänomen lediglich auf die sich durch die Abtragung und Akkumulation ändernden Gefällsverhältnisse bzw. auf eine Verlagerung der Rinnen zurückgeht, läßt sich nicht entscheiden.

Während der Medianwert der rezent abgelagerten Sedimente an den Ausgängen der Sandschwemmebene bei 0,6 bis 0,7 mm liegt, beträgt er für die Sedimente, die gegenwärtig abgespült werden, d. h. für den Sandsteingrushorizont und ein bräunliches, stark sandiges Verwitterungsmaterial[32] im oberen Teil der Ebene, 0,5 bzw. 0,3 mm. Als Ursache dieser Erscheinung ist in erster Linie vermutlich ein Durchtransport von Material bis in die Schlucht des E. Dougié heranzuziehen. Wie die folgenden Beobachtungen zeigen, ist außerdem auch eine Auswehung der feineren Korngrößen aus den fossilen Sedimenten möglich. Eine Auswertung von 20 Proben ergab für die obere 20 cm mächtige Lage der Flugsandschleppe am Rande der Sandschwemmebene auf der Ostseite des Ehi Kournei einen Medianwert von 0,32 mm.

Am 15. 5. 1971 wurde gegen Mittag eine aus nördlicher Richtung über die Sandschwemmebene östlich von Bardai hinziehende Wand aus Sand und Staub beobachtet. Die Wand hatte eine Höhe von etwa 50 m und bewegte sich in 10 Minuten in ganzer Breite über die Sandschwemmebene nach Süden. Neben Abspülungsvorgängen sind auch äolische Prozesse bei der Formung der Sandschwemmebenen zu berücksichtigen.

Im Gebiet der Gégéré sind im Sandsteinbereich auf der Nordseite Sandschwemmebenen über fossilen Sandsteingrussedimenten verbreitet. Im Bereich des Ignimbritschildes auf der Südseite sind 100 bis 300 m breite flache Täler entwickelt, die eine dünne Sand- und Kiesdecke mit einzelnen Schottern bis zu 5 cm Durchmesser an der Oberfläche tragen. An zahlreichen Stellen zwischen der Sedimentdecke kommt der Ignimbrit an die Oberfläche. Es handelt sich um Abtragungsprodukte von Oberterrassensedimenten, die von den Talhängen abgespült und in den Tälern in Richtung auf eine zentrale Tiefenlinie der Depression weiter transportiert werden. Der Transport relativ groben Materials bis weit in die Gégéré könnte

---

[32] Bei diesem Material handelt es sich wahrscheinlich um Verwitterungsreste einer Bodenbildungsphase am Ende der Oberterrassen-Akkumulation (vgl. 2.5.4.3).

für eine Zunahme der Stärke der Abspülungsereignisse vom Becken von Bardai zu der weiter gebirgseinwärts gelegenen Gégéré sprechen.

Abspülungsvorgänge hoher Intensität hat B. MESSERLI (1972, p. 46) in Regionen oberhalb von 2800 m beobachtet.

Im Untersuchungsgebiet ist oberhalb des Flußnetzes des E. Zoumri und seiner Nebentäler unter den gegenwärtigen ariden Klimabedingungen eine flächenhafte Abtragung fossiler, zum Teil leicht durch Kalk verbackener Lockersedimente vorwiegend durch Abspülungs-, aber auch durch Auswehungsprozesse zu beobachten. Wie Beobachtungen im Gebiet der Sandschwemmebene westlich des E. Dougié und die Ausbildung eines engmaschigen Netzes kleinster Tälchen im Mündungsgebiet des E. Tabiriou zeigen, unterliegen vor allem die feinkörnigen und leicht transportablen Sedimente der Mittelterrassen-Akkumulation der Abtragung. Da die Datierungen von Kalkkrusten im Becken von Bardai zwischen etwa 12 000 bis 8000 B. P. liegen (D. JÄKEL und E. SCHULZ, 1972; M. A. GEYH und D. JÄKEL, 1974 a), ist auf Grund des Vorkommens von Kalkkrustenresten im obersten Abschnitt der Sandschwemmebene westlich des E. Dougié mit der flächenhaften Abtragung einer Sedimentlage von 2,5 m Mächtigkeit seit diesem Zeitraum zu rechnen.

2.5.7.3 Der Bereich des E. Zoumri und seiner Nebentäler

Das von den Sandschwemmebenen abgetragene Material wird zum Teil bereits wieder an den Ausgängen der Ebenen abgelagert, zum Teil bis in das Flußnetz des E. Zoumri und seiner Nebentäler transportiert. Hier vermischt sich das Abtragungsmaterial mit den Sedimenten, die aus den weiter oberhalb der Depressionen gelegenen Einzugsgebieten der Täler zugeführt werden. Bei Abflußereignissen werden die Sedimente teilweise in Talbereiche unterhalb des Untersuchungsgebietes weiter verfrachtet, teilweise aber auch in Talerweiterungen des E. Zoumri, des E. Tabiriou und des E. Serdé abgelagert.

Die Sedimente im Niedrig- und Mittelwasserbett des E. Zoumri sind durch Korngrößen mit einem Medianwert um 0,65 mm gekennzeichnet (vgl. Fig. 29, 30). Etwa in der gleichen Größenordnung liegt der Wert von 0,6 bis 0,7 mm für die Sedimente an den Ausgängen der Sandschwemmebenen.

Im Flußbett des E. Zoumri überwiegen sandige und kiesige Sedimente. Der Gewichtsprozentanteil an Körnern der Schluff- und Tonfraktion ist gering. Er liegt im Niedrig- und Mittelwasserbett wie bei den rezenten Sedimenten der Sandschwemmebenen unter 2 %, im Hochwasserbett beträgt er maximal 7 %. Das Feinmaterial besteht in der Fraktion 63–2 μ überwiegend aus Quarz und Feldspat, daneben Kaolinit, Illit und Montmorillonit, in der Fraktion <2 μ vor allem aus Montmorillonit, daneben Kaolinit und Illit (Proben 116–125 und 170–178, 181–185, Tab. 4). Das Material stammt aus den Abtragungsprodukten der fossilen Lockersedimente.

In den rezenten Flußbetten der südlichen Nebentäler kommen bis zu ihrer Mündung in den E. Zoumri außer Sand und Kies auch Schotter vor. Im Mündungsgebiet des E. Dougié wurden die Schotter in Form schmaler, sich lang hinziehender Wälle abgelagert.

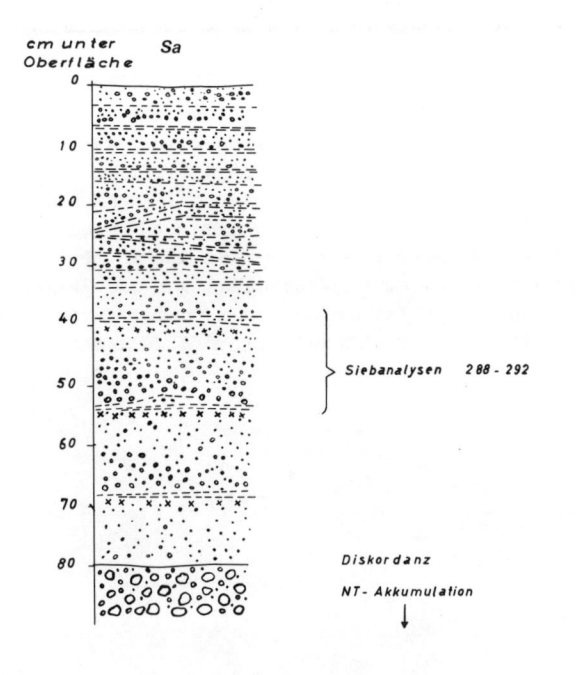

Fig. 23–25: Vertikale Korngrößenverteilung im Bereich der Sandschwemmebene westlich des E. Dougié

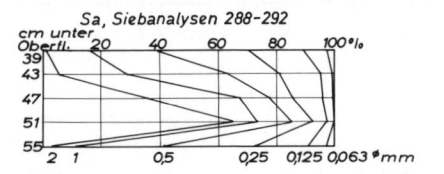

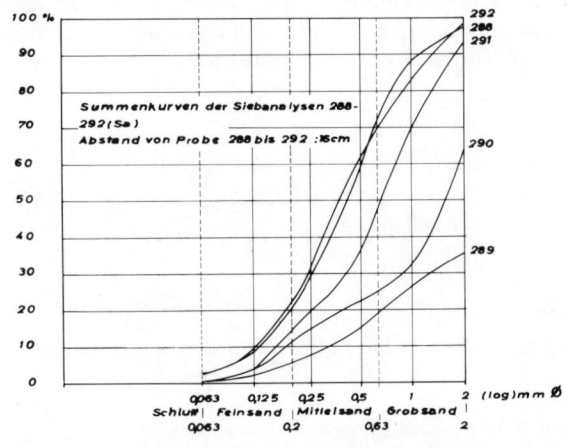

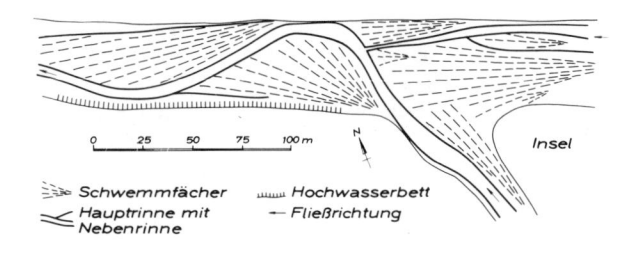

Fig. 26: Rinnen- und Schwemmfächersystem an der Mündung des E. Dougié in den E. Zoumri

In den Ablagerungen der Täler ist ein System von Fließrinnen ausgebildet. Ihr Verlauf steht in enger Beziehung zur Lage von Schwemmfächern, die die Rinnen um 20 bis 40 cm überragen. Fig. 26 gibt das System der Rinnen und Schwemmfächer an der Einmündung des E. Dougié in den Zoumri wieder. Die Hauptrinne weicht den Schwemmfächern durch ein Pendeln nach links bzw. rechts aus. Das Pendeln der Hauptrinne ist in den Talerweiterungen unabhängig vom Verlauf der Talkrümmungen (vgl. die geomorphologische Karte). Auf den Schwemmfächerflanken, die der Hauptrinne abgewandt sind, bilden sich kleine etwas höher gelegene Nebenrinnen aus. Die Wurzel eines Schwemmfächers liegt jeweils am flußab gelegenen Ende eines Prallhanges der Hauptrinne. Die keilförmigen Schwemmfächer konvergieren zur Flußmitte. Solche Ablagerungsbedingungen sind durch hohe Transportgeschwindigkeiten bei teilweise schießendem Abfluß gekennzeichnet (H. ILLIES, 1949, p. 99 f.), wie er heute im Tal des E. Zoumri zu beobachten ist. Eine ähnliche Anordnung von Rinnen und Sedimenten beschreibt auch P. BORDET (1953) aus den rezenten Tälern des Hoggar-Gebirges.

Die Fließrinnen des Zoumri und seiner südlichen Nebentäler sind miteinander verbunden. Dagegen zeigen die kurzen den Zoumri von Norden erreichenden Täler oft keine deutlich ausgebildeten Rinnen, so z. B. in der Talerweiterung des Zoumri nordwestlich von Zoui. Hier ist ein System sichelförmig übereinander liegender Fließrinnen entwickelt. Je nach der Stärke der Abkommen werden vom abfließenden Wasser auch die weiter nördlich gelegenen Rinnen benutzt. An den Einmündungen der von Norden kommenden Täler sind nur kleine Fließrinnen ohne deutliche Fortsetzung bis zu den Rinnen des Zoumri zu beobachten. Die Mündungen dieser Täler sind durch Schwemmfächersedimente verschüttet.

Das Längsprofil in Fig. 27 schneidet mehrere Schwemmfächer im Zoumri östlich von Bardai. Die Hauptrinne pendelt zwischen den Schwemmfächern von einer auf die andere Seite des Flusses; mehrere Nebenrinnen sind entwickelt. In dem dargestellten Flußabschnitt hat das Flußbett ein durchschnittliches Gefälle von 0,28 %.

Die Schwemmfächer in Fig. 27 sind 80 bis 140 m lang und 20 bis 40 m breit. Für das gesamte Profil und für einzelne Profilabschnitte ist eine schwach konkave Krümmung feststellbar. Die einzelnen Schwemmfächer passen sich den konkav gekrümmten Profilabschnitten ein. Der in Fig. 27 am weitesten flußab gelegene Schwemmfächer ist in drei Querprofilen in Fig. 28 dargestellt. Dieser Schwemmfächer erstreckt sich zwischen einer Nebenrinne im Südwesten und der Hauptrinne des Zoumri im Nordosten. Sie beschreibt an dieser Stelle eine Rechtskurve und hat den Schwemmfächer etwas seitlich unterschnitten.

Eine Analyse der Korngrößenverteilung des Schwemmfächers von Fig. 28 mit Hilfe von 77 Proben, die an neun Aufschlüssen in vertikalen Abständen von 5 bis 10 cm entnommen wurden, zeigt, daß er in seinem obersten Horizont mit einer Feinmateriallage, d. h. mit dem Ende eines Zyklus von grob nach fein abschließt. Der bereits nachgewiesene zyklische Aufbau der rezenten Flußbettsedimente (H.-G. MOLLE, 1971) geht daher auf eine Überlagerung von Schwemmfächern zurück, wie sie oben beschrieben wurden. Ein Schwemmfächer ist nicht nur durch eine Abnahme der Korngröße in der Vertikalen von unten nach oben, sondern auch in der Horizontalen, und zwar im Längsprofil von der Schwemmfächerwurzel zu den distalen Teilen (Fig. 29) und im Querprofil von der Haupt- zur Nebenrinne, gekennzeichnet (Fig. 30). Unter dem zuletzt abgelagerten Schwemmfächer folgen die Sedimente älterer Schwemmfächer.

Ein Sedimentaufbau in Form sich überlagernder Schwemmfächer, die jeweils eine Abfolge der Korngröße von grob nach fein zeigen, wurde nicht nur bei den rezenten Ablagerungen in den Flußbetten und in den Ausgängen der Sandschwemmebenen, sondern auch bei fossilen Akkumulationen wie dem Sand-, Kies- und Schotterkörper der Oberterrassen-Akkumulation (vgl. 2.5.4.2) und dem unteren Horizont der Sand-, Kies- und Schotterdecke der Mittelterrassen-Akkumulation (vgl. 2.5.5) beobachtet.

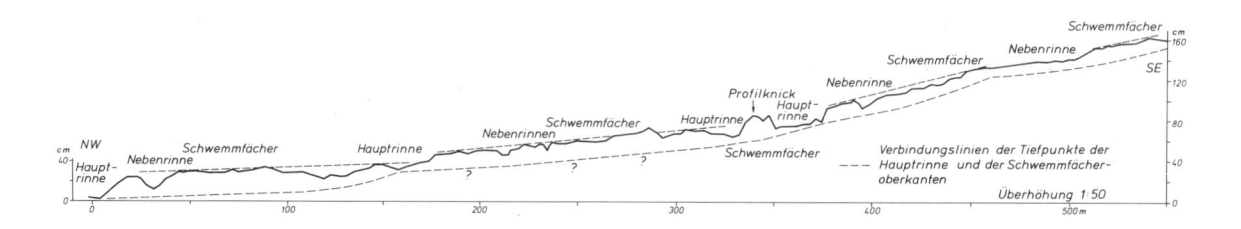

Fig. 27: Längsprofil im E. Zoumri oberhalb von Bardai

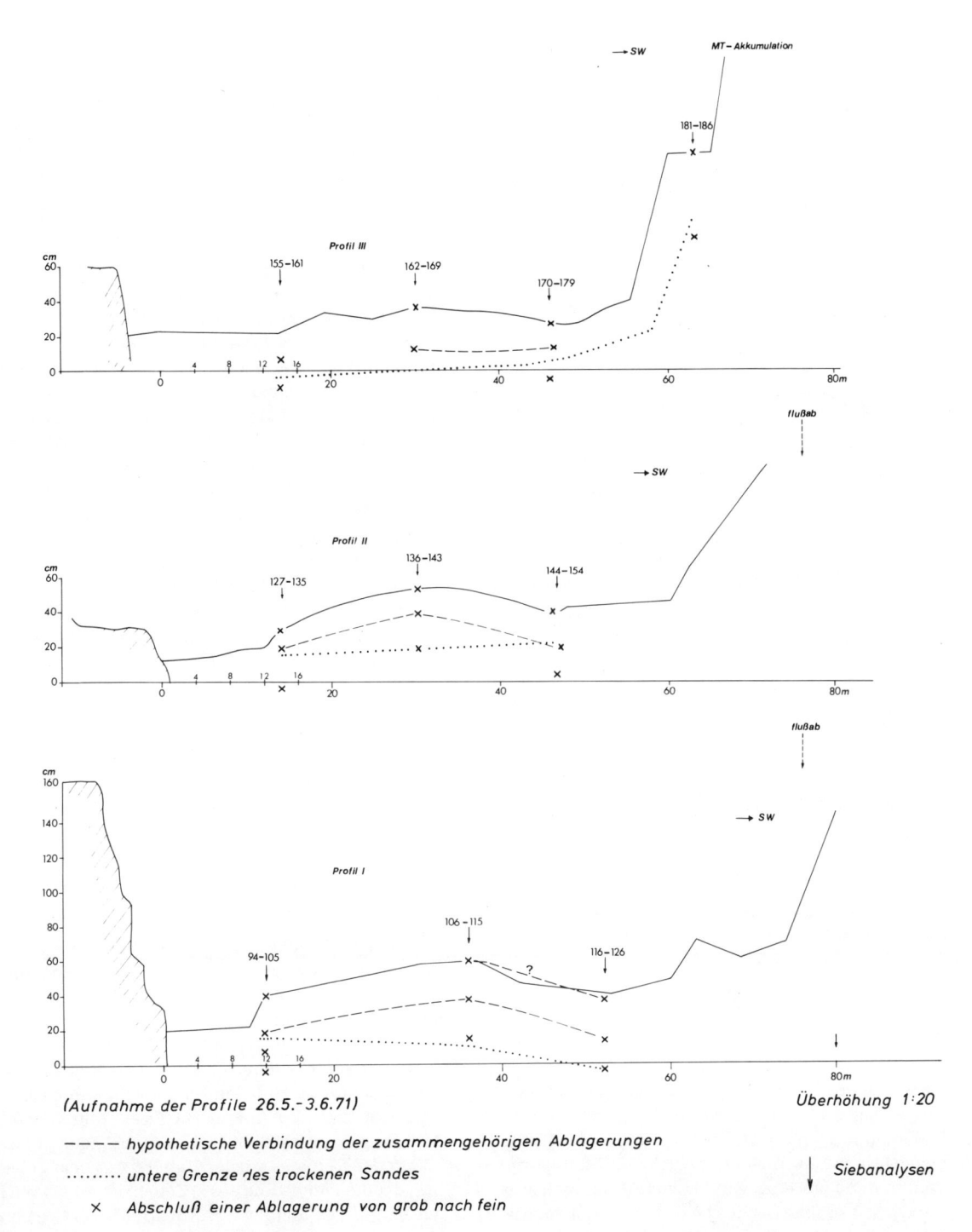

Fig. 28: Querprofile im E. Zoumri oberhalb von Bardai

Solche „fining upward cycles" mit einer Mächtigkeit von 30 cm bis zu 10 bis 20 m werden von J. R. L. ALLEN (1965) beschrieben. Er weist die Übereinstimmung des Aufbaus fossiler und rezenter zyklischer Sedimente nach und stellt fest, daß das Grobmaterial eines Zyklus häufig auf der Erosionsoberfläche des darunter liegenden Zyklus ruht und daß an der Basis eines Zyklus oft Rinnen auftreten. Beide Beobachtungen treffen auch für die Oberterrassensedimente im Untersuchungsgebiet zu. Während J. R. L. ALLEN (1965) als mögliche Ursachen für die Zyklizität eine Verlagerung der Rinnen, eine Änderung des Niveaus des Vorfluters und eine periodisch auftretende Aktivität im Herkunftsgebiet der Sedimente anführt, geht die Zyklizität in den untersuchten fossilen und rezenten Sedimenten auf periodische bis episodische Abflußereignisse mit zwischengeschalteten Tropenphasen zurück[33].

---

[33] Die von J. CHAVAILLON (1964, p. 209 ff.) aus dem Tal des Saoura in Algerien beschriebenen vier Zyklen des Saourien III zeigen im Unterschied zu den von mir untersuchten Sedimenten eine Zunahme der Korngröße nach oben. Ursache der Zyklizität ist in diesem Fall eine Überlagerung äolischer durch fluvio-äolische Sande, d. h. ein Wechsel einer ariden mit einer relativ feuchten Periode.

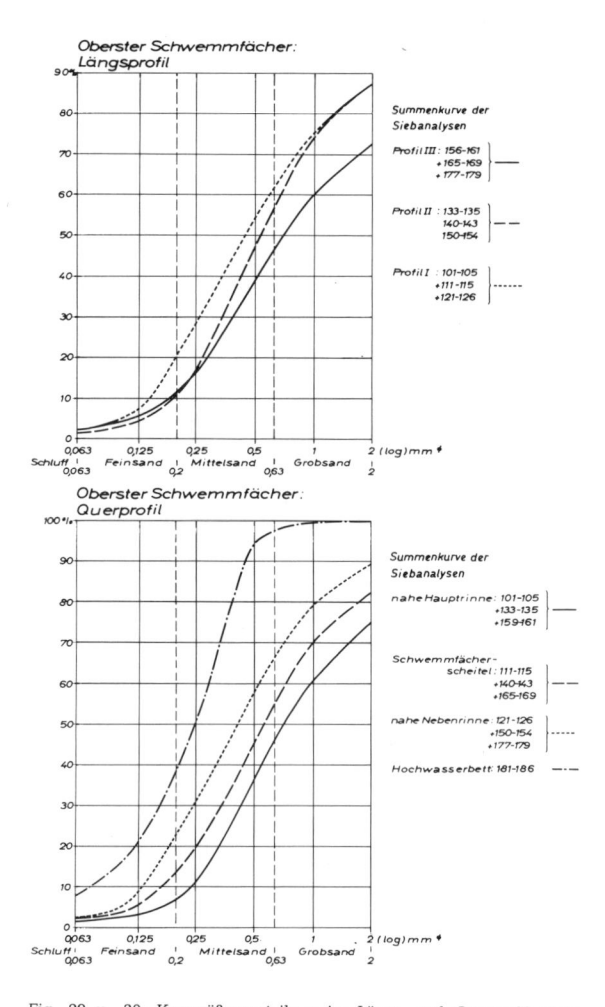

Fig. 29 u. 30: Korngrößenverteilung im Längs- und Querprofil eines Schwemmfächers des E. Zoumri oberhalb von Bardai

Die fazielle Übereinstimmung der fossilen und rezenten Sedimente läßt vermuten, daß sich ihr Aufbau unter ähnlichen, relativ ariden Klimaverhältnissen mit episodischen bis periodischen Abkommen der Flüsse und mit einer gelegentlichen Einspülung von Material aus der Umgebung der Täler vollzog. Noch eine zweite Schlußfolgerung ist möglich. Der für die rezenten Flußbettsedimente festgestellte Aufbau scheint für die Materialverteilung in den Flußbetten zur Zeit von Akkumulationsphasen typisch zu sein. Damit ist ein Hinweis auf gegenwärtig in den Talerweiterungen des E. Zoumri ablaufende Akkumulationsvorgänge gegeben.

Für diese aus dem Aufbau der Sedimente abzuleitende Schlußfolgerung sprechen auch andere Beobachtungen. Im rezenten Flußbett des Zoumri bei Bardai beträgt die Mächtigkeit der Sedimente 4,5 m, weiter unterhalb 10 m (D. JÄKEL, 1971, p. 14 ff.). Im Gebiet von Oré und Aderké 60 km östlich von Bardai zeigen Brunnen eine Mindestmächtigkeit der Sedimente im Zoumri von 3 bis 4 m an. Als Beleg für relativ junge kräftige Akkumulationsvorgänge ist eine ^{14}C-Datierung (260±100 B. P., Hv. 6600, Tab. 15) von Tamariskennadeln und -zweigen zu werten, die aus einem 2,6 m tiefen Horizont einer Sandablagerung im Mündungsgebiet des E. Tabiriou in den Zoumri stammen. In den Becken des Zoumri scheint sich ein Gürtel rezenter Akkumulationen bis in eine Höhe von etwa 1200 m zu erstrecken. Das Gefälle des Flußbettes liegt hier bei Werten um 0,35 %.

Der Bereich rezenter Akkumulation reicht nicht sehr weit in die südlichen Nebentäler hinein, da z. B. die Schlucht des E. Hamora in der Gégéré über weite Strecken im Anstehenden liegt. Die Schluchten der südlichen Nebentäler sind vielmehr als Bereiche mit gegenwärtig ablaufenden Erosionsprozessen und mit einem starken Durchtransport von Material bis in die Tiefenlinie des E. Zoumri zu bezeichnen.

Vergleichbare Beobachtungen liegen aus anderen Teilen des Gebirges vor. Im Tal des E. Wouri auf der Nordwestabdachung des Tibesti setzt die rezente Akkumulation bei Höhen um 1100 m und bei Gefällswerten unter 0,3 % ein (E. BRIEM, 1970). U. BÖTTCHER (1969, p. 17) hält eine gegenwärtige Aufschüttung im Tal des E. Miski auf der Südflanke des Gebirges noch in Höhen von 1200 bis 1300 m für möglich. Seine Beschreibung der Korngrößenverteilung im Längsprofil dieses Tales und die Darstellung der von Fließrinnen eingeschlossenen Schwemmfächer entsprechen den Beobachtungen am E. Zoumri. J. GRUNERT (1972 a, p. 112) beschreibt eine kräftige Sedimentation im E. Yebbigué auf der Nordflanke des Tibesti bei 1000 m. Der Bereich rezenter Akkumulation dürfte sich in den großen Talzonen des Tibesti-Gebirges gegenwärtig bis in Höhen um etwa 1100 bis 1200 m erstrecken.

2.6 Vergleich der Terrassengliederung im Untersuchungsgebiet mit der Terrassenabfolge in anderen Tälern des Tibesti-Gebirges seit der Oberterrassen-Akkumulation

Da bei der Behandlung der Formungsstadien vor Ablagerung der OT-Akkumulation bereits auf Korrelationsmöglichkeiten mit Arbeitsergebnissen aus verschiedenen Regionen des Tibesti eingegangen wurde, sollen an dieser Stelle nur einige Hinweise auf einen parallelen Formungsverlauf in anderen Tälern des Gebirges seit Ablagerung der OT-Akkumulation mitgeteilt werden (vgl. die Übersichtskarte des Tibesti). Die Ober-, Mittel- und Niederterrasse finden sich in ähnlicher Ausbildung in vielen Tälern des Gebirges wieder (Tab. 5). Aus dem E. Bardagué, der die Fortsetzung des E. Zoumri unterhalb von Bardai bildet, beschreibt D. JÄKEL (1967, 1971) eine den Verhältnissen im Zoumri entsprechende Gliederung in Ober-, Mittel- und Niederterrasse.

Im Gebiet des E. Oudingueur auf der Nordabdachung des Pic Toussidé unterscheidet K. P. OBENAUF (1967, 1971) eine Ober- und eine Niederterrasse, die Mittelterrasse ist als Form nur an wenigen Stellen verbreitet. Wie im Untersuchungsgebiet schließt die OT-Akkumulation mit einer 2 bis 3 m mächtigen Lage aus groben Schottern ab. Nach den Befunden von E. BRIEM (1970) ist auch im Gebiet des E. Wouri auf der Nordwestabdachung des Pic Toussidé eine parallele Entwicklung des Formungsablaufes zu erkennen. Er beschreibt ein braunes, kreuzgeschichtetes, mindestens 15 m mächtiges Sediment aus

Sanden, Kiesen und Schottern mit einer 1 m mächtigen abschließenden Grobschotterbank, die von 1 bis 1,5 m mächtigen Seesedimenten überlagert wird (1970, p. 26, Profil V).

Im Gebiet des ebenfalls auf der Nordabdachung des Tibesti gelegenen E. Dirennao hat B. GABRIEL (1970) eine detaillierte Gliederung der Terrassen aufgestellt. Seine „Niederterrasse", die er nach einer ^{14}C-Analyse in eine Zeit um 2690±435 B. P. (p. 63) datieren kann, ist infolge ihrer Zusammensetzung aus aufgearbeitetem Material älterer Lockermassen und infolge ihres überwiegenden Aufbaus aus Grobschottern wahrscheinlich mit der Niederterrasse des Zoumri zu parallelisieren. Der Mittelterrasse im Zoumri entspricht die „untere Mittelterrasse" von B. GABRIEL, die der Niederterrasse vorangeht und die die für die MT-Akkumulation typische Dreigliederung in rötliche Sande an der Basis, graue geschichtete Tone in der Mitte und unverwitterten Grobkies im Hangenden der Tone aufweist. Nach einer ^{14}C-Datierung von 8065±100 B. P. (1970, p. 56) korrespondiert die „untere Mittelterrasse" direkt mit der MT-Akkumulation des Zoumri-Bardagué. Für die nächst ältere „obere Mittelterrasse" von B. GABRIEL gibt es keine entsprechende Ablagerung im Zoumri. Die dieser Terrasse vorausgehende „untere Oberterrasse", die als flächenmäßig beherrschende Terrasse auftritt und deren Material in beckenartige Erweiterungen geschüttet wurde, findet ihre Parallele in der Oberterrasse des Zoumri.

Aus dem Bereich der Nordostabdachung des Tibesti beschreibt J. GRUNERT (1972 a, 1975) im E. Yebbigué außer einer „Niederterrasse" eine „Hauptterrasse", die seiner Meinung nach mit der Mittel- und Oberterrasse des Zoumri-Bardagué korrespondiert.

Auf der Südabdachung des Tibesti-Gebirges unterscheidet U. BÖTTCHER (1969) eine „Nieder-" und eine „Hauptterrasse". Er nimmt an, daß seine „Hauptterrasse" der Oberterrasse im Zoumri-Bardagué entspricht. Dieser Meinung ist zuzustimmen, da es sich bei der „Hauptterrassen-"Akkumulation um eine gewaltige Verfüllung aus geschichteten Kiesen und Feinschottern handelt; diese Sedimente schließen wie im Zoumri und seinen Nebentälern mit einer Grobschotterdecke ab. Außerdem hat U. BÖTTCHER (1969, p. 18) Hinweise auf eine Talverfüllung gefunden, die älter als die „Niederterrasse" und möglicherweise jünger als die „Hauptakkumulation" ist und daher vielleicht mit der Mittelterrasse des Zoumri zu parallelisieren ist.

Aus der Höhenregion des Tarso Voon im zentralen Tibesti zwischen 2000 bis 2500 m liegen Beobachtungen von G. JANNSEN (1970) vor. Er kartierte außer einer „Nieder-" eine „Hauptterrasse", deren zum Teil 25 m mächtige Sande, Kiese und Schotter den OT-Sedimenten entsprechen dürften. Die Talverfüllungssedimente dieser Akkumulation lassen sich daher vermutlich bis in die Hochgebirgsregion verfolgen. Aus dem Massiv des Mouskorbé in 2600 m Höhe beschreibt B. MESSERLI (1972, p. 54 ff.) 1 m mächtige Seesedimente, die von Schwemmfächern überlagert wurden und deren ^{14}C-Alter 8530±100 B. P. beträgt. Nach dieser Datierung sind die Sedimente mit den MT-zeitlichen Seeablagerungen des Zoumri zu korrelieren.

Die dargestellten Korrelationsmöglichkeiten zeigen, daß in den Haupttälern des Tibesti-Gebirges seit der OT-Akkumulation mit einer gut vergleichbaren Abfolge der Sedimentationsphasen zu rechnen ist. Wie der Tab. 5 zu entnehmen ist, läßt sich ein paralleler Formungsablauf in den Tälern auch für ältere Formungsstadien wie z. B. für die fluvio-lakustren Sedimente und die Schotterablagerungen unter Talbasalten (2.5.1) und auch für die alten, hoch über den heutigen Tälern gelegenen Schotterniveaus (2.2) vermuten.

2.7 Die Formengenese in Zusammenhang mit der Frage einer klimatischen Interpretation der Sedimente seit der Oberterrassen-Akkumulation und der Vergleich mit den vorhergehenden Formungsstadien

Die Ausführungen in Kapitel 2.6 haben gezeigt, daß sich in mehreren Haupttälern des Tibesti-Gebirges, ungefähr im Höhenbereich des Untersuchungsgebietes um 1000 bis 1500 m, eine ähnliche Abfolge von Sedimenten erkennen läßt. Dieser Befund scheint darauf hinzudeuten, daß auch mit einer Vergleichbarkeit der Klimaabfolge in diesen Gebieten gerechnet werden könnte. Es ist daher zu fragen, unter welchen Klimabedingungen die verschiedenen Sedimente entstanden sein können und ob sich Hinweise auf einen Wechsel der klimatischen Verhältnisse finden lassen.

Seit der OT-Akkumulation sind drei Typen von Sedimenten zu unterscheiden, die zyklisch aufgebauten Schwemmfächer- und Seesedimente (1), die Grobschotterdecken (2) und die überwiegend aus Sandsteingrus und -schutt aufgebauten Sedimente (3).

(1) Die Talverfüllungssedimente der OT-Akkumulation, der Horizont direkt unter der Schotterdecke der MT-Akkumulation und die rezenten Flußbett- und Sandschwemmebenensedimente sind durch einen zyklischen Aufbau in Form sich überlagernder Schwemmfächer gekennzeichnet. Diese Sedimente entstehen durch eine Abspülung älterer Verwitterungsprodukte aus der Umgebung der Täler bei episodischen bis periodischen Niederschlagsereignissen und durch eine Verfrachtung und Ablagerung des Materials in den Tälern bei zeitweilig auftretenden Abflußvorgängen. Während der Akkumulationsphase ist in den Tälern ein System von Fließrinnen und Schwemmfächern entwickelt.

Es handelt sich um Bodenfrachtsedimente, die aus der Strömung heraus abgelagert wurden und daher relativ gut sortiert sind (W. v. ENGELHARDT, 1973, p. 142 ff.). Die Schrägschichtungskörper der OT-Akkumulation sind mächtiger und bestehen aus etwas gröberem Material als die Schwemmfächer im rezenten Flußbett (vgl. 2.5.4.2 und 2.5.7.3). Daher ist zur OT-Zeit mit größeren Wassertiefen und auch mit etwas größeren Schubkräften als gegenwärtig zu rechnen. Die Hochwasserbettsedimente sind zum Teil aus Suspensionsfracht aufgebaut. Sie werden im Randbereich des Zoumri bei geringeren Fließgeschwindigkeiten abgelagert als die Sedimente des Niedrig- und Mittelwasserbettes (Fig. 31).

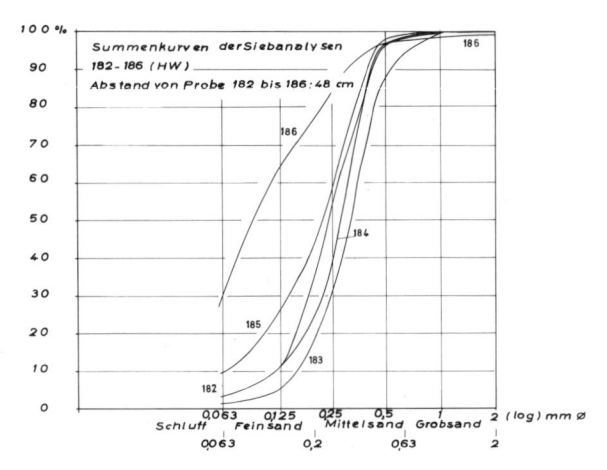

Fig. 31: Summenkurven der Siebanalysen des Hochwasserbettes (E. Zoumri oberhalb von Bardai)

Während des Aufbaus der Schwemmfächersedimente reichen die Schubkräfte in den Flüssen nicht für einen Transport des gesamten Materials bis in das Gebirgsvorland aus. Kurze Phasen mit Abspülungsprozessen in der Umgebung der Täler und mit Abflußvorgängen in den Taltiefenlinien sind durch längere Zeitabschnitte ohne fluviatile Formung voneinander getrennt. Die Abspülungsprozesse zeigen an, daß die Vegetations- und Bodenentwicklung in der Umgebung der Täler nicht sehr intensiv gewesen sein kann. In den Zeitabschnitten mit der Bildung zyklisch aufgebauter Schwemmfächersedimente sind relativ aride, dem gegenwärtigen Klima ähnliche klimatische Verhältnisse anzunehmen.

Die ebenfalls zyklisch aufgebauten, überwiegend limnischen Sedimente im mittleren Horizont der MT-Akkumulation nehmen in klimatischer Hinsicht eine etwas andere Stellung ein als die Schwemmfächersedimente. Die Seeablagerungen bestehen vor allem aus Suspensionsfracht, die bei sehr geringer Fließgeschwindigkeit abgelagert wurde. In lang anhaltenden Zeitabschnitten kam es lediglich zu einer Einspülung von Feinmaterial. Diese Beobachtung wie auch die Belege für Phasen mit hohem Grundwasserstand, mit Vegetations- und Bodenentwicklung sprechen für längere Zeitabschnitte mit einer relativen Stabilität der Flächen und Hänge in der Umgebung der Täler (im Unterschied zu den Formungsphasen während der Bildung der Schwemmfächersedimente). Versickerung und Abfluß scheinen in diesen Zeitabschnitten in einem für die Vegetations- und Bodenentwicklung günstigen Verhältnis gestanden zu haben. Die Niederschlagsereignisse könnten durch eine relativ geringe Intensität, dafür aber vielleicht durch eine längere Dauer gekennzeichnet gewesen sein.

(2) Die Grobschotterdecken der OT-, MT- und NT-Akkumulation entstanden im Vergleich zu den zyklisch aufgebauten Schwemmfächersedimenten in Phasen sehr starker Abflußereignisse in den Tälern und sehr kräftiger Abspülungsvorgänge im Hangbereich. Die in Richtung auf die Oberfläche zunehmende Korngröße des Materials in den Schotterdecken scheint auf ein Anwachsen der Transportenergie während des Aufbaus dieser Decken hinzudeuten. Die Sedimente wurden mit Ausnahme der in den Beckenbereichen abgelagerten Grobmaterialfracht in Bereiche unterhalb des Untersuchungsgebietes transportiert.

Die aus den Einzugsgebieten des Zoumri und seiner Nebentäler herangeführten Sedimente wurden noch durch Material vermehrt, das aus dem Bereich der Depression selbst über konkav gekrümmte Hänge in die Täler verfrachtet wurde. Die wenig erosionsbeständigen Lockersedimente in den Tälern und Ausraumzonen der Depression wurden bei der Überlagerung durch die OT- und MT-Schotterdecke überformt und stellenweise flächenhaft in Richtung auf die Täler erniedrigt. Die Schutt- bzw. Schotterdecken der OT-Akkumulation breiteten sich sowohl über älteren Lockersedimenten aus, die dabei einer Abtragung unterlagen, als auch über Kappungsflächen im Sandstein, die in die Zeit der Basisfläche zu stellen sind (Tab. 8). Bei den beschriebenen Formen handelt es sich um Tal- und Hangglacis im Sinne von H. MENSCHING (1958).

Während das Grobmaterial unter den gegenwärtigen klimatischen Verhältnissen bereits an den Ausgängen tief eingeschnittener Schluchten in den Randbereichen der Depression von Bardai zur Ablagerung gelangt ist, wurde es zur Bildungszeit der OT-Schotterdecke bis weit in die Depression und bis zu den in dieser Zeit existierenden Tälern transportiert. Bei den Materialverlagerungsvorgängen wurde nicht nur ein älterer, im hangnahen Bereich entwickelter Schutthorizont überarbeitet, sondern es wurde auch frisches im Hangbereich durch die Prozesse mechanischer Gesteinsaufbereitung entstandenes Schuttmaterial in die Depression bewegt. Es ist daher in dieser Zeit auch mit physikalischen Verwitterungsvorgängen im Stufenhangbereich der Depressionen zu rechnen.

Zur Bildungszeit der MT- und NT-Schotterdecken ist ebenfalls eine Grobmaterialzufuhr aus der Umgebung der Täler, allerdings in einem sehr viel geringeren Ausmaß als zur Zeit der OT-Schotterdecke, zu beobachten. Sehr kleine, überwiegend in älterem Lockermaterial ausgebildete Glacis waren auf die Talzonen eingestellt. Wie Geländebeobachtungen und Zurundungsanalysen zeigen, handelt es sich bei dem Grobmaterial in den Tälern zum Teil um Umlagerungsprodukte älterer Lockersedimente. In der Nähe von Basalt- und Sandsteinhängen hat noch nach Bildung der Seesedimente der MT-Akkumulation eine Grobmaterialverlagerung stattgefunden.

Die starke Schotterzufuhr aus den oberhalb des Untersuchungsgebietes gelegenen Einzugsgebieten der Täler könnte auf eine wachsende Intensität der Abspülungs- und eine Zunahme der physikalischen Verwitterungsprozesse in den höheren Gebirgslagen in dieser Zeit hinweisen. Während der Bildung der Grobmaterialdecken war die Entwicklung einer Vegetations- und Bodendecke in der Umgebung der Täler und im Hangbereich sicherlich stark behindert.

Es stellt sich die Frage nach der Entstehung des Schuttmaterials. J. HÖVERMANN (1963, 1967), H. HAGEDORN (1966) und G. JANNSEN (1970) rechnen oberhalb von etwa 2000 m gegenwärtig mit einer durch Frostwirkung bestimmten Oberflächenformung. Solche Prozesse könnten in Kaltphasen bis in das Untersuchungsgebiet herabgereicht und hier die mechanische Gesteinsaufbereitung verursacht haben. Beobachtungen, die auf eine dominierende Rolle der Frostwirkung bei der Schuttbildung hinweisen, fanden sich auch im tunesischen Untersuchungsgebiet (vgl. 4.). Entgegen diesen Vorstellungen nimmt K. KAISER (1970) in erster Linie Prozesse der ariden Temperatur- und vor allem Salzverwitterung bei der Schuttentstehung an. Diese Frage ist bisher nicht geklärt.

Festzustellen ist, daß im Untersuchungsgebiet zur Bildungszeit der Grobschotterdecken mit Spülvorgängen im Hangbereich gerechnet werden muß, wie sie gegenwärtig bei den jährlich in der Hochregion des Tibesti zu beobachtenden Starkregen (B. MESSERLI, 1972) vorkommen. Solche Niederschlagsereignisse könnten während der Bildung der Grobmaterialdecken bis mindestens in das Untersuchungsgebiet herabgereicht haben.

(3) Die Deutung des 3. Sedimenttyps ist unsicher. Es sind überwiegend aus Sandsteinschutt und -grus aufgebaute Horizonte, die in der Nähe der Beckenrandbereiche abgelagert wurden. Die Sedimente zeigen keine oder nur eine sehr schwache fluviatile Schichtung und Sortierung. Die Zusammensetzung des Grob- und Feinmaterials belegt, daß die Sedimente unmittelbar aus Verwitterungsprodukten des Sandsteins hervorgegangen sind. Es sind zwei verschieden alte Horizonte zu unterscheiden: der untere, rötlichbraun gefärbte Horizont der Hangschuttdecken (2.5.3) und der Sandsteingrushorizont an der Basis der MT-Akkumulation (2.5.5).

Die zuerst genannte ältere Ablagerung besteht aus Sandsteinschutt und -grus in einem rötlichbraunen Feinmaterial, das seine Herkunft mindestens zum Teil der Abtragung eines Bodens verdanken dürfte, dessen Reste stellenweise noch über verwittertem Sandstein erhalten sind. Zurundungsanalysen geben keine Hinweise auf eine mechanische Bearbeitung des Grobmaterials durch Prozesse der fluviatilen Umlagerung. Nach Einregelungsmessungen könnte der Horizont vielleicht bei zähflüssigen Bewegungsvorgängen entstanden sein. Diese Ablagerungen sind vermutlich als Hauptlieferant für die in den Tälern und Schluchten liegenden, zyklisch aufgebauten Schwemmfächersedimente der OT-Akkumulation anzusehen.

Der Sandsteingrushorizont an der Basis der MT-Akkumulation läßt auf Grund seiner geringen Materialsortierung eine schwache fluviatile Umlagerung der Sedimente erkennen. Sie stellen das wichtigste Ausgangsmaterial für die gegenwärtig an den Ausgängen der Sandschwemmebenen abgelagerten zyklisch aufgebauten Sandakkumulationen dar.

Unsicher ist, welche Klimabedingungen zur Entstehung der Schutt- und Grushorizonte geführt haben könnten.

Auf Grund von Versuchen, die allerdings an Granitmaterial vorgenommen wurden, hält z. B. G. M. PEDRO (1959) eine körnige Verwitterung mit der Bildung eines sandigen, feldspatreichen Regoliths unter den Bedingungen kurzfristiger intensiver Niederschläge und gehobener Temperaturen für möglich. Dagegen könnte ein trockenes oder kaltes Klima nach der Meinung von P. ROGNON (1967, p. 345) eine extrem aktive granulare Verwitterung verursacht haben, die zur Anlage von Becken im nördlichen Teil der Granitzone des Atakor in einer Höhe um 1900 bis 2500 m führte. Eine Rekonstruktion der klimatischen Bedingungen, die zu der starken mechanischen Gesteinsaufbereitung führten, ist bisher unsicher.

Die unter Frosteinwirkung vorgenommenen Berieselungsversuche von D. JÄKEL (D. JÄKEL und H. DRONIA, 1976) zeigen, daß der Sandstein in Zeiten mit Frostwechseln und gleichzeitigen Niederschlägen stark angegriffen wird und daß sich solche Klimaverhältnisse bei der Gestaltung der Oberflächenformen im Tibesti besonders stark ausgewirkt haben könnten. Auch die aus Zentraltunesien (4.1.1) mitgeteilten Befunde, nach welchen Nivationsnischen, Solifluktionsablagerungen und Schutt- und Schottersedimente in enger Nachbarschaft vorkommen, könnten auf intensive Prozesse der Frostwirkung bei der Bildung des Schuttmaterials hindeuten, wie sie von J. HÖVERMANN (1963) u. a. für das Tibesti angenommen werden.

Der jüngere Formungsverlauf läßt sich im Untersuchungsgebiet auf Grund der vorliegenden Befunde in verschiedene Phasen gliedern (Tab. 8):

(1) Als ältestes Sediment ist der rötlichbraune Schutthorizont zu nennen, der seine Entstehung einer intensiven mechanischen Aufbereitung des Sandsteins im Hangbereich, einer Aufarbeitung eines älteren Bodenhorizontes und einem wahrscheinlich zähflüssigen Bewegungsvorgang bei Durchtränkung des Materials verdankt. Die klimatische Stellung dieser Sedimente ist nicht geklärt. Der Niederschlag dürfte in dieser Zeit allerdings so hoch gewesen sein, daß er für eine starke Durchfeuchtung des Materials ausreichte.

(2) Das Material des rötlichbraunen Schutthorizontes und anderer Lockersedimente wurde in einer Phase periodischer bis episodischer Abspülungsvorgänge während eines Klimas, das etwa dem gegenwärtigen Klima entsprochen haben könnte, in die Täler und Schluchten transportiert und hier in Form der mächtigen OT-Schwemmfächersedimente abgelagert. Der Akkumulationsprozeß erstreckte sich vermutlich bis in die Talzonen der höheren Gebirgsregionen (vgl. G. JANNSEN, 1970). Die Entwicklung einer Vegetations- und Bodendecke war in dieser Phase behindert.

(3) In der folgenden Phase mit zeitweise auftretenden Niederschlagsereignissen hoher Intensität wurde die OT-Grobmaterialdecke gebildet. Es kam zu starken Abflußvorgängen in den Tälern und zu einer Grobmaterialabspülung von den Hängen in die Talbereiche. In dieser

Phase fand auch eine mechanische Gesteinsaufbereitung im Hangbereich statt, die vielleicht relativ kühle Klimaverhältnisse anzeigen könnte (s. o.). Die starke Grobmaterialzufuhr aus den Einzugsgebieten der Täler deutet auf eine Zunahme der physikalischen Verwitterung gebirgseinwärts hin. Die gegenwärtig auf die höchsten Gebirgsregionen beschränkten Abspülungs- und Verwitterungsprozesse (vgl. B. MESSERLI, 1972) reichten mindestens bis in Höhenlagen um 1000 m herab. Während der Bildung der Grobmaterialdecke wurden die OT-Schwemmfächersedimente in den Tälern und der rötlichbraune Schutthorizont im Hangbereich überformt. Es entstanden Tal- und Hangglacis, die heute noch weite Flächen im Untersuchungsgebiet einnehmen. Es war eine Phase starker Morphodynamik im Tal- und Hangbereich.

(4) Entweder in der Schlußphase der OT-Akkumulation oder nach Ablagerung der Grobmaterialdecke, d. h. in der auf die OT-Akkumulation folgenden Erosionsphase, kam es zur Bildung eines bräunlichen Bodenmaterials und zur Verwitterung von OT-Schottern. Diese Bodenbildungsphase reichte vielleicht bis in die hohen Gebirgsregionen hinein, da von G. JANNSEN (1970, p. 31 ff.) aus dem Gebiet des Tarso Voon die Bildung brauner Böden aus der Zeit der Einschneidungsphase nach Aufschüttung der „Hauptakkumulation" beschrieben wird; sie ist mit der OT-Akkumulation zu korrelieren. In dieser Phase herrschten relativ stabile Verhältnisse an der Oberfläche der OT-Schotterdecken.

(5) In einer Phase rückschreitender Erosion wurden die OT-Sedimente in der Depression von Bardai stellenweise bis zu ihrer Auflagefläche, in der Gégéré dagegen nur bis zu einer Tiefe von 10 bis 15 m unter der Oberfläche (bei einer Gesamtmächtigkeit der Akkumulation von über 45 m) zerschnitten und ausgeräumt. Während zur Bildungszeit der sich weit ausbreitenden OT-Schotterdecke eine Verlagerung und ein Pendeln der Gerinne auf der Schotteroberfläche zu beobachten sind, ist die Phase linearer Erosion mit einer Konzentration des abfließenden Wassers auf schmale, tief eingeschnittene Gerinnebahnen im Zoumri und seinen Nebentälern verbunden.

Die vielleicht in diese Phase zu stellende Bodenbildung (4) könnte die starke Materialzufuhr aus dem Hangbereich unterbunden haben. Die Abnahme der Schuttbelastung in den Tälern hätte dann einen Überschuß an Schubkraft und eine Zerschneidung und Ausräumung der in den Tälern liegenden Lockersedimente zur Folge gehabt. Als Beleg für die wachsende Transportenergie der Flüsse ist der Aufbau der Schotterdecke aus Material mit zur Oberfläche hin zunehmender Korngröße zu werten.

(6) Der Sandsteingrushorizont an der Basis der MT-Akkumulation zeigt eine neue Phase morphodynamischer Aktivität im Hangbereich an. Wie in Phase (1) ist eine starke mechanische Aufbereitung des Sandsteins zu beobachten. Das in den Beckenrandbereichen abgelagerte Material weist schwache Spuren einer fluviatilen Umlagerung auf. Auch in diesem Fall ist die Frage nach dem Klima, das den grusigen Zerfall des Sandsteins bewirkt hat, nicht gelöst.

(7) Es folgt die Phase der Seebildungen mit vorherrschender Abspülung und Sedimentation von Feinmaterial. Die Seesedimente in der Ignimbritschlucht der Gégéré breiten sich auf über 30 m mächtigen OT-Ablagerungen aus und sind nach einer ^{14}C-Datierung (Hv. 6840: 6435±1025 B. P., vgl. 2.5.5 und Tab. 15) aus dem oberen Horizont der Akkumulation wahrscheinlich mit den MT-zeitlichen Seeablagerungen im Tal des E. Zoumri zu korrelieren[34].

(8) Am Schluß der Phase (7), vielleicht aber auch in einem jüngeren Zeitabschnitt, kam es zur Bildung eines dunkel- bis hellgrauen Bodens auf den kalkhaltigen Seesedimenten. Es war eine Zeit relativ stabiler Verhältnisse in der Umgebung der Täler und in der Fußzone der Hänge. Da solche Bodenbildungen gegenwärtig nicht zu beobachten sind, ist in dieser Phase vielleicht mit etwas feuchteren Klimaverhältnissen zu rechnen als heute.

(9) Vor Ablagerung der MT-Grobmaterialdecke ist eine kurze Phase zyklisch aufgebauter sandiger Schwemmfächersedimente geringer Mächtigkeit eingeschaltet. Die Abspülungsintensität nimmt unter relativ ariden, dem heutigen Klima vergleichbaren Verhältnissen erneut zu. Nach der Datierung einer Kalkkruste (H.-G. MOLLE, 1971, p. 37; Hv. 2921: 7380±110 B. P.) unmittelbar vor Ablagerung dieser Sedimente könnte Phase (9) etwa gegen 7400 B. P. begonnen haben.

(10) Die folgende Grobmaterialdecke der MT-Akkumulation deutet auf eine weitere Zunahme von Abspülungsvorgängen in der Umgebung der Täler hin. Von den Hängen wurde Schuttmaterial bis auf die Seesedimente und den fossilen Boden (8) transportiert. Die Ausbildung kleiner Tal- und Hangglacis ist feststellbar. Diese morphodynamische Phase ist schwächer als die Phase (3) zur Zeit der OT-Grobmaterialdecke.

(11) In der folgenden Phase linearer Erosion werden in der Schlucht der Gégéré 35 bis 40 m mächtige Lockersedimente zerschnitten und teilweise ausgeräumt; der in Ignimbrit angelegte Schluchtboden wird 1 bis 2 m tiefer gelegt.

(12) In den Tälern der Phase (11) werden die NT-Schotter abgelagert. Das Material stammt zum überwiegenden Teil aus den Einzugsgebieten der Täler oberhalb des Untersuchungsgebietes, aber auch aus den Lockersedimenten der Talhänge im Bereich der Depressionen. Die Abspülungsintensität in der Umgebung der Täler war stärker als gegenwärtig, aber geringer als zur Zeit der OT- und MT-Schotterdecke.

(13) Nach einer kurzen Erosionsphase werden in den Talerweiterungen des E. Zoumri im Becken von Bardai hell- bis dunkelgraue, schluff- und tonreiche Feinmaterialsedimente mit stellenweise fein verteilter Holzkohle abgesetzt. Sie sind wahrscheinlich etwas älter als die mehr sandigen Hochwasserbettsedimente.

---

[34] Eine Verjüngung der nur schwach durch Kalk verbackenen Probe durch Oberflächenwasser ist wahrscheinlich.

(14) Unter den gegenwärtigen ariden Klimaverhältnissen findet in den steilen, tief in die Stufenhänge im Randbereich der Depressionen eingeschnittenen Schluchten eine geringe Grobmaterialverlagerung statt. Im obersten Bereich der Sandschwemmebene westlich des E. Dougié ist seit der Zeit der MT-Akkumulation mit der Abtragung einer etwa 2,5 m mächtigen, überwiegend aus Feinmaterial bestehenden Sedimentdecke zu rechnen. Zyklisch aufgebaute Schwemmfächersedimente und eine ^{14}C-Datierung (2,6 m Tiefe, Hv. 6600: 260±100 B. P.) deuten auf rezente Akkumulationsvorgänge in den Talerweiterungen des E. Zoumri hin.

Während des jüngeren Formungsablaufes ist eine Abnahme der Fläche der Terrassen im Becken von Bardai festzustellen: von etwa 40 km^2 bei der Oberterrasse auf 26 km^2 bei der Mittelterrasse und etwa 20 km^2 bei der Niederterrasse. Der rezente Formungsbereich nimmt im Becken von Bardai etwa 15 km^2 ein.

Die Abfolge der Formungsphasen zeigt, daß die Formungsintensität vor Beginn der Ablagerung der MT-zeitlichen Seesedimente, d. h. vor einer Zeit von etwa 14 000 B. P. (vgl. die Zusammenstellung von ^{14}C-Datierungen bei M. A. GEYH und D. JÄKEL, 1974 b), sehr viel stärker war als nach dieser Zeit, da die Phasen der Schutt- und Grushorizonte (1) und (6) und die Bildung der ausgedehnten OT-zeitlichen Tal- und Hangglacis (3) in den ersten Zeitabschnitt zu stellen sind[35]. Die Bildungsphasen der MT- und NT-Schotterdecke (10 und 12) mit einer im Vergleich zu heute stärkeren morphodynamischen Aktivität fallen in Zeitabschnitte nach Ablagerung der MT-zeitlichen Seesedimente, d. h. nach etwa 7400 B. P.

Es stellt sich die Frage nach der Wirkung des beschriebenen Formungsverlaufes auf die Reliefgestaltung im Untersuchungsgebiet. Die dargestellten Akkumulations- und Erosionsphasen spielten sich in einem Talrelief ab, das in der Phase der Schluchtenbildung nach Ablagerung von Ignimbriten und Talbasalten (2.5.2) und in den vorangehenden Phasen der Schluchtenbildung (2.3) angelegt worden war. Die Phasen linearer Erosion bewirkten zwar eine Ausräumung von stellenweise über 40 m mächtigen Lockersedimenten, führten aber nur zu einer Tieferlegung der Basis der Täler und Schluchten im Anstehenden um etwa 2 bis 4 m. Durch eine seitliche Verlagerung der Taltiefenlinien bei der Ausräumung der Sedimente sind zum Teil auch größere Erosionsbeträge im Anstehenden zu beobachten.

Im Hang- und Flächenbereich der Depression von Bardai und im Nordabschnitt der Gégéré, der im Sandstein angelegt ist, waren die Oberflächenformen in ihren Grundzügen bereits vor Einsetzen des beschriebenen Formungsablaufes vorgezeichnet. Entscheidend für die Reliefgestaltung war in diesen Gebieten die Anlage der Basisfläche und der 3 bis 5 m tiefer gelegenen Ausraumbereiche. Die Wirkung der jüngeren Formungsprozesse auf die Reliefgestaltung ist daher im Sandsteinbereich schwer abzuschätzen. In den Ignimbriten und fluviolakustren Sedimenten im östlichen Zoumrigebiet und in den Ignimbriten am Südrande der Gégéré sind dagegen in dieser Zeit Vorgänge ausgedehnter flächenhafter Materialausräumung nachweisbar (2.5.2).

Aus der Zeit der Anlage der Depressionen wurden einerseits Sedimente beschrieben, wie sie auch noch während des jüngeren Formungablaufes vorkommen (Verwitterungsreste aus Sandsteinschutt und -grus, Hangschutt- und Schotterablagerungen des Niveaus III); andererseits wurden aber auch Ablagerungen und Böden beobachtet, wie sie während der jüngeren Reliefentwicklung nicht mehr auftreten. Hier sind z. B. die sehr gut gerundeten, quarzitischen Schotter der Niveaus I, II und IV zu nennen. Diese Schottervorkommen sind als Beleg für die Existenz ausgedehnter Flußsysteme aus der Zeit der Anlage der Depressionen zu werten. Außerdem sind hier die Reste rötlicher bis ockerfarbener Bodensedimente und Bodenhorizonte zu nennen, die im Bereich der Kappungsflächen und Niveaus an den Rändern der Depressionen vorkommen. Das vorherrschende Tonmineral in diesen Bodenresten ist der Kaolinit. Dagegen sind die fluvio-lakustren Sedimente, die aus einer Seebildungsphase im Talverlauf des E. Zoumri aus einer Zeit vor der OT-Akkumulation stammen und die dunkelgraue bis schwärzliche Bodensedimente enthalten, durch eine starke Dominanz von Montmorillonit gekennzeichnet (Tab. 4, Fig. 32); auch zur Zeit der MT-zeitlichen Seesedimente scheint der Montmorillonit leicht zu überwiegen. Die rötlichen Bodenbildungen aus der Zeit der Anlage der Depressionen scheinen auf Phasen sehr intensiver chemischer Verwitterung hinzudeuten, wie sie später nicht mehr auftreten.

---

[35] Weitere Hinweise auf das mögliche Alter dieser Formungsphasen ergeben sich aus einem Vergleich mit Untersuchungsergebnissen aus dem Hoggar-Gebirge (P. ROGNON, 1967) im folgenden Kapitel 3.

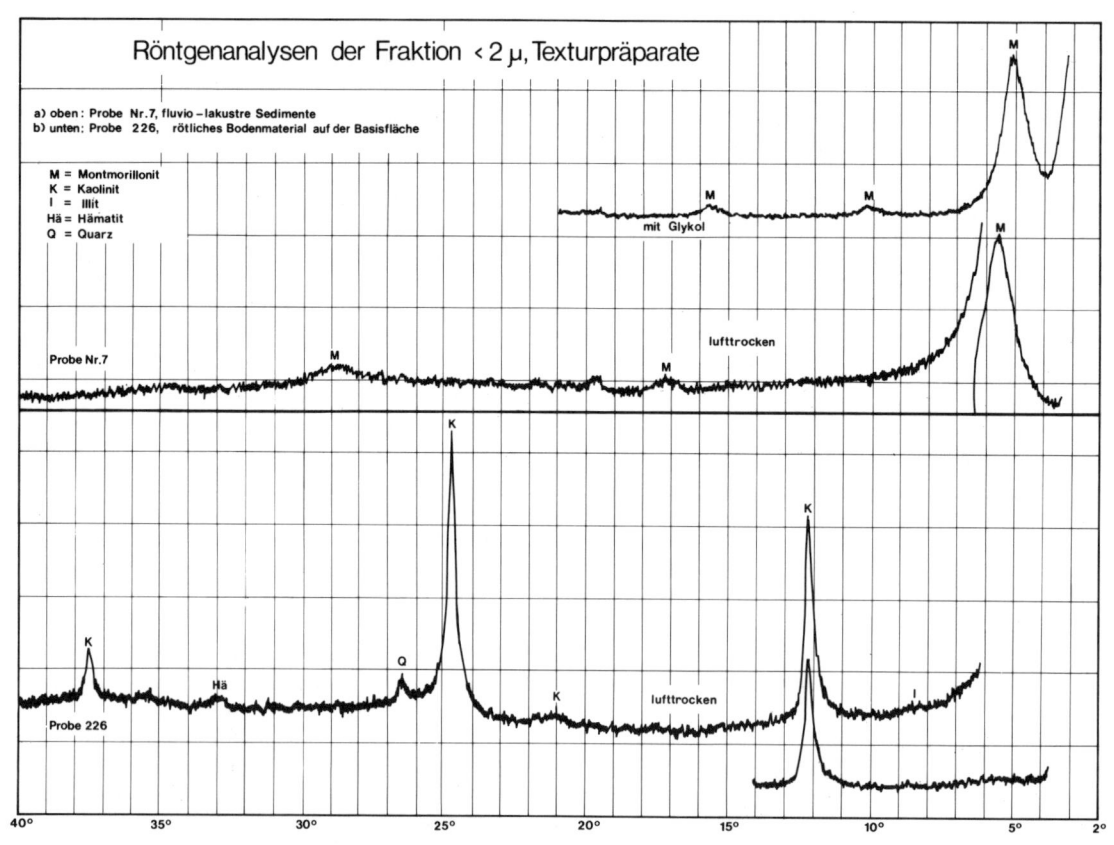

Fig. 32 a) und b): Röntgenanalysen aus dem Gebiet des E. Zoumri
a) fluvio-lakustre Sedimente bei Ouanofo
b) rötliches Bodenmaterial auf der Basisfläche in der Gégéré

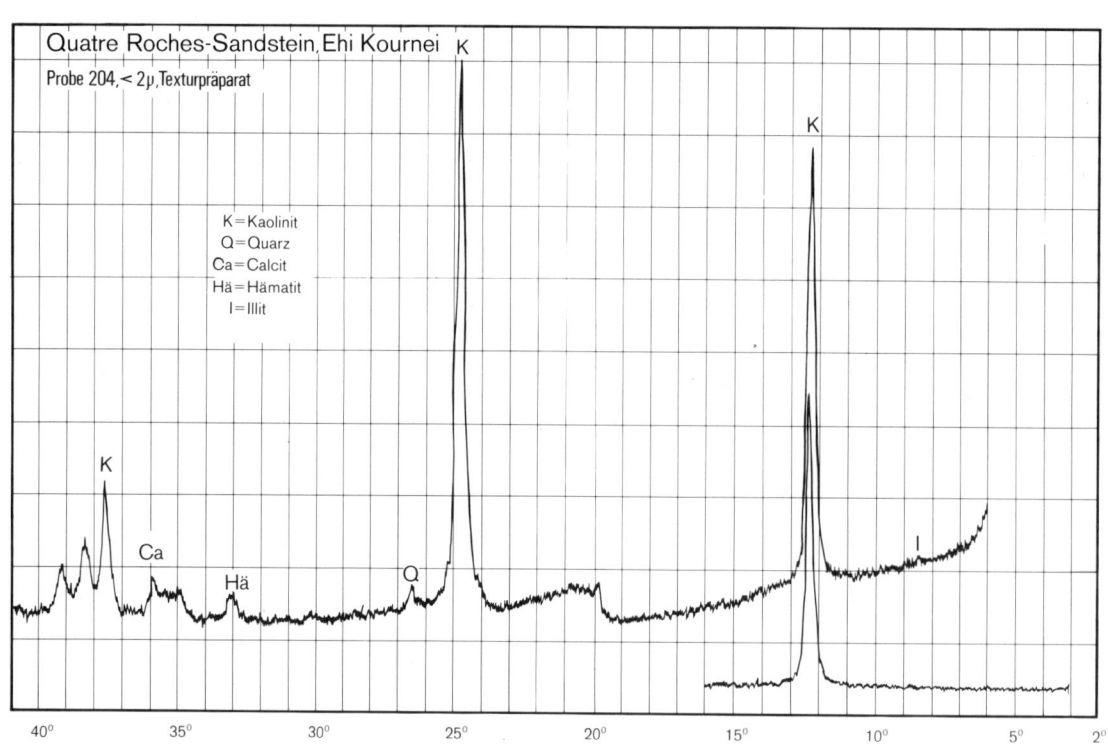

Fig. 32 c): Quatre-Roches-Sandstein am Ehi Kournei in der Depression von Bardai, Röntgenanalysen

3. Vergleich der Untersuchungsergebnisse im Tibest-Gebirge mit Befunden von P. ROGNON (1967) im Randbereich des Atakor-Gebirges

Die für das Untersuchungsgebiet im Tibesti-Gebirge erarbeitete Formenabfolge soll zunächst mit den Formungsstadien des Hoggar-Gebirges verglichen werden. Es handelt sich um ein Gebirge, das in bezug auf die geologischen und klimatischen Bedingungen eine ähnliche Stellung wie das Tibesti-Gebirge einnimmt und das daher auch einen ähnlichen Formenschatz zeigen könnte.

Es ist darauf hinzuweisen, daß von M. WINIGER (1975) durchgeführte Untersuchungen an Wettersatellitenbildern deutliche Bewölkungsunterschiede zwischen den beiden Gebirgen im Zeitraum von 1966 bis 1973 belegen; die in dieser Zeit etwa zweimal stärkere Bewölkung des Hoggar führt M. WINIGER (1975) darauf zurück, daß dieses Gebirge sehr viel häufiger von Westwind- und monsunalen Störungen erreicht wird als das Tibesti. Solche Differenzen könnten auch in der Vergangenheit die dominierende Nord-Süd-Abfolge der Klimate überlagert haben. Während im folgenden in erster Linie versucht wird, eventuelle Parallelisierungsmöglichkeiten bei der Formenentwicklung in den beiden Gebirgen aufzuzeigen, ist bei zukünftigen Untersuchungen die Frage klimatischer und morphologischer Differenzierungen zwischen dem Tibesti und Hoggar sicherlich stärker zu berücksichtigen.

Bei der Analyse der Formungsstadien der Depression von Bardai und der Gégéré wurde darauf hingewiesen, daß sich für die Sedimente der OT-Akkumulation (2.5.4.2) die Möglichkeit einer Korrelation mit der von P. ROGNON (1967, P. 501 ff.) beschriebenen „terrasse moyenne" oder „terrasse graveleuse" andeutet. Vor einer Behandlung der folgenden jüngeren und der vorangehenden älteren Formungsphasen (Tab. 8) werden daher zuerst diese Sedimente in ihrer faziellen Ausbildung und ihrer morphologischen Stellung miteinander verglichen.

3.1 Der Formungsverlauf seit der Oberterrassen-Akkumulation

Die „terrasse graveleuse" ist die für die Randgebiete des Atakor typische Akkumulation. Ähnlich scheint die OT-Akkumulation im Tibesti-Gebirge ihr Hauptverbreitungsgebiet im Randbereich der zentralen Vulkanmassive zu besitzen. Die bis zu 30 m mächtigen Sedimente der „terrasse graveleuse" verfüllen ein Netz tiefer Täler, das in der vorangehenden kräftigen Einschneidungsphase der größeren Flüsse gebildet worden war. Im Bereich des Zoumri und seiner südlichen Nebentäler ist vor Ablagerung der OT-Sedimente bzw. nach der Ablagerung von Talbasalten und Ignimbriten ebenfalls eine Phase starker linearer Erosion mit der Bildung von Schluchten in den Vulkaniten und im Sandstein zu beobachten.

Die Sedimente der „terrasse graveleuse" bestehen überwiegend aus Kies und haben Ähnlichkeit mit den rezenten Alluvionen. Wie die OT-Ablagerungen sind die Sedimente zyklisch aufgebaut (P. DUTIL, 1959, vgl. 2.5.4.2). Sie zeigen eine rötliche, talabwärts oft auch eine graue Färbung. Stellenweise überlagern sie, wie die OT-Sedimente im östlichen Zoumrigebiet (2.5.1), ältere lakustre Ablagerungen (P. ROGNON, 1967, p. 485, 498 ff.). Die Sedimente wurden in einer Zeit abgelagert, in der eine Abräumung der Hänge bis auf das Anstehende stattfand und in der die Transportkraft der Flüsse gering war. P. ROGNON (1967, p. 530) stellt die Akkumulation in eine relativ trockene Klimaphase, die zwar nicht so arid war wie die gegenwärtige Klimaphase, in der aber die Vegetations- und Bodenentwicklung behindert waren. Die Analyse der Schwemmfächersedimente der OT-Akkumulation und der Vergleich mit den rezenten Flußbettsedimenten des Zoumri führten zu entsprechenden Schlußfolgerungen.

P. DUTIL (1959, p. 200) nimmt zur Zeit der Entstehung dieser Terrasse eine Erosion der stark degradierten Hänge an; die geringe chemische Verwitterung der Minerale zeigt seiner Auffassung nach eine sehr schwache Pedogenese unter einem ariden Klima an. Sowohl in der „terrasse graveleuse" als auch in der OT-Akkumulation ist der Anteil an leicht verwitterbaren Mineralen relativ hoch. Die Entstehung der mächtigen Lockermaterialverfüllungen in den Schluchten zur Zeit der OT-Akkumulation wurde durch eine Materialeinspülung von den Hängen und Flächen in der Umgebung der Täler verursacht.

Von der Ostflanke des Aheleheg in 1500 m Höhe beschreibt P. ROGNON (p. 302 f.) Sedimente, die mit der „terrasse graveleuse" identisch sind. Pollenanalysen dieser Sedimente deuten auf ein extremes Überwiegen von Gramineen und ein Fehlen von Bäumen hin. Ähnlich wie heute könnte eine Steppenlandschaft existiert haben, in der Prozesse der Abspülung eine starke Bedeutung hatten.

Auf den Sedimenten der „terrasse graveleuse" bildeten sich Glacis aus, die das heutige Relief bestimmen und die die Sedimente stellenweise zur Beckenmitte hin abschrägten (p. 398); die Glacis stehen im Becken von Takacherouet in 1600 bis 1700 m Höhe mit den Hängen in Verbindung und werden von Lagen eckiger Quarzblöcke und grauer Schluffe bedeckt. Eine Entwicklung ausgedehnter Tal- und Hangglacis wurde auch im Talsystem des Zoumri nach der Ablagerung der OT-Sedimente festgestellt.

Auch in Gebirgslagen um 2100 m Höhe ist die „terrasse graveleuse" verbreitet. Im Gebiet des Oued Tin Tebarert kommen Solifluktionsablagerungen mit Blöcken von über 1 m Durchmesser vor. Diese Ablagerungen setzen sich als „cones torrentiels" mit Lagen aus Phonolithblöcken und Sand und Kies auf der „terrasse graveleuse" fort (p. 466). Es stellt sich die Frage, ob diese Kegel vielleicht der OT-Grobmaterialdecke entsprechen könnten, die bei zeitweise starken Abflußvorgängen in den Tälern und intensiven Abspülungsprozessen im Hangbereich gebildet wurde.

Sowohl in bezug auf ihren Aufbau und ihre Stellung zwischen einer Einschneidungsphase der Flüsse und einer Phase glacisartiger Überformung als auch in bezug auf die klimatische Interpretation der Sedimente ist die „terrasse graveleuse" mit der OT-Akkumulation vergleichbar. Auf die „terrasse graveleuse" folgt im Atakor die Bildung brauner Böden, im Randbereich des Atakor die Bildung von Pseudogleyen, braunen und schwarzen Böden (Tab. 3.1, p. 530). Im Tibesti gibt es Hinweise auf die Bildung eines bräunlichen Feinmaterials (2.5.4.3).

Für die jüngeren als OT-zeitlichen Ablagerungen und Formungsphasen gibt es weitere Hinweise auf Korrelationsmöglichkeiten. In verschiedenen Gebieten des Hoggar-Gebirges sind junge Seeablagerungen verbreitet. G. DELIBRIAS und P. DUTIL (1966, p. 57) haben zwei ^{14}C-Datierungen aus diesen Sedimenten vorgelegt (8380±300 B. P. in etwa 1450 m Höhe, 11 580±350 B. P. in etwa 1300 m Höhe). Die Daten weisen auf eine Zeitgleichheit der Ablagerungen mit den limnischen Sedimenten der MT-Akkumulation im Tibesti hin. Die genannten Autoren nehmen ein feuchtes Klima zwischen 11 000 bis 8000 B.P. an; in dieser Zeit existierten in den Tälern des Hoggar-Gebirges zahlreiche kleine Seen und Sümpfe. Nach J. MALEY u. a. (1970, p. 145) hat die MT des Tibesti große Ähnlichkeit mit Terrassen des Atakor, insbesondere mit Terrassen des O. Ansassarène, die stellenweise eine lakustre Fazies mit der Ablagerung von Schluffen und Diatomiten zeigen.

Aus dem Randbereich des Gebirges bei Idelès, in einer dem Untersuchungsgebiet im Tibesti-Gebirge vergleichbaren Höhenlage, beschreibt P. ROGNON (p. 518) stark mit Montmorillonit angereicherte Kalkablagerungen. An ihrer Basis liegen über 2 m mächtige granitische Sande mit einigen Basaltblöcken darin. Dieser Horizont kann nach der Darstellung in Figur 147 (p. 518) erst nach der Erosion der „terrasse graveleuse" gebildet worden sein und ist daher vielleicht mit dem Sandsteingrushorizont an der Basis der MT-Akkumulation zu parallelisieren. Auf diese Möglichkeit scheinen auch Beobachtungen aus dem Becken von Takacherouet hinzudeuten (p. 398). Hier werden Einschnitte in der „terrasse graveleuse" talabwärts mit Quarzsanden, die nur wenige Schotter enthalten, und mit hellgrauen Schluffen verfüllt. Zum Zentrum des Beckens nehmen die Schluffe einen tonigen Charakter und eine schwärzliche Färbung an.

In einem weiteren Aufschluß im Gebiet von Idelès folgen von unten nach oben: sandige Schluffe mit einzelnen Kieslinsen, 40 cm mächtige schwarze, humusreiche Schluffe mit Mollusken, braune Schluffe mit einzelnen Kieslinsen und eine Lesedecke an der Oberfläche (p. 518, Fig. 147). Stellenweise dienten Kalkablagerungen als Ausgangsmaterial für die Bildung eines braunen Bodens. P. QUEZEL UND C. MARTINEZ (1957, p. 216) erwähnen aus dem Bereich des Hoggar nahe an der Oberfläche gelegene fossile Böden, deren Flora mediterran geprägt ist und die nach ^{14}C-Datierungen in die Zeit zwischen 7–8000 bis 5000 B. P. zu stellen sind. Es scheint sich daher im Hoggar um klimatische Verhältnisse gehandelt zu haben, wie sie vielleicht am Ende oder nach Abschluß der Seesedimente im Tibesti mit der Bildung dunkel- bis hellgrauer Böden herrschten.

Wie im Tibesti-Gebirge folgt auch im Hoggar-Gebirge auf die OT-Akkumulation bzw. die „terrasse graveleuse" eine Seenphase mit der Ablagerung von Feinmaterial in einer Zeit mit langsamen Fließvorgängen, perennierenden Wasserflächen und mit einer Stabilitätsphase im Hangbereich bei relativ dichter Vegetationsdecke (p. 521 f.); die Bodenbildungsprozesse scheinen in der Schlußphase bzw. nach Abschluß dieser Sedimente besonders intensiv gewesen zu sein.

Als jüngstes Sediment beschreibt P. ROGNON (p. 522 ff.) aus den Randbereichen des Atakor eine aus sandigen Schluffen aufgebaute „terrasse limoneuse", die eine geringe Flächenausdehnung besitzt und die den einzig kultivierbaren Boden in diesem Gebiet darstellt. Tonmineralanalysen belegen, daß es sich um das umgelagerte Material der Böden des letzten Pluvials handelt. Die Inkulturnahme der Sedimente hat ihre Zerstörung beschleunigt. Funde nachchristlicher Töpferei in den Schluffen des Oued Tekchouli zeigen ein Alter der Sedimente von höchstens 2000 Jahren an. Nach B. DUTIL (1959, p. 200) sind diese Sedimente das Resultat einer Erosion von Böden, die auf ein humides Klima im Neolithikum hindeuten. Die „terrasse limoneuse" könnte vielleicht den subrezenten, hell- bis dunkelgrauen, schluff- und tonreichen Feinmaterialablagerungen in den Talerweiterungen des E. Zoumri entsprechen (2.5.7). Eine Datierung dieser Sedimente ist allerdings im Tibesti-Gebirge bisher nicht erfolgt.

Im Unterschied zu den bisher genannten Formungsphasen scheint im Hoggar-Gebirge ein der NT-Akkumulation im Tibesti-Gebirge vergleichbares Sediment nur wenig verbreitet zu sein. P. ROGNON (p. 522) erwähnt 1 bis 1,5 m mächtige Lagen zugerundeter Schotter, die konkordant auf der „terrasse graveleuse" liegen und vor einer Periode intensiver Einschneidung (12 bis 15 m, bis in Höhen der „terrasse limoneuse") abgelagert wurden; diese Schotterdecke kann aber auch in die „terrasse graveleuse" eingeschachtelt sein und von den Schluffen der „terrasse limoneuse" überlagert werden. An anderer Stelle beschreibt P. ROGNON (p. 414) eine „terrasse brune torrentielle", die nach einer tiefen Zerschneidungsphase der „terrasse graveleuse" abgelagert wurde und die eine junge Phase alluvialer Aufschüttung von stellenweise 8 bis 10 m darstellt. Diese Sedimente könnten nach ihrem Aufbau und ihrer zeitlichen Stellung vielleicht der NT-Akkumulation im Tibesti-Gebirge entsprechen.

Ein weiteres Problem bei der Korrelation der jüngeren Formungsphasen ergibt sich daraus, daß P. ROGNON (Tab. 3.1, p. 530) Solifluktionsablagerungen im Atakor u. Seeablagerungen im Randbereich des Atakor, die vermutlich mit den MT-zeitlichen Seesedimenten im Tibesti zu parallelisieren sind, in ein und dieselbe Periode („troisième pluvial froid") stellt. Für die Höhenregion des Tibesti ist dagegen belegt, daß Solifluktionsablagerungen dieser Seenphase vorangehen (B. MESSERLI, 1972,

p. 74 f.). Im Bereich der untersuchten Depressionen im Tibesti ist keine Verzahnung von Hangschuttablagerungen mit Seesedimenten, sondern ein Auskeilen dieser Sedimente in Hangnähe zu beobachten. Das „troisième pluvial humide" bei P. ROGNON ist daher vielleicht noch einmal in zwei zeitlich voneinander zu trennende Phasen zu untergliedern.

3.2 Der Formungsverlauf vor Ablagerung der Oberterrassen-Akkumulation

Die von P. ROGNON (p. 394 ff.) aus dem Becken von Takacherouet mitgeteilten Befunde deuten auf Korrelationsmöglichkeiten auch bei den älteren, der OT-Akkumulation bzw. „terrasse graveleuse" vorangehenden Formungsstadien hin. Dieses Becken liegt im Süden des Atakor in einer Höhe von 1600 bis 1700 m. Es ist nicht im Sandstein angelegt wie die untersuchten Depressionen im Tibesti, sondern in biotitreichem Gneis. Das Becken wurde 70 bis 80 m unter die prävulkanische Oberfläche eingetieft.

In etwa 40 bis 50 m über dem Niedrigwasserbett liegen Reste einer 1,5 bis 2 m mächtigen Sedimentdecke über dem tief verwitterten Substrat. Sie besteht an der Oberfläche aus Basalt- und aus 40 bis 60 cm großen Quarzschottern; darunter liegen Quarzsande in einer tonig-schluffigen, kräftig roten Matrix. Die Quarzblöcke zeigen eine goldfarbene Patina, ähnlich wie die bis zu 80 cm großen Quarzitschotter des Niveaus II im Tibesti-Untersuchungsgebiet (2.2.2). Der Mittelwert der Zurundung der Basalt- und Quarzschotter mit einem Index von 354 entspricht den Meßwerten von 366,56 und 340,95 (Proben 317 und 313, Tab. 3) für das Niveau II. Das Feinmaterial unter der Schotterdecke enthält überall Illit und Geothit; das ockerfarbene bis hellrötliche Material des Niveaus II besteht aus Kaolinit, etwas Illit und Hämatit.

Die Sedimente aus Schottern und roten Sanden liegen in Tälern des ersten hydrographischen Netzes seit der Entwicklung ausgedehnter Flußläufe (p. 532, Fig. 148) und sind, wie das Niveau II in der Depression von Bardai und in der Gégéré im Tibesti, in die Zeit der ersten Beckenanlage zu stellen. An Lokalitäten außerhalb des Beckens von Takacherouet wurden die Sedimente zum Teil von Basalten („coulées de pente") überdeckt (p. 532). Basalte überlagern stellenweise auch die Sedimente des Niveaus II im Tibesti-Untersuchungsgebiet. Sowohl im Hoggar als auch in den untersuchten Depressionen im Tibesti handelt es sich dabei um Basaltergüsse vor einer kräftigen Erosionsphase und vor der Ablagerung sehr viel jüngerer Talbasalte[36] („coulées de vallées" im Hoggar).

Das Niveau II im Tibesti-Untersuchungsgebiet und das beschriebene Niveau im Becken von Takacherouet zeigen Übereinstimmungen in bezug auf die Ausbildung der Sedimente und ihre stratigraphische Stellung in der Anfangsphase der Beckeneintiefung. Auf die Ablagerung der Sedimente folgt in beiden Fällen eine Phase mit der Ausbreitung von Basaltdecken und danach eine starke Erosionsphase.

Die Existenz von Basaltdecken schon vor der Entstehung des Niveaus ist im Hoggar durch das Vorkommen von Basaltschottern in den Sedimenten, im Tibesti durch Basalte auf den höher gelegenen Kappungsflächen belegt. Im Becken von Takacherouet liegen die Sedimente 20 m unter dem Niveau einer alten Oberfläche. Aus anderen Gebieten beschreibt P. ROGNON (p. 121 ff.) Gipfelflächen mit Quarzschottern, deren Zurundungswerte bei 296 bis 342 liegen. Quarzschotter wurden auch im Tibesti-Untersuchungsgebiet noch 60 bis 70 m oberhalb des Niveaus II gefunden (2.2.1).

Auffällig ist die starke Zurundung der Schotter des Niveaus II im Tibesti und auch des möglicherweise damit zu parallelisierenden Niveaus im Becken von Takacherouet. In anderen Gebieten der Sahara wurden ähnlich hohe Zurundungswerte der Schotter relativ alter Flußsysteme gemessen. So treten z. B. im Flußsystem des O. Guir–O. Saoura–O. Messaoud in der Nordwestsahara Werte von 350 bis 400 für Quarz- und von 250 bis 300 für Quarzitschotter aus dem Altquartär auf (J. CHAVAILLON, 1964, p. 286 ff.). Indexwerte von 300 bis 350 ermittelten J. VOGT und R. BLACK (1963) an quarzitischen Schottern auf alten Erosionsoberflächen im Air-Gebirge. Da überregionale Vergleiche der Formungsindizes kaum möglich sind (G. STÄBLEIN, 1970), lassen die Messungen bisher keine klimatischen Rückschlüsse zu.

Ein dem Niveau III entsprechendes Niveau wird aus dem Becken von Takacherouet nicht beschrieben. 20 bis 25 m unterhalb des Niveaus der Schotter und roten Sande folgt hier eine ausgedehnte, im Gneis angelegte Kappungsfläche, die sich bis an den Rand der Täler erstreckt. Sie liegt 20 m über dem rezenten Flußbett und wird von P. ROGNON als „glacis supérieur" bezeichnet (Tab. 3.1, p. 530). Die Fläche trägt eine 1 bis 3 m mächtige Sedimentdecke aus patinierten Quarzen und stellenweise darunter erhaltenen tonigen, kräftig rot gefärbten Schluffen, die keine groben Komponenten enthalten. Unter den Schluffen folgt das verwitterte Gestein. Das rote Material besteht aus Kaolinit und Illit und weist eine hohe Konzentration an Goethit auf. Es stellt die letzte Verwitterungsphase im Atakor dar, die bis zur Bildung von Kaolinit ging. In diese Zeit fällt die letzte Phase allgemein sehr intensiver Gestaltung der Hänge mit einer Bewegung von über 1 m großen Blöcken bei starken Spülvorgängen. Das Becken von Takacherouet besitzt zu dieser Zeit ungefähr seine heutige Größe, die jüngeren Glacis sind lediglich in das „glacis supérieur" eingeschnitten.

Nach seiner Höhe und Lage zum rezenten Flußbett, nach seiner Verbreitung und seiner Stellung bei der Anlage des Beckens und nach der Ausbildung seiner Sedimentdecke scheint das „glacis supérieur" der Basisfläche und dem Niveau IV im Tibesti-Untersuchungsgebiet zu entsprechen (2.2.4). Die Basisfläche liegt etwa 20 m über den rezenten Flußbetten und erstreckt sich von den Rändern der Depressionen bis zu den Tälern. Auf der Fläche sind zum Teil Reste einer Decke aus Quarzitschottern und ein

---

[36] Die Basalte auf den Ignimbriten am Südrand der Gégéré sind ebenfalls in einen sehr viel jüngeren Zeitabschnitt zu stellen als die Basalte in Höhe des Niveaus II am Nordrand der Gégéré (Tab. 8).

rötliches Feinmaterial erhalten; es besteht überwiegend aus Kaolinit und zeigt eine hohe Konzentration an Eisenoxyden. Im Unterschied zu den Verhältnissen im Becken von Takacherouet reichen die Sedimente der OT-Akkumulation stellenweise bis in die Höhe der Basisfläche.

Nach Bildung des „glacis supérieur" folgt im Becken von Takacherouet die Anlage des „glacis moyen". Es ist 4 bis 5 m in das ältere Glacis eingelassen und trägt eine Decke aus Schottern und braunen Schluffen und Tonen, die reich an Montmorillonit sind. Das „glacis moyen" könnte vielleicht im Tibesti-Untersuchungsgebiet den Ausraumbereichen entsprechen, die hier 3 bis 5 m tief in die Basisfläche eingesenkt sind. Ein dieser Formungsphase mit Sicherheit zuzuordnendes Sediment wurde in der Depression von Bardai und der Gégéré bisher nicht gefunden. Es scheint aber möglich, daß der rotbraune Schutthorizont der Hangschuttdecken bereits in diesen Zeitabschnitt gestellt werden muß (Tab. 8).

Nach einer Einschneidungsphase werden im Becken von Takacherouet die Sedimente der „terrasse graveleuse" weitflächig abgelagert. Nach Fig. 112 bei P. ROGNON (1967, p. 395) liegen diese Sedimente auch in der Ausraumzone des „glacis moyen". Später haben sie als morphologisch wenig widerständiges Material zur Bildung kleiner Glacis gedient.

Im Zeitraum zwischen der Anlage des „glacis moyen" und der Bildung der „terrasse graveleuse" wurden außer groben Alluvionen auch Seesedimente abgelagert (Tab. 3.1, p. 530). Im Gebiet von Tedrouri in 1950 m Höhe ist eine Abfolge grauer lakustrer Tone, Diatomite und Aschen entwickelt (p. 498). Die Sedimente liegen unter mächtigen Ablagerungen der „terrasse graveleuse" und bestehen nach Röntgen-Diffraktometer-Analysen zu 80 bis 100 % aus Montmorillonit. Am O. Torak in 1900 m Höhe sind unter Ablagerungen der „terrasse graveleuse" Diatomite und graue Tone aus einer lakustren Phase verbreitet; der Gehalt an Montmorillonit beträgt 90 % (p. 485). Im nördlichen Randbereich des Atakor bei Idelès liegen in 1450 m Höhe Sedimente, deren Ablagerung mehrfach durch Basaltströme unterbrochen wird (p. 498 ff.). Es handelt sich um eine tonige lakustre Formation, die zum Teil fast ausschließlich aus Montmorillonit besteht und die mit einer Zwischenschaltung fluviatiler Schotterniveaus in die „terrasse graveleuse" übergeht. P. ROGNON (p. 501) nimmt auf Grund der Ausbildung der Sedimente eine Phase der Bodenbildung und Hangstabilität vor der „terrasse graveleuse" an.

Nur die fluvio-lakustren Sedimente in der Depression von Bardai und in den weiter östlich gelegenen Becken des Zoumri (2.5.1) zeigen einen vergleichsweise hohen Gehalt an Montmorillonit wie die oben beschriebenen Ablagerungen. Die Entstehung der fluvio-lakustren Sedimente fällt in der Depression von Bardai in die Zeit zwischen der Anlage der 3 bis 5 m tief in die Basisfläche eingelassenen Ausraumbereiche und die Ablagerung der OT-Akkumulation (Tab. 8). Während der Entstehungszeit der fluvio-lakustren Sedimente sind in der Umgebung der Täler Perioden relativer Stabilität mit zeitweiser Bodenbildung anzunehmen. Die Sedimente werden oft von der OT-Akkumulation überlagert.

Nach den dargelegten Befunden könnten die fluvio-lakustren Sedimente in den Talerweiterungen des E. Zoumri im Tibesti den lakustren Ablagerungen aus dem Zeitabschnitt vor Bildung der „terrasse graveleuse" im Hoggar entsprechen; es besteht aber auch die Möglichkeit, daß die fluvio-lakustren Sedimente mit den lakustren Ablagerungen von Tahag aus einer noch älteren Seebildungsphase im Hoggar zu parallelisieren sind, wie es J. MALEY u. a. (1970) auf Grund von Pollenanalysen an Sedimenten von Ouanofo (Tibesti) und Tahag (Hoggar) annehmen. Zur Klärung dieser Frage sind weitere Untersuchungen notwendig.

Im Randbereich des Atakor, d. h. in einem nach der Höhenlage mit dem Untersuchungsgebiet im Tibesti vergleichbaren Gebiet, wird von P. ROGNON (1967) ein Formungsablauf rekonstruiert, bei dem sich für folgende Formungsphasen eine parallele Entwicklung zum Tibesti-Untersuchungsgebiet anzudeuten scheint:

Tibesti-Untersuchungsgebiet	Randbereich des Atakor
Niveau I mit Quarzschottern	–?– Gipfelflächen mit Quarzschottern
Niveau II mit sehr gut gerundeten Quarzitschottern und rötlichem Feinmaterial, Entwicklung eines Flußnetzes in der Anfangsphase der Beckeneintiefung	—— sehr gut gerundete Quarzblöcke über Sanden in einer roten Matrix, erstes hydrographisches Netz zu Beginn der Eintiefung des Beckens von Takacherouet
starke Erosionsphase	—— starke Erosionsphase
Basisfläche mit Resten einer Decke aus Quarzschottern, rötliches Feinmaterial	—— „glacis supérieur" mit einer Sedimentdecke aus Quarzen und roten Schluffen
3 bis 5 m tief in die Basisfläche eingelassene Ausraumbereiche	–?– „glacis moyen"
fluvio-lakustre Sedimente, zeitweise Bodenbildung	–?– lakustre Ablagerungen, Bodenbildung und Hangstabilität
starke Erosionsphase	—— starke Erosionsphase
Schwemmfächersedimente der OT-Akkumulation	—— „terrasse graveleuse"
Glacisbildung mit der Ablagerung einer Grobmaterialdecke	—— Glacisdecke auf der „terrasse graveleuse"
bräunliches Feinmaterial	–?– Pseudogleye, braune und schwarze Böden
MT-zeitliche Seesedimente	—— Seesedimente
mit einem Sandsteingrushorizont an der Basis	–?– mit Sandablagerungen an der Basis
dunkel- bis hellgraue Böden	—— braune Böden auf Kalkablagerungen; schwarze, humusreiche Schluffe
Niederterrassenschotter	–?– in die „terrasse graveleuse" eingelassene Schotterdecke
graue Feinmaterialsedimente	—— „terrasse limoneuse"
rezente Schwemmfächersedimente im Talbereich	—— rezentes Schwemmfächer- und Rinnensystem in den Tälern

Solange keine Datierungen der verschiedenen Vulkanite vorliegen, bleibt die Altersstellung der älteren Formungsstadien ungewiß.

Bei den jüngeren Formungsphasen seit der OT-Akkumulation gibt es verschiedene Hinweise auf das Alter von Sedimenten. Nach den Vorkommen von Scherben in den Sedimenten der „terrasse limoneuse" konnte P. ROGNON (1967, p. 523 f.) das Alter dieser Terrasse auf maximal 1000 bis 2000 Jahre datieren. Nach zahlreichen ^{14}C-Datierungen fallen die MT-zeitlichen Seeablagerungen im Tibesti in eine Zeit zwischen etwa 7000 bis 14 000 B. P. (vgl. die Datierungen bei M. A. GEYH und D. JÄKEL, 1974 b). In denselben Zeitraum fallen auch ^{14}C-Datierungen limnischer Sedimente des Hoggar-Gebirges (G. DELIBRIAS und P. DUTIL, 1966).

In der Glacisdecke auf der „terrasse graveleuse" fand P. ROGNON (p. 398) Werkzeuge, die in das Moustérien, vielleicht sogar in das Atérien zu stellen sind, so daß ein würmzeitliches Alter der Glacisdecke wahrscheinlich ist.

4. Die Reliefentwicklung in einigen Gebieten Tunesiens im oberen Pleistozän und Holozän

Die bisherigen Ausführungen zeigten, daß es Möglichkeiten zu einer Parallelisierung von Formungsstadien im Tibesti und Hoggar gibt. Es ist die Frage, ob sich auch Korrelationsmöglichkeiten mit Formenabfolgen in den nördlichen Randbereichen der Sahara erkennen lassen. Zu dieser Fragestellung liegen Untersuchungen in verschiedenen Gebieten Tunesiens vor (vgl. die Übersichtskarte von Tunesien). Für Vergleiche bieten sich vor allem die jüngeren durch ^{14}C-Datierungen zeitlich einzuordnenden Formungsphasen an.

Die Untersuchungen[37] schließen an Arbeiten von K.-U. BROSCHE und H.-G. MOLLE (1975), H.-G. MOLLE und K.-U. BROSCHE (1976) und K.-U. BROSCHE, H.-G. MOLLE und G. SCHULZ (1976) an. Im Südostvorland des Dj. Chambi und des Dj. Mrhila in Zentraltunesien wurden außer älteren zwei jüngere, wahrscheinlich würmzeitliche Glacis-Niveaus (N_1 und N_2) und eine um etwa 2000 bis 1000 B. P. entstandene Feinmaterialakkumulation unterschieden. Entlang der aus den Gebirgen austretenden größeren Täler erstreckt sich das N_1-Niveau über 6 bis 12 m mächtigen Schotterlagen, die als „Hauptakkumulation" bezeichnet werden. In einer Entfernung von mehreren km vom Gebirgsrand schließen sich lößartige Sedimente mit eingeschalteten Böden an. Hinweise auf eine Bodenbildung, deren Altersstellung bisher nicht genau ermittelt werden konnte, fanden sich in den Talbereichen auch vor Ablagerung der etwa um 2000 bis 1000 B. P. entstandenen Feinmaterialakkumulation.

Im nordöstlichen Matmata-Vorland in Südtunesien wurden neben einer sehr jungen Feinmaterialakkumulation und einer um etwa 9000 bis 7000 B. P. entstandenen „Jüngeren Akkumulation" Löß- und Schotterablagerungen beobachtet, die wahrscheinlich mit den lößartigen Sedimenten und der Hauptakkumulation in Zentraltunesien korreliert werden können. Junge Feinmaterialsedimente und eine vielleicht mit der Hauptakkumulation in Zentraltunesien zu parallelisierende Schotterablagerung wurden auch in den Tälern des östlichen Kroumirberglandes in Nordtunesien festgestellt.

Die folgenden Ausführungen gehen von diesen Untersuchungsergebnissen aus und beschäftigen sich in erster Linie mit der Entstehung der Hauptakkumulation und mit den oben genannten Bodenbildungen.

4.1 Geomorphologische Untersuchungen im Gebiet des Dj. Chambi

4.1.1 Zur Frage der Entstehung der Hauptakkumulation

Die Schotterlagen der Hauptakkumulation lassen sich in dem Tal südlich des Senders, der auf dem 1544 m hohen Gipfel des Dj. Chambi steht, bis in eine Höhe von etwa 1100 m verfolgen. Das Tal verläuft nach Süden in Richtung auf das südöstliche Vorland des Dj. Chambi. Von den östlichen Talhängen sind in 1100 m Höhe mächtige Schwemmschuttfächer mit ihrer Oberfläche auf das Niveau der Hauptakkumulation eingestellt[38]. Die Neigung der 400 bis 500 m langen Schuttfächer nimmt von mehr als 20° im oberen auf weniger als 10° im unteren flußbettnahen Abschnitt ab.

Oberhalb der Schuttfächer folgen 10 bis 20 m hohe Steilwände, die mit flachen Hangpartien wechseln. Bei 1300 m Höhe liegen Verflachungen von 70 bis 80 m Durchmesser. Die sich gebirgseinwärts an eine solche

---

[37] Die hier vorgelegten Untersuchungsergebnisse wurden auf einer im Frühjahr 1976 von Herrn M. WALTHER (Inst. f. Phys. Geogr. der FU Berlin) und mir durchgeführten und finanzierten Reise gewonnen.

[38] Vgl. die Ausführungen und Abbildungen bei H.-G. Molle und K.-U. BROSCHE (1976, p. 186 ff.).

Verflachung anschließende Steilwand ist oft halbkreisförmig ausgebildet.

Kleine karartige Formen mit Solifluktionsablagerungen und Verflachungen finden sich auch in anderen Gebirgen der tunesischen Dorsale wie z. B. am Dj. Serdj und Dj. Bargou nordöstlich des Dj. Chambi und am Dj. Zaghouan (J. DRESCH u. a., 1960; R. RAYNAL, 1965; Y. GUILLIEN und A. RONDEAU, 1966).

Fig. 33[39] zeigt einen Aufschluß in einem Schwemmschuttfächer auf der Ostseite des Tales in etwa 100 m Entfernung vom Haupttal. Das Material ist parallel zur Oberfläche geschichtet. Die 2 bis 15 cm großen Schuttstücke sind fluviatil eingeregelt (Tab. 11, Probe l). Über einer bis zu 4 m Mächtigkeit aufgeschlossenen Lage aus Schutt in einem braunrötlichen Feinmaterial folgt ein 50 cm mächtiger dunkelbräunlicher, stark verfestigter lehmiger Horizont mit kleinen Schuttstücken darin. Darüber liegen 6 m geschichteter Schutt in braunrötlichem sandigen Feinmaterial, eine 25 cm mächtige, durch Kalk zementierte Schuttlage und eine Schuttdecke von 2 m Mächtigkeit. Diese ist im Unterschied zu der Akkumulation im Liegenden nur schwach verfestigt. Der Kalkanreicherungshorizont in 2 m Tiefe trennt zwei voneinander zu unterscheidende Phasen der Schuttanlieferung aus dem Hangbereich. Auch das tiefer gelegene Lehmband dürfte auf eine Unterbrechung der Grobmaterialzufuhr von den Hängen in Richtung auf das Tal hinweisen.

40 m hangabwärts ist dieselbe Gliederung des Schuttfächers in einen mächtigen unteren Schutthorizont, eine durch Kalk zementierte Schuttlage und eine obere Schuttdecke zu beobachten. Noch einmal 60 m hangabwärts ist der Kontakt des Schuttfächers mit der Hauptakkumulation am Talhang aufgeschlossen. Das rezente Tal ist in eine 6 m mächtige Schutt- und Schotterlage und 11 m tief in die darunter anstehenden Kalke eingeschnitten. In Fig. 34 ist eine deutliche Horizontierung der Schutt- und Schotterablagerungen erkennbar. In eine untere Lage durch Kalk verbackener großer Schotter sind 4 bis 6 m breite und 1 bis 2 m tiefe Rinnen eingelassen, die mit kantengerundetem Schutt in einer braunrötlichen lehmigen Matrix verfüllt sind. Es folgen ein 1 m mächtiger Horizont mit einer starken Kalkanreicherung und eine Decke aus kantengerundetem lockeren Schutt. Die Sedimentabfolge ist derjenigen in den hangaufwärts gelegenen Partien des Schuttfächers vergleichbar. 1,3 km flußab fehlt die obere Schuttdecke, so daß hier der durch Kalk zementierte Horizont an der Oberfläche liegt.

Drei Einregelungsmessungen zeigen den fluviatilen Charakter der Ablagerung (Tab. 11; Proben m, n, o). Von den Talhängen wurde der Hauptakkumulation über schmale Rinnen, die in spitzem Winkel auf das Haupttal zulaufen, Schutt zugeführt.

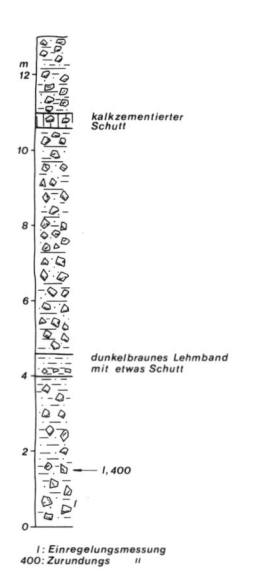

Fig. 33: Schwemmschuttablagerung im Dj. Chambi

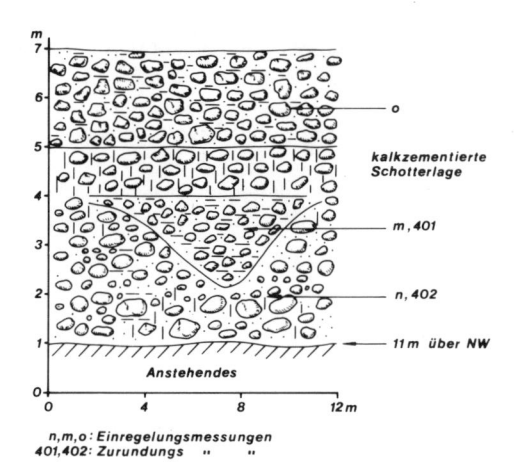

Fig. 34: Aufschluß der Hauptakkumulation im Dj. Chambi

Tabelle 11: **Einregelungsmessungen**
Anteile in %

Probe	I	II	III	IV	Signifikanz[40]
l	18	29	48	5	X
m	19	28	51	2	X
n	17	27	55	1	X
o	32	26	41	1	O
i	70	18	9	3	X
j	77	12	9	2	X
k	44	29	25	2	/

Die Zurundungswerte des Schuttes in der Rinnenverfüllung am Talhang (Probe 401) und des Schwemmfächermaterials in 100 m Entfernung vom Tal (Probe 400, Fig. 33) lassen sich nicht eindeutig voneinander unterscheiden; dagegen zeigen die Schotter der Hauptakkumulation direkt über dem Anstehenden (Probe 402) und 1,3 km

---

[39] Die Lage der Figuren und Profile ist in der Übersichtskarte von Tunesien verzeichnet.

[40] Als Signifikanztest gegen Gleichverteilung wurde der Chiquadrat-Test angewandt (vgl. G. STÄBLEIN, 1970, p. 82 ff. und p. 101 f.); X: signifikanter Unterschied mit 99 %, /: signifikanter Unterschied mit 95 %, O: kein signifikanter Unterschied (für die Gruppen I-III).

talabwärts (Probe 403) signifikant höhere Zurundungswerte (Tab. 12, Fig. 35). Der Schutt in der Rinnenverfüllung hat im Vergleich zu den liegenden Schottern nur einen kurzen Transportweg zurückgelegt und ist daher schwächer zugerundet.

Das durch Kalk zementierte Grobmaterial oberhalb der Rinnenverfüllung in Fig. 34 scheint dagegen wiederum etwas stärker zugerundet zu sein, so daß in dieser Phase der Ablagerung mehr Material von talaufwärts als aus dem unmittelbaren Hangbereich zugeführt wurde.

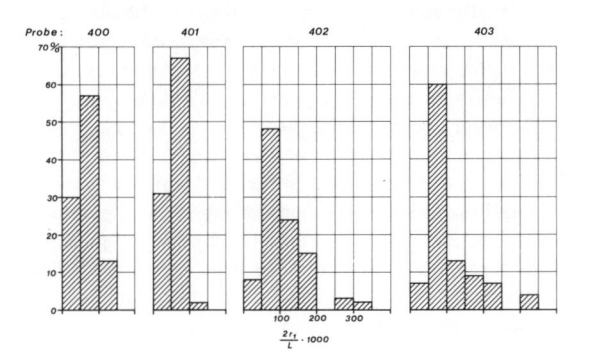

Fig. 35: Zurundungsmessungen im Gebiet des Dj. Chambi

Die von mir durchgeführten Zurundungsmessungen liegen noch innerhalb des Gebirges. Außerhalb des Gebirges nimmt die Zurundung des Schottermaterials deutlich zu; von R. COQUE (1962, p. 296) an Kalkmaterial der Glacis 2 und 3 im südlichen Tunesien vorgenommene Zurundungsmessungen ergaben Werte von 132 bis 160 bei einer Entfernung von 200 bis 500 m vom Gebirgsrand und noch höhere Werte bei größerer Entfernung. Diese Werte liegen deutlich über den Zurundungswerten der Proben 402 (104,68) und 403 (102,80; Tab. 12). Die Messungen belegen den fluviatilen Charakter der Grobmaterialdecken.

Tabelle 12: **Zurundungsmessungen** $\frac{2r_1}{L} \cdot 1000$
(vgl. die Erläuterungen zu Tab. 3)

Material	Proben-Nr.	Anzahl der Einzelwerte n	$\bar{x}$	s	Nr. der miteinander verglichenen Proben	t	Signifikanz[41]
Kalk	400	70	66,49	26,15			
—	401	60	56,27	19,18	400/401	2,50	/
—	402	60	104,68	55,01	401/402	6,44	X
—	403	56	102,80	64,00	402/403	0,17	O

Das Material der Rinnenverfüllung und die liegenden Schotter (Fig. 34) unterscheiden sich nicht nur in ihren morphometrischen, sondern auch in ihren petrographischen Eigenschaften. Während die Rinnenverfüllung ausschließlich aus dem Kalkmaterial der im Einzugsgebiet des Schuttfächers liegenden Hangbereiche aufgebaut ist, enthält der Schotterkörper auch Material aus Gesteinsformationen weiter im Gebirgsinnern.

200 m talaufwärts der beschriebenen Aufschlüsse ist durch die Pistenführung eine Schuttdecke am Talhang angeschnitten. Von unten nach oben folgen übereinander: ein 2 m mächtiger braunrötlicher sandig-lehmiger Horizont mit Kalkschuttstücken und ein schwärzlich gefärbter humoser Horizont von 1,2 m Mächtigkeit mit nach oben kleiner werdenden Schuttstücken. An der Oberfläche der 29° geneigten Schuttdecke sind Terrassetten mit einer Ablagerung des Grobmaterials in kleinen isohypsenparallelen Wällen ausgebildet.

In dem braunrötlichen und in dem humosen Horizont ist der Schutt zu 70 bis 77 % parallel zur Bewegungsrichtung eingeregelt (Proben i und j in Tab. 11), der Schutt der Terrassetten zeigt dagegen keine so deutliche Bevorzugung einer Richtung (Probe k). Ein Vergleich der Werte für die Proben i und j mit Messungen, die z. B. von G. STÄBLEIN (1970, p. 81) durchgeführt wurden, könnte auf einen solifluidalen Verlagerungsprozeß hindeuten; für diese Vorstellung dürfte auch der im Vergleich zu den Schwemmschuttfächern sehr hohe Anteil an Feinmaterial in der Hangschuttdecke sprechen. Solifluktionsschuttdecken sind auch auf der Nordseite des Dj. Chambi ab 720 m Höhe weit verbreitet.

Im Dj. Chambi fand offenbar unter kaltzeitlichen Klimaverhältnissen eine starke mechanische Gesteinsaufbereitung statt, die das Ausgangsmaterial für Schwemmschuttfächer und Schotterablagerungen lieferte. Während des Aufbaus der Hauptakkumulation im Talgrund kam es zur Bildung von Rinnen, die später wieder mit Material verfüllt wurden. Ähnliche Vorgänge wurden bereits aus der Zeit der Ablagerung der Oberterrassen-Akkumulation im Tibesti-Untersuchungsgebiet beschrieben (2.5.4.2). Zeitweise starke Abflußvorgänge, die vielleicht auf Schmelzwässer oder Niederschlagsereignisse hoher Intensität zurückzuführen sind, verursachten einen Grobmaterialtransport bis weit in die Fußflächenzone des Gebirges.

Festzustellen ist, daß sich im Gebirge zwei durch eine Phase der Kalkzementierung voneinander getrennte Schwemmschutthorizonte unterscheiden lassen. Die untere Schuttlage und der kalkzementierte Horizont gehen in die Hauptakkumulation über, die sich bis zum Glacis-Niveau N_1 im Vorland verfolgen läßt. Die Schuttlage oberhalb des kalkzementierten Horizontes dürfte einer relativ jungen Periode der Schwemmschuttbildung zuzurechnen sein, falls sich die Einstufung der Hauptakkumulation in eine Zeit um und vor 30 000 B. P. als richtig herausstellen sollte (H.-G. MOLLE und K.-U. BROSCHE, 1976).

Solifluktions- und geschichtete Schuttablagerungen, wie sie aus dem Gebiet des Dj. Chambi beschrieben wurden, lassen sich nach J. DRESCH u. a. (1960) auch in anderen Gebirgen der tunesischen Dorsale feststellen; hier stehen die Ablagerungen mit einer unteren Terrasse in Verbindung und sind vielleicht der Formation des „Soltanien" von Marokko zuzuordnen, die in das Würm gestellt wird[42]

---

[41] Bestimmung der Signifikanz mit dem T-Test; X: signifikanter Unterschied mit 99 %; /: signifikanter Unterschied mit 95 %; O: kein signifikanter Unterschied.

[42] Vgl. dazu Kap. 5.

4.1.2 Die lößartigen Sedimente im Vorland des Dj. Chambi

Im Südostvorland des Dj. Chambi sind im Tal des CH.^{et}er Rerhma in 800 m Höhe lößartige Sedimente aufgeschlossen. Diese von J. DESPOIS (1955) als „sables loessiques" bezeichneten Ablagerungen sind in einer Entfernung von 2 km vom Gebirgsrand durch junge Erosionsprozesse 7,5 m tief aufgeschlossen (Profil 12 in Fig. 36, Abb. 11). Von oben nach unten lassen sich folgende Horizonte unterscheiden:

(1) 30 cm: hellgrauer, rezenter Boden
(2) 50 cm: geschichtete Schotter
(3) 30 cm: dunkelgraues humoses Feinmaterial, einzelne kantengerundete Kiese, Schneckengehäuse, Hohlräume von mehreren cm Länge und bis zu 5 mm Durchmesser, krümelige Struktur des Materials, Kalkablagerung an der Außenseite der Krümel, fein verteiltes organisches Material (Probe 22, Tab. 14)
(4)[43] 130 cm: Schotter-, Kies- und Sandlagen
(5) 30 cm: dunkelgraues humoses Feinmaterial, ähnlich wie (3)
(6) 100 cm: kalkhaltige hellgelblichbräunliche Schluffe mit Kies- und Sandlinsen, Schneckengehäuse (Probe 18, Tab. 13), (Probe 20, Tab. 14, Fig. 37 a)
(7) 100 cm: braunrötliche lehmige Schluffe mit wenig Sand, Bänder aus Kies u. Schottern, Kalkstückchen, Schneckengehäuse, scharfe Grenze zum Liegenden, Ausbildung eines in (8) hineinreichenden Keiles, (Probe 19, Tab. 14)
1,5 cm: Kalkhorizont an der Basis, der auch die Wände des Keiles überzieht
(8) 200 cm: kalkverbackene gelbbräunliche Schluffe mit Feinsand, ein Kies- und Schotterband in den oberen Lagen, zahlreiche Kalkknollen von 1 bis 2 cm Durchmesser
(9) 100 cm: geschichtete Schotter, Kiese und Sande

Das Profil stellt eine Abfolge von Schotter- und Kieslagen, schluffigen, lößartigen Sedimenten und Böden dar. Die in die schluffigen Sedimente eingeschalteten Schotter- und Kiesbänder zeigen einen fluviatilen Umlagerungsprozeß an. Die Entwicklung eines Kalkprofiles in den unteren Lagen mit der Bildung eines Kalkhorizontes an der Basis von (7) und einer Kalkanreicherung und Bildung von Kalkknollen im Horizont (8) weisen auf Verwitterungs- und Bodenbildungsprozesse hin. Die Karbonatakkumulation in diesen Horizonten ist in Zusammenhang mit der Entstehung des braunrötlichen lehmigen Bodenhorizontes (7) zu sehen, der mit relativ scharfer Grenze gegen die liegenden Kalkanreicherungshorizonte abgesetzt ist.

Die Untersuchungen von L. H. GILE u. a. (1966) an fossilen Böden im südlichen Neu-Mexiko zeigen, daß die Grenze solcher Böden zum liegenden Kalkhorizont scharf ausgeprägt sein kann und daß die Kalkanreicherungszone an der Oberfläche des Kalkhorizontes auch die Wände der „pipes" überziehen kann, die in den liegenden Horizont eindringen. Als solche „pipes" sind die bis in den Horizont (8) reichenden Keile zu deuten. GILE u. a. (1966) können über ^{14}C-Datierungen nachweisen, daß die Kalkakkumulation im Sedimentkörper nach oben jünger wird, d. h. daß die Kalkablagerung von oben her erfolgt sein muß. Bei dem Horizont (7) könnte es sich um einen Boden handeln, dessen A-Horizont abgetragen wurde und der etwa dem fossilen „Braunlehm" K. BRUNNAKKERs (1973) im Gebiet von El Kef entsprechen dürfte.

In den mittleren und oberen Partien des Profils 12 lassen sich zwei Horizonte, (5) und (3), ausgliedern, die sich durch ihren vergleichsweise hohen Tongehalt und eine Anreicherung organischen Materials als Bodenhorizonte zu erkennen geben. Im Vergleich zu den beiden Böden, von denen der obere etwas stärker ausgebildet ist als der untere, ist der rezente Boden nur sehr schwach entwickelt. Stellenweise ist eine Abnahme der Mächtigkeit der Bodenhorizonte und eine Zunahme der Mächtigkeit der Schotterlagen zu beobachten. Die Ablagerung von Schottern kann mit einer leichten Erosion des liegenden Bodenhorizontes verbunden sein.

Die Röntgenanalyse der lößartigen Sedimente (Probe 20 aus Horizont [6]) zeigt in der Fraktion 63–2 μ neben dem hohen Anteil an Quarz auch Dolomit, Illit, etwas Kaolinit und Feldspat, in der Fraktion <2 μ (Fig. 37 a) Quarz, Feldspat, Montmorillonit, Illit, Kaolinit, Chlorit und Lepidokrokit (Tab. 14). Der Dolomit könnte aus der näheren Umgebung stammen, da im Dj. Chambi und den in der Nähe gelegenen Gebirgen dolomitische Kalksteine des oberen Cenoman weit verbreitet sind. Die rötlichen tertiären Tone im Vorland des Dj. Chambi bilden über weite Strecken die Unterlage der quartären Sedimente und enthalten Dolomit, Feldspat, Calcit, Illit, etwas Kaolinit und Lepidokrokit, kommen daher also ebenfalls als Materiallieferant für die lößartigen Sedimente in Frage (Probe 24).

Vergleicht man das Material der lößartigen Sedimente mit dem der Bodenhorizonte, so zeigen sich keine großen Unterschiede. In Probe 19 aus dem braunrötlichen Horizont (7) ist der Dolomitanteil geringer als im Ausgangsmaterial, in dem Bodenhorizont (3) ist eine deutliche Abnahme des Quarzanteiles zu beobachten (Probe 22). Probe 29 (Fig. 37 b) aus der sehr tonreichen, um 2000 bis 1000 B. P. entstandenen Feinmaterialakkumulation (Südostvorland des Dj. Mrhila nordöstlich des Dj. Chambi) zeigt eine starke Intensität für Montmorillonit; daneben kommen auch Kaolinit und Illit vor. Für den Tonmineralbestand der untersuchten Proben war das Ausgangsmaterial entscheidend. Um die verschiedenen Bodenbildungsphasen zu erfassen, wäre eine weitere Differenzierung der Tonfraktion notwendig, wie sie z. B. von K. KALLENBACH (1972) und A. BRONGER (1975) durchgeführt wurde.

Die beschriebene Horizontabfolge läßt sich im Talverlauf des Ch.^{et} er Rerhma flußabwärts verfolgen. 2 km unterhalb von Profil 12 wurde Profil 13 mit einem braunrötlichen Boden und einer höher gelegenen schwarz gefärbten Humusanreicherungszone aufgenommen (Abb. 12). Diese kann sich auch in zwei Horizonte aufspalten. Das Profil 14 in Fig. 36 stammt aus dem nordöstlichen Vorland des Dj. Chambi.

Die Untersuchungen von L. H. GILE u. a. (1966) zeigen, daß sich die von ihnen unterschiedenen Entwicklungsstadien des Kalkprofils auch auf Kies- und Schotterablagerungen übertragen lassen. Es stellt sich daher die Frage, ob sich die Phase braunrötlicher Bodenbildung im Vorland des Dj. Chambi auch im Bereich der Schotterlagen

---

[43] Vgl. die entsprechenden Nummern in Abb. 11

Tabelle 13
Verzeichnis der Molluskenarten[44] (Tunesien)

Lokalität	Ghar El Melh	Ras El Djebel (Profil 1)[45]	O. El Sarrath (Profil 7)	O. El Hateb (Profil 11)	Dj. Chambi (Profil 13)	O. El Hogueff (Profil 15)	Dj. Orbata (Profil 17)	O. El Leguene
Proben-Nr.	53 52 50 47	39 38 37 36 43 42	25 26 27	30	18 23	15	9	6
Rumina decollata (LINNAEUS)	+		+ + +	+	+	+	+	
Helix nucula (PFEIFFER)			+ +	+			+	
Helix melamostoma (DRAPARNAUD)		+	+					
Trochoidea pyramidata (DRAPARNAUD)	+ +	+	+ + +					
Trochoidea conica (DRAPARNAUD)		+		+	+ +	+	+	
Trochoidea (xerocrassa) cretica (PFEIFFER)			+ +		+			
Trochoidea scitula (JAN)	+	+						
Trochoidea (xeroregima) davidiana (BOURGUIGNAT)	+	+ + +						+
Trochoidea (xeroplexa) boissyi (TERVIER)								
Trochoidea (Ereminella) latastei (BOURGUIGNAT und LETOURNEUX)	+							
Sphincterochila candidissima syrtica (KALTENBACH)								
Cochlicella acuta (DRAPARNAUD)	+	+ + +	+	+	+	+		
Ferrussacia folliculus (GMELIN)		+						
Eobania vermiculata (MUELLER)								
Eobania vermiculata constantinae (FORBES)	+		+	+		+	+	
Leucochroa depressula (ROSS MÄSSLER)			+ +					
Leucochroa (xeromagna) cespitum (DRAPARNAUD)		+						
Pomatiens elegans (MUELLER)							+	
Euparypha pisana (MUELLER)	+ +							
Mastus pupa (BRUGUIERE)	+ +							
Stigmatica stigmatica (ROSS MÄSSLER)	+							
Pegea carnea (RISSO)	+							
Helicella (xerotricha) conspurcata (DRAPARNAUD)								
Helicopsis (xeropicta) guimeti (BOURGUIGNAT)	+							
Otala fleurati (BOURGUIGNAT)		+				+		
Succinea elegans		+						
Planorbis planorbis atticus (BOURGUIGNAT)		+						
Arca diluvii (LAMARCK)	+							
Arca barbata (LINNAEUS)	+							
Arca noe (LINNAEUS)	+							
Arca lactea (LINNAEUS)	+							
Psammobia vespertina (LAMARCK)	+							
Chlamys varius (LINNAEUS)	+							

[44] Für die Bestimmungen der Mollusken bin ich Herrn Dr. H. SCHÜTT, Düsseldorf, zu Dank verpflichtet.

[45] Die Entnahmestellen der meisten Proben sind in den Profilen von Fig. 36 verzeichnet. Die Lage der Profile ist in der Übersichtskarte von Tunesien dargestellt.

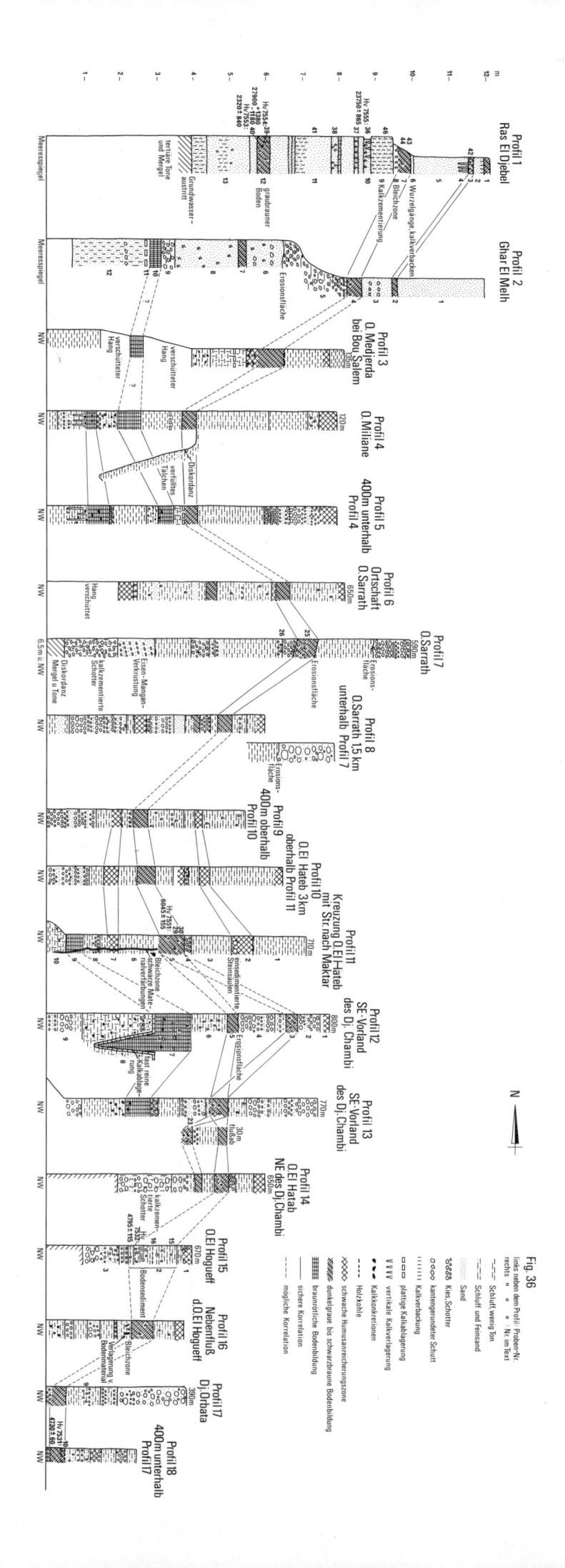

Fig. 36: Aufschlußprofile aus den Randbereichen und vorgelagerten Depressionen verschiedener tunesischer Gebirge

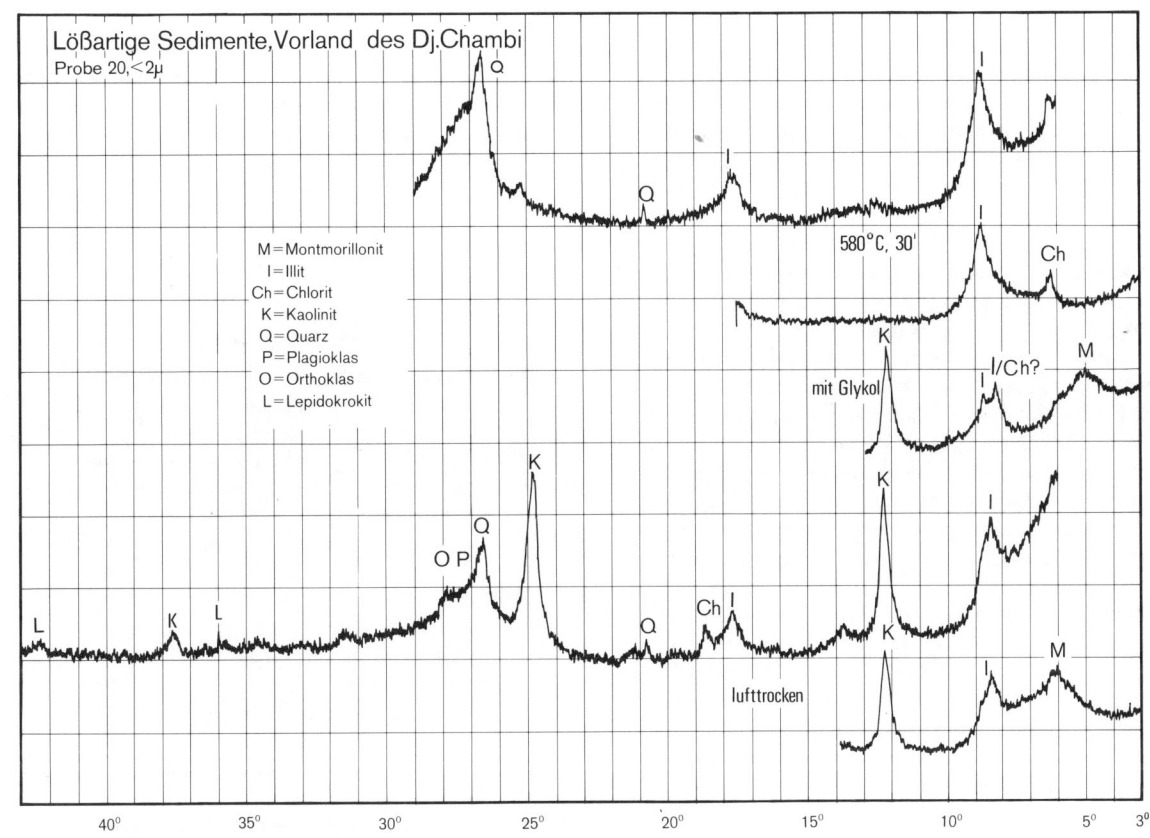

Fig. 37 a: Lößartige Sedimente im Vorland des Dj. Chambi (Zentraltunesien), Röntgenanalysen

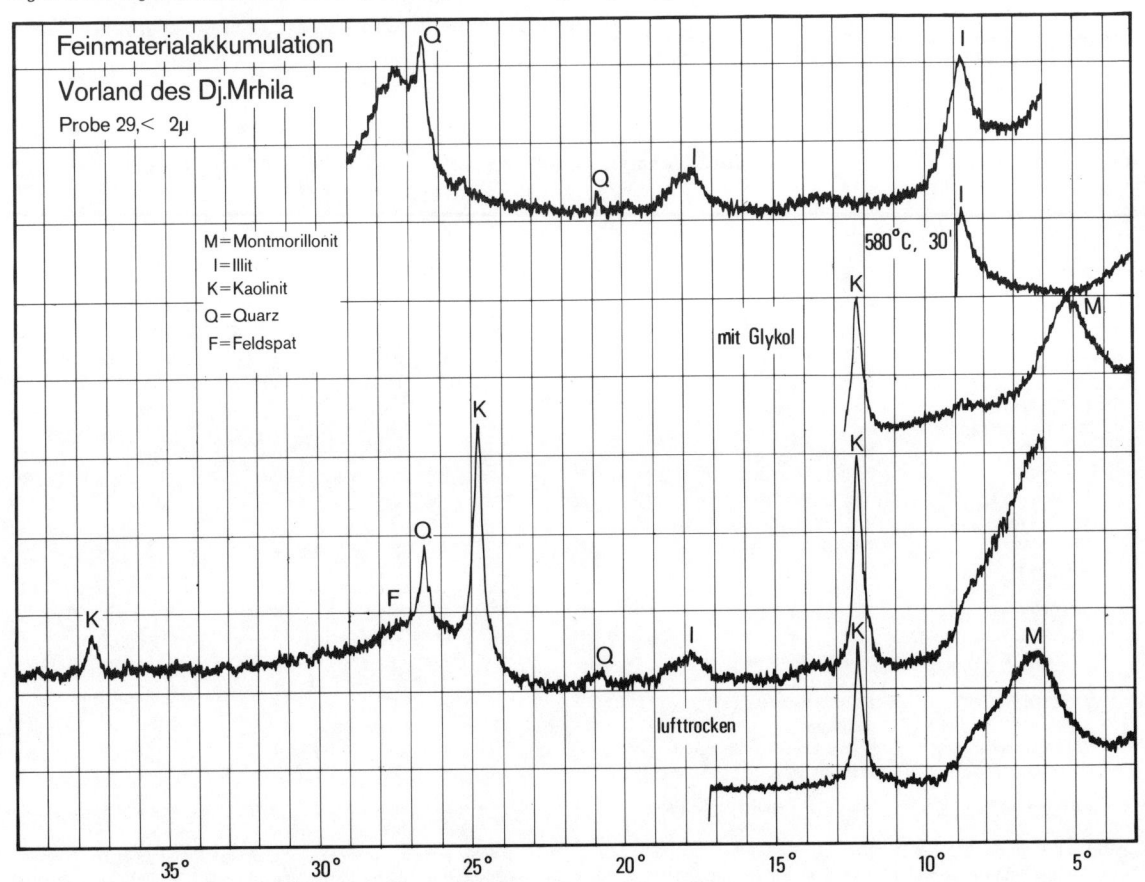

Fig. 37 b: Feinmaterialakkumulation im Vorland des Dj. Mrhila (Zentraltunesien), Röntgenanalysen

des N_1-Niveaus bzw. der Hauptakkumulation ausgewirkt und hier zu einer Zementierung der oberen Schotterlagen (vgl. 4.1.1) geführt haben kann. Diese Vorstellung ebenso wie die stellenweise zu beobachtende Überdeckung von Schotterlagen der Hauptakkumulation durch die lößartigen Sedimente lassen ein spätpleistozänes bis frühholozänes Alter der braunrötlichen Bodenbildung vermuten. Sie könnte im Gebirge zu einer Phase der Hangstabilität und Kalkakkumulation zwischen zwei Phasen der Schwemmschuttbildung geführt haben.

Die fortgeschrittenen Stadien der Kalkakkumulation sind nach L. H. GILE u. a. (1966) in feinkörnigen Sedimenten durch eine intensive Kalkimprägnierung, durch das Auftreten zahlreicher Kalkknollen und durch die Ausbildung eines laminaren Horizontes an der Oberfläche des Kalkhorizontes, in Kies- und Schotterablagerungen durch eine Plombierung der Hohlräume zwischen dem Grobmaterial und die Bildung fast reiner Karbonatschichten auf dem plombierten Horizont gekennzeichnet. Diese Befunde entsprechen den Beobachtungen im Bereich der lößartigen Sedimente und der Hauptakkumulation. Für die oben beschriebene Entwicklung des Kalkprofils[46] nehmen L. H. GILE u. a. (1966) ein spätpleistozänes Alter mit einem feuchteren Klima als gegenwärtig an. Ähnlich rechnet auch A. RUELLAN (1969) in Marokko die Entwicklung eines Kalkprofils zu den langsamen pedogenetischen Prozessen, die als Hinweis auf ein vergangenes im Vergleich zu heute feuchteres Klima zu werten sind.

[46] Zur Frage nach anderen möglichen Ursachen für die Kalkakkumulation in Lockersedimenten sei auf die Arbeit von H.-G. MOLLE und K.-U. BROSCHE (1976) verwiesen.

Auf die zeitliche Stellung der Bodenbildungen oberhalb des braunrötlichen Bodenhorizontes im Vorland des Dj. Chambi wird später näher eingegangen.

4.2 Vergleichende Untersuchungen in Gebieten Tunesiens nördlich des Dj. Chambi

4.2.1 Gebiet des O. El Hateb

An der Kreuzung des O. El Hateb mit der Straße nach Maktar wurde Profil 11 aufgenommen (Fig. 36, Abb. 13):

(1) 150 cm: gelblichgraue Schluffe und Feinsande
(2) 60 cm: schwache graue Humusanreicherungszone mit zwei einsedimentierten Steinsäulen
(3) 120 cm: gelblichgraue Schluffe und Feinsande, Kieslinsen
(4) 10 cm: Schotter- und Kieslinse
(5) 80 cm: dunkelschwarzbrauner Bodenhorizont mit einer Bleichzone an der Basis, hoher Gehalt an organischem Material, Schneckengehäuse (Probe 30, Tab. 13), Verlagerung des Bodenmaterials in den liegenden Horizont, Krümelgefüge
(6) 100 cm: gelblichockerfarbene Schluffe, Schneckengehäuse
(7) 30 cm: schwache Humusanreicherungszone
(8) 70 cm: Schluffe und Feinsande mit Kieslinsen
(9) 50 cm: hellbraunrötlicher Lehm, prismatisches Gefüge
(10) 50 cm: durch Kalk verhärtetes Feinmaterial

Tabelle 14
Röntgenanalysen aus Tunesien[47]

Proben-Nummer	Lokalität	Sediment	Mineralgehalt 63–2µ						Mineralgehalt <2µ								
			Quarz	Feldspat	Calcit	Dolomit	Kaolinit	Illit	Kaolinit	Montmorillonit	Illit	Chlorit	Illit/Montmor.	Lepidokrokit	Calcit	Feldspat	Quarz
20	SE-Vorland des Dj. Chambi (Profil 12)	lößartige Sedimente	▬	O	+	O	+	O	+	+	+	O			+	+	
19	–	braunrötlicher Boden	▬	O	+	O	O	+	O	+	O	O		O	O		O
22	–	dunkelgrauer Boden	+	O	▬	+	O	O	O	+	O			O	+		O
24	SE-Vorland des Dj. Chambi	rote, tertiäre Tone	+		+	+	O	+	O		+			O	+	+	
28	SE-Vorland des Dj. Mrhila	dunkelgrauer Boden	▬	O			O	+	O	+	O		+	O			+
29	–	Feinmaterialakkumulation	▬	+			O	+	+	▬	+						
41	Ras El Djebel (Profil 1)	Dünensand	▬	O	▬			O									
39	–	graubrauner Boden	▬	O	+		O	O	O	O	O	O			+		+
43	–	schwarzer Boden	●	O			O	+	▬	O	+						+
49	Ras El Djebel	braunrötlicher Boden auf Düne	O				O	+	+	O	+			O			+
50	Ghar El Melh	braunrötliches Feinmaterial in Schuttdecke	▬	O	+	O	O	O	+	+	+			O	O		+

O = schwache Intensität   + = mittlere Intensität   ▬ = hohe Intensität   ● = sehr hohe Intensität

[47] Die beiden Fraktionen 63–2 µ und <2 µ jeder Probe wurden mit dem Atterbergzylinder getrennt und als Pulver- bzw. Texturpräparate geröntgt. Der Nachweis von Montmorillonit erfolgte über eine Behandlung der Texturpräparate mit Glycol, der Nachweis von Kaolinit durch Tempern bei 580° C über 30 Minuten. Das Röntgen der Präparate wurde dankenswerterweise von Frau MARCHFELDER vom Geol. Inst. der TU Berlin durchgeführt; Strahlung: Cu, Filter: Ni, vgl. Fig. 37.

Der O. El Hateb ist 7 m tief in die Abfolge von Böden und lößartigen fluviatil abgelagerten Sedimenten eingeschnitten. Ähnlich wie am Dj. Chambi ist an der Basis ein lehmiger braunrötlicher Horizont mit einem Karbonathorizont im Liegenden entwickelt und sind weiter oberhalb mehrere humose Bodenhorizonte zu beobachten. Der Horizont (5) ist besonders kräftig ausgebildet, die anderen Humusanreicherungszonen können stellenweise auch fehlen. Die humosen Bodenhorizonte fanden sich auch in den Profilen 9 und 10 drei km weiter im Norden. Hier gehen diese Böden stellenweise seitlich ineinander über und lassen sich dann als ein Bodenhorizont weiter verfolgen.

4.2.2 Gebiet des O. Sarrath

Etwa in gleicher Breitenlage wie die Profile am O. El Hateb liegen die Aufschlüsse am O. Sarrath. Bei Profil 7 hat sich der O. Sarrath 17 m tief eingeschnitten. Über schräggestellten tertiären Horizonten folgen 1,5 m mächtige, durch Kalk zementierte Schotter und darüber Schluffe und Feinsande mit Schneckengehäusen (Probe 25 und 26, Tab. 13). Bei 14 m über dem Niedrigwasserbett ist ein dunkler Bodenhorizont eingeschaltet. Den Abschluß der Akkumulation bildet eine Schotterlage, die diskordant auf den lößartigen Sedimenten ruht und die sich über 500 m parallel zum heutigen Flußbett verfolgen läßt. Als Herkunftsgebiet der Schotter kommen die sich südlich anschließenden Konglomeratbänke des Gebirgsausläufers des Table de Jugurtha und ein älteres Niveau in Frage, dessen 2 m mächtige Schotterdecke etwa bei 25 m über dem O. Sarrath liegt [48]. Eine vergleichbare Sedimentabfolge zeigt Profil 8.

Im Unterschied zu den Profilen 7 und 8 stammt das Profil 6 aus dem Zentrum einer Depression im Oberlauf des O. Sarrath und ist daher fast ausschließlich aus Feinmaterial aufgebaut.

4.2.3 Aufschlüsse am O. Medjerda und am O. Miliane

Profil 3 am Talhang des Medjerda bei Bou Salem enthält zwei fossile in schluffigen Sedimenten ausgebildete Bodenhorizonte, einen Humusanreicherungshorizont bei 1,9 m und einen gelblichbraunen bröckeligen Lehmhorizont bei 2,5 m unter der Oberfläche.

Am Talhang des O. Miliane ist 20 km südlich von Tunis ein kräftig schwarz gefärbter Boden aufgeschlossen, der von 4 m mächtigen geschichteten Schluffen und Feinsanden, in den oberen Horizonten auch Kies- und Schotterlagen, diskordant überdeckt wird (Abb. 14). Die Decksedimente verfüllen 2 bis 3 m tiefe Tälchen, die in einer Erosionsphase nach der Bodenbildung entstanden sind (Profil 4, Fig. 36). In den tieferen Lagen der Profile 4 und 5 kommen hellbräunliche lehmige Horizonte mit prismatischer Struktur vor. Kalkknollen und bis zu 50 cm lange vertikale Kalkausscheidungen belegen eine starke Kalkmobilisierung und sind als Hinweise auf Bodenbildungsprozesse zu werten.

4.2.4 Gebiet von Ras El Djebel und Ghar El Melh

Die Profile 1 und 2 liegen unmittelbar an der Küste, etwa 45 km nördlich von Tunis. P. F. BUROLLET (1951, p. 54 f.) stellt die Entstehung des Küstengürtels in die Zeit des „Quaternaire moyen ou recent". Er erwähnt, daß pleistozäne Strandablagerungen etwas oberhalb der aktuellen Küste liegen und daß über diesen Ablagerungen Dünen folgen, die durch Nordwestwinde im Tyrrhen gebildet wurden; er weist auf rötliche, braune und graue Böden und starke Schuttanhäufungen in diesem Gebiet hin.

4.2.4.1 Das Profil 1 Ras El Djebel

Das rezente Kliff ist hier in äolischen Sedimenten und darunter liegenden schräg gestellten Ton-, Mergel- und Kalkbänken des Tertiärs entwickelt. Diese sind 4 m tief aufgeschlossen. Die äolischen Ablagerungen reichen bis in eine Höhe von 12 m über dem Meeresspiegel. Von oben nach unten lassen sich folgende Horizonte unterscheiden (Fig. 36):

(1)[49] 10 cm: humose graue Sande mit einer Grasdecke, an der Basis etwas kalkig verbacken
(2) 30 cm: gelblichrötliche Dünensande
(3) 10 cm: humose Dünensande mit Schneckengehäusen (Probe 42, Tab. 13)
(4) 25 cm: leicht durch Kalk verbackene Dünensande
(5) 125 cm: weiße Dünensande
(6) 2 cm: kalkverbackene Gänge (Wurzelgänge?)
(7) 40 cm: schwarzer Horizont mit fein verteiltem organischen Material (Probe 43, Tab. 14), Schneckengehäuse (Probe 43, Tab. 13), hoher Kalkgehalt
(8) 20 cm: hellgraue Sande mit Rostflecken
(9) 60 cm: steinhart durch Kalk zementierte Sande mit Bruchstücken von Schneckengehäusen, Eisen-Mangan-Bänder, durch Kalk zementierte Wurzel- oder Tiergänge an der Oberfläche des Horizontes, Abbrechen großer Blöcke
(10) 20 cm: hellgelblicher Dünensand mit Schneckengehäusen (Probe 36, Tab. 13), vertikale Kalkverbackungen
(11) 260 cm: Dünensande (Probe 41, Tab. 14) mit dünnen Lagen von Schneckengehäusen, stellenweise rostfleckig und etwas kalkverbacken
(12) 25 cm: dunkelgrauer bis graubräunlicher Horizont (Probe 39, Tab. 14) mit Schneckengehäusen (Probe 39, Tab. 13), fein verteiltes organisches Material, tonreich, geringerer Kalkgehalt als bei (7)
(13) 150 cm: Dünensande mit Schneckenschalen, untere 50 cm durch Kalk verbacken, Erosionsdiskordanz zu den liegenden tertiären Sedimenten

---

[48] Dieses Niveau und ein weiteres bei etwa 60 m über NW auslaufendes Niveau steigen nach Süden in Richtung auf den Table de Jugurtha an. Ältere Niveaus oberhalb der Hauptakkumulation wurden auch am Dj. Chambi und Dj. Mrhila festgestellt (H.-G. MOLLE und K.-U. BROSCHE, 1976).

[49] Vgl. die entsprechenden Nummern in Profil 1, Fig. 36.

Im Meeresspiegelniveau liegen Brandungsgerölle und abgebrochene Blöcke des Horizontes (9) auf einem ca. 40 m breiten Streifen parallel zur Küste; seit Bildung des Horizontes ist mit einem entsprechenden Betrag der Rückverlegung des Kliffs an dieser Stelle zu rechnen.

Stellenweise liegen die Dünensande nicht direkt auf den gekappten tertiären Sedimenten, sondern ein Horizont aus sehr gut gerundeten Geröllen, Kies und Sand ist zwischen die tertiären Sedimente und die Dünensande eingeschaltet. Zum Teil enthält dieser Horizont auch Blöcke, die aus bräunlich gefärbten, steinhart verfestigten Schichten aus Sand, Kies und kleinen Schottern bestehen. Dieser bei etwa 2,5 m über dem heutigen Meeresspiegel gelegene Horizont mit Brandungsgeröllen kennzeichnet einen Meeresspiegelstand vor Bildung der Dünensandablagerungen mit den eingeschalteten Böden. Ähnlich wie heute bestand vermutlich ein Kliff, an dem große Blöcke abbrachen und auf der Brandungsplattform liegenblieben.

Ein weiterer Beleg für einen alten hoch gelegenen Meeresspiegelstand fand sich im Bereich der langgestreckten kleinen Antiklinale aus pliozänem Sandstein, die sich im Mündungsgebiet des Medjerda in nordnordöstlicher Richtung bis nach Kalaat El Andalous erstreckt und eine Höhe von 20 bis 30 m über dem Meeresspiegel erreicht. 1 km vor Kalaat El Andalous ist an einem Wegeinschnitt ein Horizont aufgeschlossen, der sich aus sehr gut gerundeten Schottern, Kies und Sand von 50 cm Mächtigkeit zusammensetzt. In den oberen Lagen sind die Gehäuse von sechs verschiedenen marinen Muscheln und Korallenbruchstücke erhalten (Probe 53, Tab. 13). Drei der vier gefundenen Arca-Arten kommen auch im „Monastirien" an der tunesischen Ostküste vor (G. CASTANY u. a., 1956). Es handelt sich bei dem Horizont um einen alten Strandwall in ca. 18 m über dem Meeresspiegel.

Das „Monastirien" liegt an der tunesischen Ostküste bei Monastir infolge späterer Störungen und Deformationen bei 2 bis 5 bis maximal 32 m Meereshöhe (G. CASTANY, 1962). M. SOLIGNAC (1927, p. 493) nennt eine Höhe von 15 bis 20 m für das „Monastirien" der tunesischen Nordküste. Da im Gebiet von Kalaat El Andalous bis in historische Zeit hinein mit tektonischen Deformationen gerechnet werden muß (J. PIMIENTA, 1953), ist unsicher, ob für die 18-m-Strandlinie mit dem gleichen oder einem höheren Alter als für die 2,5-m-Strandlinie von Ras El Djebel zu rechnen ist.

Am Cap Serrat und am Cap Negro an der nordtunesischen Küste wurden Abrasionsfelssockel mit Auflagen von Brandungsgeröllen zwischen 2 bis 4 m Höhe festgestellt; diese werden im Falle des Cap Serrat von kalkverbackenen Dünensanden, im Falle des Cap Negro von Schwemmschuttmassen überlagert (K.-U. BROSCHE, H.-G. MOLLE und G. SCHULZ, 1976). An der Küste westlich von Cap Blanc liegt ein alter Strandhorizont über gekapptem Substrat bei etwa 3 m über dem Meeresspiegel; er wird von 2 bis 5 m mächtigen verfestigten und von darüber folgenden rezenten Dünen überdeckt (G. CASTANY, 1962, p. 257 f.). Vor Entstehung der Sediment- und Bodenabfolge von Ras El Djebel ist an der tunesischen Nordküste ein Meereshochstand bei 2 bis 4 m über dem heutigen Meeresspiegel anzunehmen.

Das Alter der 2- bis 4-m-Strandlinie ist unsicher. Zwei ^{14}C-Datierungen aus dem Profil von Ras El Djebel (Profil 1, Fig. 36) lassen ein höheres Alter als ca. 28 000 B. P. vermuten. K. W. BUTZER und J. CUERDA (1962) nehmen im südlichen Mallorca Hochstände bei +3,3 m (?), +2,6 bis 2,8 m und +0,5 m im Tyrrhen III an, das noch vor die Phase der letzten Regression gestellt wird. Die Transgressionsphase des „Ouljien" (+5/+8 m) wird von P. BIBERSON (1962, p. 198 ff.) an der Atlantikküste Marokkos in das Interstadial des Würm gestellt. Schließlich sei erwähnt, daß F. WIENICKE und U. RUST (1975) an der Küste Südwestafrikas einen eustatisch bedingten Innerwürm-Hochstand um ca. 26 000 B. P. annehmen.

Das Dünensandprofil von Ras El Djebel ist durch zwei deutlich ausgebildete fossile Böden charakterisiert. An der Basis des Bodenhorizontes (7) ist eine dünne Lage hellgrauer rostfleckiger Sande entwickelt, die als Bleichzone zu interpretieren ist. Ob die Entstehung des kalkzementierten Horizontes (9) auf diese Bodenbildungsphase zurückgeht oder ob es sich um eine ältere Phase der Kalkverkrustung handelt, auf der sich der spätere Boden entwickelte, ließ sich nicht feststellen.

Die oberhalb des Bodens gelegene Zone schwacher Humusanreicherung (3) enthält Süßwasserschnecken (Probe 42, Tab. 13), die auf zeitweise in den Dünengebieten existierende kleine Seen hindeuten. Die unterhalb des Horizontes (9) vorkommenden Schneckengehäuse gehören Gattungen an, die als typische Bewohner von Dünengebieten in Küstenregionen zu bezeichnen sind (Proben 36 bis 39, Tab. 13).

Während der Dünensand fast keinen Ton und nur wenig Schluff enthält, der aus Quarz, Calcit, etwas Feldspat und Illit besteht, sind die beiden Bodenhorizonte als sehr tonreich zu bezeichnen. In der Fraktion <2 µ kommen in den Böden vor allem Kaolinit und Illit, daneben auch Montmorillonit, vor (Proben 39, 43, Tab. 14). Ein in der Nähe von Profil 1 gelegenes braunrötliches lehmiges Bodenmaterial auf einer durch Kalk zementierten Düne ist durch einen geringen Quarzgehalt und ebenfalls durch das Auftreten von Kaolinit und vor allem Illit gekennzeichnet (Probe 49, Tab. 14). Im Unterschied zu den zentraltunesischen Böden und Sedimenten ist der Gehalt an Montmorillonit offenbar geringer. In den durchlässigen Quarzsanden war die Bildung von Montmorillonit wahrscheinlich stark behindert.

4.2.4.2 Das Profil 2 Ghar El Melh

Das Profil 2 liegt 10 km südöstlich von Profil 1 und reicht bis zu einer Höhe von 12 m über dem Meeresspiegel. Die Hänge des im Norden gelegenen Dj. ed Demina erstrecken sich bis nahe an die Küste. Der Djebel besitzt in Küstennähe eine Höhe von etwa 200 m. Er besteht aus pliozänen Kalksandsteinen. In dem direkt an der Küste aufgenommenen Profil lassen sich unterscheiden:

(1) 250 cm: helle Dünensande
(2) 8 cm: grauer humoser Dünensand
(3) 80 cm: Dünensand mit dünnen eingeschalteten Schotterbändern
(4) 40 cm: schwarzer Bodenhorizont, Schneckengehäuse wie in Horizont (7) von Profil 1, hellgrauer Bleichhorizont an der Basis
(5) 170 cm: vorwiegend kantengerundeter Schutt, oberste Lagen unter dem Horizont (4) leicht durch Kalk verfestigt
(6) 100 cm: Dünensande mit Linsen kantengerundeten Schutts
(7) 20 cm: humose dunkle Dünensande
(8) 180 cm: Dünensande mit Schneckengehäusen
(9) 40 cm: kantengerundeter Schutt
(10) 45 cm: brauner bis braunrötlicher sandig-lehmiger Horizont, oberste Lage: humos, kalkfrei, tonreich
(11) 4 cm: plattige Kalkablagerung
(12) 200 cm: kalkverbackene Dünensande mit einem Schuttband, Schneckengehäuse

Unter der Sedimentabfolge des Profils 2 folgen durch Kalk zementierte Dünensande, die unter den Meeresspiegel herabreichen und oft kleine, der Küste vorgelagerte Inseln bilden. Ähnliche Beobachtungen teilt F. MOSELEY (1965) aus dem Gebiet der östlichen libyschen Küste mit, wo fossile zementierte Dünen über 9 m hohe Kliffs bilden, unter die Meeresoberfläche herabreichen und zur Entstehung kleiner Inseln vor der Küste führten.

In Profil 2 sind wie in Profil 1 zwei Bodenbildungen zu unterscheiden. Nach seiner Ausbildung und seiner Position unter jungen, fast unverfestigten Dünensanden entspricht der Bodenhorizont (4) dem Horizont (7) in Profil 1. Unsicher ist, ob sich auch der Bodenhorizont (12) mit dem Horizont (10) in Profil 1 parallelisieren läßt oder ob es sich in Profil 2 um eine jüngere Bodenbildung handelt; in Profil 2 fehlt nämlich der steinhart zementierte Horizont (9), der im Profil 1 zwischen beiden Bodenhorizonten eingeschaltet ist.

In Profil 2 kommen Lagen kantengerundeten Schutts vor, der von den Hängen des Dj. ed Demina während des Aufbaus der Akkumulation eingespült wurde. Eine starke Phase solcher Schuttverlagerung lag vor Entstehung des oberen Bodenhorizontes (4), eine schwächere Phase nach der Bodenbildung (10). Infolge seiner größeren Entfernung vom Rand eines Gebirges fehlen in Profil 1 solche Schutthorizonte.

Hinweise auf Prozesse starker Schuttverlagerung finden sich auch 2 km östlich von Ghar El Melh. Hier ziehen vom Steilhang des Dj. ed Demina 9 m mächtige geschichtete Schuttlagen herab, die in Richtung auf den Lac de Ghar El Melh abtauchen (Fig. 38). Der Schutt ist in braunrötliches Feinmaterial eingebettet. Dieses Material bildet in 2,5 m Höhe über dem Seespiegel einen schuttfreien 30 cm mächtigen Horizont. Es besteht aus Quarz, Calcit, Dolomit, Feldspat, Kaolinit und Illit, in der Fraktion <2 μ auch aus Montmorillonit (Probe 50, Tab. 14).

Die in dem Feinmaterial liegenden Schneckengehäuse stammen von Gattungen, die in Wäldern und auf Schutthalden vorkommen (Probe 50, Tab. 13).

Westlich von Ghar El Melh tauchen die vom Djebel herabziehenden Schutt- und Schotterlagen unter das Niveau einer Feinmaterialakkumulation ab, die eine Höhe von mehreren Metern über dem Spiegel des Lac de Ghar El Melh erreicht und in die der O. Medjerda ca. 3 m tief eingeschnitten ist. Im Medjerda-Mündungsgebiet durchgeführte Bohrungen zeigen von oben nach unten folgende Abfolge: mehrere Meter fluviatile Schluffe, wenige Meter marine Schlickablagerungen und fluviatile Ablagerungen mit Schottern (J. PIMIENTA, 1953). Die beschriebenen Schutt- und Schotterablagerungen könnten daher auf ein tieferes als das gegenwärtige Meeresspiegelniveau eingestellt gewesen sein. Allerdings muß in diesem Gebiet, wie bereits oben erwähnt, mit jungen tektonischen Bewegungen gerechnet werden.

Die aus den verschiedenen Untersuchungsgebieten dargestellten Befunde zeigen, daß sich vom Dj. Chambi in Zentraltunesien bis nach Nordtunesien Belege für einen jüngeren Komplex dunkelgrauer bis schwärzlicher Bodenbildungen und einen älteren Komplex braunrötlicher Bodenbildungen finden lassen. Prozesse starker Morphodynamik im Gebirge und im Vorland mit der Bildung von Schwemmschuttfächern und Schotterablagerungen sind im Gebiet des Dj. Chambi vor eine solche Phase braunrötlicher Bodenbildung zu stellen; im Gebirge selbst ist noch eine jüngere Periode mit Schwemmschuttbildungen nach dieser Bodenbildungsphase zu beobachten.

Im Gebiet von Ghar El Melh lassen sich Schwemmschutt- und Schotterablagerungen bis nahe an den heutigen Meeresspiegel verfolgen; sie waren vielleicht auf einen tieferen als den gegenwärtigen Meeresspiegel eingestellt. Unmittelbar an der Küste stehen Schwemmschutt- und fossile Dünenablagerungen in enger Beziehung zueinander. Diese Ablagerungen sind älter als der jüngere Bodenkomplex und jünger als ein Meereshochstand bei +2 bis 4 m. Vor der weiteren Behandlung der Frage nach der Altersstellung der Böden und Sedimente werden zunächst Befunde aus dem südlichen Tunesien mitgeteilt.

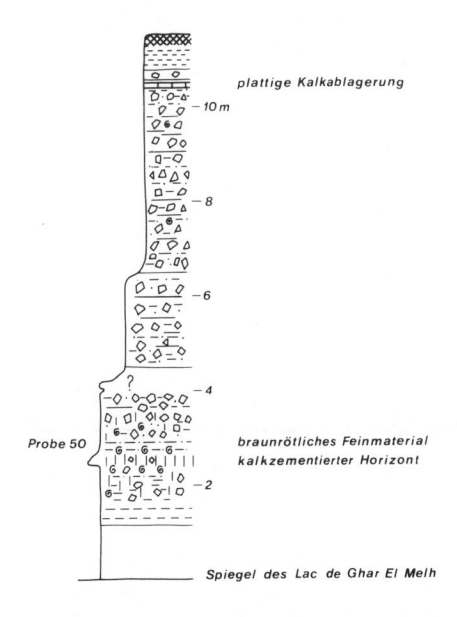

Fig. 38: Schwemmschuttablagerung bei Ghar El Melh

4.3 Vergleichende Untersuchungen in Gebieten Tunesiens südlich des Dj. Chambi

4.3.1 Gebiet des O. El Hogueff

Oberhalb des Durchbruches des O. El Hogueff durch den kleinen Dj. El Hogueff, etwa 30 km südlich des Dj. Chambi, wurde Profil 15 aufgenommen (Fig. 36). Das rezente Flußbett hat sich hier 3 m in eine Akkumulation und noch 1 m in den unterliegenden Felssockel eingeschnitten. Unter dem schwach entwickelten rezenten Boden folgen 160 cm schwarz gefärbte horizontal geschichtete humose Feinmaterialablagerungen (2) und eine 1 m mächtige Schotterlage (3). Der Horizont (2) ist an beiden Ufern des

O. El Hogueff und noch 800 m flußauf in einem kleinen Nebental verbreitet. Die horizontale Schichtung der Sedimente und das Vorkommen von Gehäusen von Süßwasserschnecken neben Gehäusen von Landschnecken (Probe 15, Tab. 13) weisen den Horizont als eine Ablagerung in einem langsam fließenden oder stagnierenden flachen Gewässer aus. Es handelt sich um abgetragenes Bodenmaterial, das in kleinen, zu dieser Zeit im Flußtal existierenden Seen sedimentiert wurde.

Die beschriebene Akkumulation ist diskordant an einen älteren Schotterkörper angelagert. Er erreicht eine Höhe von 12 m über dem Niedrigwasserbett und besteht aus Schottern in einer sandigen braunrötlichen Matrix. Auf der Oberfläche des Schotterkörpers sind Reste eines schwarzen 40 cm mächtigen Bodens verbreitet, der das Ausgangsmaterial der Bodensedimente im Flußtal gewesen sein könnte. Bei den Schneckengehäusen im Boden und im Bodensediment handelt es sich mit Ausnahme der oben erwähnten Süßwasserschnecken um die gleichen Arten.

Als Hinweis auf eine solche Bodenbildungsphase ist auch der 60 cm mächtige fossile Bodenhorizont zu werten, der in einem Nebental des O. El Hogueff an der Straße von Feriana nach Gafsa in lößartigen Sedimenten ausgebildet ist (Profil 16, Fig. 36).

800 m talaufwärts der beschriebenen Stillwasserablagerungen sind am nördlichen Talhang helle stark kalkhaltige horizontal geschichtete Feinmaterialsedimente verbreitet. Sie liegen in 6 m Höhe über dem Niedrigwasserbett und deuten auf eine ältere Phase der Seebildung im Tal des O. El Hogueff hin.

4.3.2 Das nördliche Vorland des Dj. Orbata

Östlich von Gafsa erstreckt sich der in Ost-West-Richtung streichende Dj. Orbota. Er erreicht eine Höhe von 1165 m und ist im Zentrum aus Kalksteinen der mittleren und oberen Kreide aufgebaut. Die im Norden des Gebirges gelegene Depression hat in einer Entfernung von 6 km vom Gebirgsrand eine Höhe von 370 m. Der relative Höhenunterschied beträgt daher etwa 800 m.

Die das Gebirge in nördlicher Richtung entwässernden Täler durchlaufen Gesteinseinheiten unterschiedlicher morphologischer Härte. Auf den Bereich der tief zerschluchteten Kreidekalke folgen nach Norden eine Zone schwärzlicher, grünlicher und roter Mergel und Tone tertiären Alters (Pont) und eine Zone mächtiger durch Kalk zementierter konglomeratischer Schotterlagen. Während die Flüsse in den Mergeln und Tonen weite Ausraumbereiche angelegt haben, bilden die Schotterlagen eine parallel zum Gebirgsrand verlaufende Härtlingsrippe. Sie trennt die Ausraumzone von dem Gebirgsvorland und wird von den Flüssen in tiefen Schluchten durchbrochen. Die Mergel- und Konglomeratbänke fallen mit 20° bis 30° zum Vorland ein, so daß sich die Heraushebung des Gebirges noch nach Ablagerung dieser Gesteine fortgesetzt haben muß.

Die 3 km breite Vorlandzone des Gebirges wird von Schotterkegeln eingenommen, die mit ihren Wurzeln auf die Austrittsstellen der Täler aus dem Gebirge eingestellt sind und die etwa 2° geneigt sind. Am Gebirgsrand liegen diese zum Teil über 15 m mächtigen Schotterkegel diskordant auf den gekappten Konglomeratbänken (Abb. 15). Die Täler sind hier 20 m tief, 3 km weiter unterhalb dagegen nur noch 3 bis 4 m tief eingeschnitten. Die rezenten Schotter werden bis in eine Entfernung von 3 km vom Gebirgsrand transportiert und hier in Form schmaler, die rezenten Flußbetten begleitender Wälle abgelagert, die älteren Feinmaterialsedimente überlagern (Abb. 16).

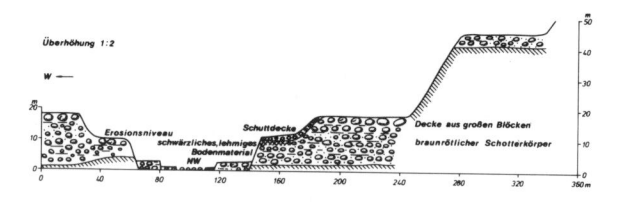

Fig. 39: Querprofil am Nordrand des Dj. Orbata

Das Querprofil in Fig. 39 wurde in der Ausraumzone der Mergel und Tone oberhalb der Härtlingsrippe aufgenommen. Außer älteren Niveaus, die im Bereich der Härtlingsrippe als Erosionsniveaus entwickelt sind, ist ein 15 m mächtiger braunrötlicher Schotterkörper zu erkennen. An seiner Oberfläche liegt eine Decke aus Geröllen und über 1 m großen kantengerundeten Blöcken. In die Akkumulation ist ein 6 bis 7 m tiefer gelegenes Erosionsniveau eingelassen, das von einer dünnen, von dem Schotterkörper herabziehenden Schuttdecke überlagert wird. Zwischen der Schuttdecke und dem Schotterkörper sind lokal Reste eines schwärzlichen lehmigen Bodenmaterials mit Schneckengehäusen und Holzkohlestückchen erhalten. Auf dem Erosionsniveau kommen zahlreiche Siedlungsreste in Form von Steinringen und Steinhaufen vor. Am Fuß des braunrötlichen Schotterkörpers ist eine 3 m mächtige Akkumulation aus Feinmaterial und Schottern verbreitet, die mit dem höheren Gelände über konkav gekrümmte Hänge verbunden ist.

Die mächtige Schotterakkumulation, das Erosionsniveau mit den Bodenresten, die hier zum Teil von einer 4 m mächtigen Schotterlage überdeckt werden, und die junge Akkumulation lassen sich bis in das Gebirgsvorland verfolgen. Die Abfolge der jüngeren Reliefstadien auf der Nordseite des Dj. Orbata entspricht der im Südostvorland des Dj. Chambi erarbeiteten Gliederung in eine Hauptakkumulation, ein in diese Akkumulation eingelassenes Erosionsniveau N_2 und eine Feinmaterialakkumulation. Wie im Falle der Hauptakkumulation, so sind auch in den braunrötlichen Schotterkörper am Dj. Orbata Feinmateriallinsen mit Kalkflecken und Kalkkonkretionen eingeschaltet. Der Anteil solcher lößartiger Sedimente nimmt flußabwärts zu.

Die Profile 17 und 18 liegen in einer Entfernung von 3 km vom Gebirgsrand (Fig. 36). In Profil 17 wird ein 30 cm mächtiger dunkelgrauer Bodenhorizont von lößartigen Sedimenten – diese enthalten eine aus den weiter nördlich gelegenen Profilen bekannte Schneckenfauna (Probe 9, Tab. 13) – und von einer 2 m mächtigen Schotterlage bedeckt. Der gleiche Bodenhorizont erscheint auch in Profil 18.

Noch nach der Bildung des Bodens und nach der Ablagerung der lößartigen Sedimente fand ein Schottertransport bis zu einer Entfernung von etwa 3 km vom Gebirgsrand statt. Die Oberfläche der Ablagerungen ist in flache, mehrere 100 m lange Mulden, in denen die Feinmaterialsedimente an der Oberfläche liegen und die ackerbaulich genutzt werden, und in 1 bis 2 m höher aufragende breite Schotterwälle gegliedert. In einer Entfernung von 5 km vom Gebirgsrand sind an der Oberfläche nur noch Feinmaterialablagerungen verbreitet.

Die bereits aus den oberen Partien der lößartigen Sedimente im Vorland des Dj. Chambi beschriebene Phase mit der Bildung humoser Böden scheint sich auch im Vorland des Dj. Orbata ausgewirkt zu haben. In beiden Gebieten ist außerdem eine jüngere kräftige Schotterverlagerung aus dem Gebirge nachweisbar. Im Unterschied zu den rezenten Schottern zeigen diese Schotter eine gelblichgraue Patina.

Vergleichbare geologische und geomorphologische Verhältnisse sind auch auf der Nordseite des Dj. Berda (926 m), 20 km nördlich des Dj. Orbata, anzutreffen. Hier ist im Gebiet des O. El Berda ein mächtiger, mit 1° in nordnordwestlicher Richtung abgedachter Schotterkegel zu beobachten (Abb. 17). Am Gebirgsrand ist der O. El Berda 25 bis 30 m tief in den Schotterkegel und in die unterliegenden tertiären Mergel eingeschnitten, in einer Entfernung von 2 bis 3 km vom Gebirgsrand ist er nur noch 2 bis 3 m tief.

Im Bereich der aus dem Dj. Berda kommenden Oueds liegt das Hauptablagerungsgebiet der rezenten Schotter in einer Entfernung von 2 bis 3 km vom Gebirgsrand, das abfließende Wasser gelangt bis in den Bereich der vegetationslosen Fläche des Chott El Guettar.

Auf dem Mantel des Schotterkegels ist ein älteres radial ausgebildetes Gewässernetz angelegt. Am Gebirgsrand bilden Rinnen dieses Gewässernetzes Hängetäler in 12 m Höhe über dem Flußbett des O. El Berda. Er hat die Rinnen von der Wasserzufuhr aus dem Gebirge abgeschnitten, so daß sie als fossil zu bezeichnen sind. Das Niveau dieser Rinnen entspricht dem Erosionsniveau in dem braunrötlichen Schotterkörper am Dj. Orbata.

Am Gebirgsrand sind konkav gekrümmte Hänge mit einer 3 m mächtigen Schuttdecke auf das Niveau des Schotterkegels eingestellt. An der Oberfläche der Schuttdecke ist eine 20 cm mächtige Kalkkruste entwickelt, darunter folgen 40 cm kalkverbackener Schutt und kaum verfestigte Schuttlagen. Der Schutt ist fluviatil eingeregelt. Der Grobmaterialtransport aus den höheren Teilen des Gebirges wurde durch eine Schuttzufuhr von den benachbarten Hängen verstärkt. Aus der Bildungszeit der Hauptakkumulation im Dj. Chambi wurden ähnliche Vorgänge beschrieben (4.1.1).

Die Befunde im Gebiet des Dj. Orbata sind mit den Untersuchungsergebnissen am Dj. Chambi vergleichbar. R. COQUE (1962, p. 390, Fig. 75) gibt einen Überblick über die morphologischen Verhältnisse auf der Südseite des Dj. Orbata. Er rechnet die hier zum Chott El Guettar abgedachten alluvialen Schotterkegel, die meiner Meinung nach mit den Schotterkegeln auf der Nordseite zu parallelisieren sind, der „basse terrasse" zu. Danach können die Schotter der Hauptakkumulation (N_1-Niveau) einschließlich der von mir beschriebenen jüngeren Sedimente vielleicht mit dem Glacis 1 und der „basse terrasse" von R. COQUE (1962, p. 422 f.) korreliert werden, die von ihm in einen Zeitraum um etwa 8400 bis 7600 B. P. gestellt wird. Dazu ist anzumerken, daß diese zeitliche Einstufung für die jüngeren Sedimente, wie z. B. für einen Teil der lößartigen Sedimente zutreffen dürfte, daß aber der Schotterkörper der Hauptakkumulation im Gebirge und in dessen unmittelbarer Randzone vermutlich in ein höheres würmzeitliches Alter gestellt werden muß (vgl H.-G. MOLLE und K.-U. BROSCHE, 1976).

4.3.3 Gebiet des O. El Leguene und des O. El Hallouf auf der Westseite des Matmata-Berglandes

Im Unterschied zu den ins Meer entwässernden Flüssen auf der Ostseite des Matmata-Berglandes ist das Flußsystem des O. El Hallouf (vgl. die Übersichtskarte von Tunesien) auf Endpfannenbereiche im Gebiet des O. Tarfa und des Chott Regoug ausgerichtet. Die rezenten Abkommen erreichen nicht mehr den O. Tarfa, sondern verlieren sich im Chott Regoug (R. COQUE, 1962, p. 318). Ein Querprofil (Fig. 40), das 7 km oberhalb der Mündung des O. El Leguene in den O. El Hallouf aufgenommen wurde, stellt die jüngeren Niveaus und Sedimente in der Umgebung des rezenten Flußbettes dar.

Am Rande des Oueds sind 4 m mächtige, durch Kalk zementierte, gut gerundete Schotter mit Linsen lößartiger Sedimente verbreitet. Die Akkumulation wird von einer 30 cm mächtigen, fast ausschließlich aus sekundärem Kalk bestehenden Kalkkruste nach oben abgeschlossen (Abb. 18). In Höhe des rezenten Flußbettes liegen die Schotter stellenweise auf rötlichgelben Sanden mit Kieslinsen und Kalkkonkretionen. Bei den folgenden Erosionsprozessen blieben Reste der Schotterakkumulation im Flußbett stehen.

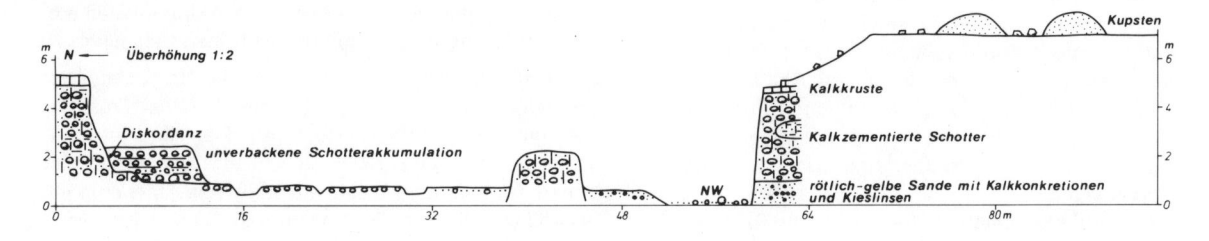

Fig. 40: Querprofil am O. El Leguene

Im Randbereich des Matmata-Berglandes wie z. B. am O. Ahmadi westlich von Tamezret besteht diese Akkumulation aus 8 m mächtigen, durch Kalk zementierten Geröllen und Blöcken mit Linsen lößartiger Sedimente in den oberen Lagen. Die Hänge im Gebiet von Tamezret bei etwa 500 m Höhe sind durch mächtige Lößschleppen verkleidet, die wie die Löße auf der Ostseite des Matmata-Berglandes (K.-U. BROSCHE und H.-G. MOLLE, 1975) durch braunrötliche bodenartige Horizonte von 40 cm Mächtigkeit gegliedert werden.

R. COQUE (1962, p. 314 ff.) erwähnt eine aus kalkverkrusteten abgerollten Schottern aufgebaute Terrasse aus dem Gebiet des O. El Hallouf bei Bir Soltane und aus dem Gebiet des O. Zmertène. Sie entspricht der Schotterakkumulation am O. El Leguene und wird von R. COQUE dem Post-Villafranchien zugeordnet.

Oberhalb der beschriebenen Schotterakkumulation am O. El Leguene schließen sich ausgedehnte Flächen an, die mit Kupsten, Flugsand und Kalkschutt bedeckt sind und die gegenwärtig starker äolischer Formung ausgesetzt sind. Die Schotterablagerungen reichen nicht bis auf diese Fläche hinauf, sondern sind in ihrer Verbreitung an die engere Umgebung des rezenten Flußbettes gebunden.

An die Schotterakkumulation ist eine lockere 1,5 m mächtige Akkumulation aus gut geschichteten Schottern, Sanden und Kiesen diskordant angelagert (Fig. 40). 7 bis 12 km oberhalb der Mündung des O. El Leguene in den O. El Hallouf wurde diese jüngere Akkumulation in Form 600 bis 800 m breiter alluvialer Kegel in der Ausraumzone der älteren Akkumulation abgelagert. Die rezenten Sand-, Kies- und Schottersedimente liegen in 40 bis 60 m breiten Rinnen, die in die alluvialen Kegel eingelassen sind.

An die ältere Akkumulation sind stellenweise auch Sedimente aus geschichtetem feinem Schutt und bräunlichem Feinmaterial angelagert. Sie enthalten fein verteilte Holzkohle und Schneckengehäuse (Probe 6, Tab. 13) und sind auf das Niveau der jüngeren Akkumulation eingestellt. Die zum Flußbett hin einfallende Schichtung zeigt, daß das Material von der älteren Akkumulation bzw. dem weiter oberhalb liegenden Gelände abgetragen und in das Flußbett gespült wurde. Nach der Korngröße und Färbung des Materials könnte es sich um Abtragungsprodukte eines Bodenhorizontes handeln, der auf der älteren Akkumulation und in der Umgebung des Flußbettes entwickelt war.

Die über weite Strecken von Flugsand bedeckten Akkumulationen lassen sich bis zur Mündung in den O. El Hallouf verfolgen und sind an diesem Oued auch unterhalb der Mündung des O. El Leguene zu beobachten. Am Nordufer des 450 m breiten Schotter, Kies und Sand führenden Hallouf erreicht die jüngere Akkumulation eine Höhe von 2 m, die ältere Akkumulation eine Höhe von 7 m über dem Niedrigwasserbett. Bei 25 bis 30 m erstreckt sich eine in Kalken und Mergeln angelegte Kappungsfläche.

10 km weiter unterhalb, südöstlich von Bir Rhézène, werden Kies- und Schotterablagerungen im rezenten Flußbett des Hallouf seltener. In 3 m Höhe über dem Niedrigwasserbett breitet sich über geschichteten Ton-, Schluff- und Feinsandablagerungen (Abb. 19) eine horizontale 800 bis 1500 m breite Fläche aus. Sie ist mit Kupsten und 3 bis 4 m hohen Dünen besetzt. Am südlichen Ufer überlagern die Feinmaterialsedimente durch Kalk zementierte 1,5 m mächtige Schotterhorizonte, die auf kalkfleckigen rötlichgelben Sanden mit feinverteiltem Gips ruhen. Oberhalb der Feinmaterialakkumulation sind Schotterflächen bei 6 m über dem Niedrigwasserbett verbreitet.

15 km weiter flußabwärts, nördlich des O. Tarfa, wurden vergleichbare morphologische und sedimentologische Verhältnisse angetroffen. Die Datierung eines Holzkohlebandes, das in Dünensanden 2 m oberhalb der Feinmaterialakkumulation lag, ergab ein rezentes ^{14}C-Alter (Hv. 7533, Tab. 15).

Die kalkzementierten Schotterlagen sind bis in das Gebiet des O. Tarfa zu verfolgen und sind als Reste der älteren Akkumulation zu deuten. Ihre Ablagerungen treten daher in einem Gebiet auf, in dem gegenwärtig keine Schotter mehr transportiert werden. Eine Entwässerung bis in ein über das Chott Regoug hinausgehendes Gebiet scheint zur Zeit der älteren Schotterakkumulation vorstellbar.

Die ausgedehnten Feinmaterialablagerungen der Endpfannenbereiche sind wahrscheinlich mit der jüngeren Akkumulation des O. El. Leguene zu korrelieren. Die feinkörnigen Abspülungsprodukte der Löße, der lößartigen Sedimente und der älteren Bodenhorizonte wurden bis in den Bereich des Chott Regoug und des O. Tarfa transportiert und hier als Stillwasserabsätze sedimentiert. Reste eines braunrötlichen sandig-lehmigen Bodenmaterials wurden an mehreren Stellen auf den Altflächen in der Umgebung der rezenten Flußbetten beobachtet.

Die Gliederung der jüngeren Formungsphasen auf der Westseite des Matmata-Berglandes entspricht weitgehend den Untersuchungsergebnissen auf der Ostseite (K.-U. BROSCHE und H.-G. MOLLE, 1975), obwohl im ersten Fall eine endorheische, im zweiten Fall dagegen exorheische Entwässerung erfolgte. Nach Lage, Aufbau und stratigraphischer Stellung entspricht die ältere Akkumulation auf der West- der „Hauptakkumulation" auf der Ostseite des Berglandes. Die jüngere Akkumulation des O. El Leguene und O. Hallouf dürfte mit der „Jüngeren Akkumulation" im östlichen Matmata-Vorland zu parallelisieren sein, obwohl dabei anzumerken ist, daß der Anteil an Grobmaterial in der zuerst genannten Akkumulation in Gebirgsnähe größer ist als in den entsprechenden Sedimenten auf der Ostseite; hier tritt gröberes Material nur gelegentlich an der Basis der Akkumulation auf. Eine Erklärung dieser Differenz ist bisher nicht möglich.

Die Untersuchungsergebnisse sind darüber hinaus mit Befunden von R. W. HEY (1962) im libyschen Tripolitanien gut vergleichbar, das sich östlich an das südtunesische Untersuchungsgebiet anschließt. Am Boden der Oueds ist hier eine mächtige Serie von Ablagerungen entwickelt, die zum Teil aus geschichtetem Kies, zum größten Teil aber aus ungeschichteten Schottern und Blöcken in einer tonigen Matrix bestehen und mehr oder weniger durch Kalk zementiert sind. Nach eingelagerten mittelpaläolithischen Werkzeugen nimmt R. W. HEY ein spätpleistozänes Alter der Ablagerungen an. Sowohl in bezug auf ihren Aufbau als auch ihre Altersstellung entsprechen sie der Hauptakkumulation bzw. der älteren Akkumulation im Vorland des Matmata-Berglandes. Das Plateau östlich von Garian in Tripolitanien wird zum Teil von „Plateau Silts" überdeckt, die ungeschichtet und weitgehend unzementiert sind und wahrscheinlich äolisch abgelagert wurden; sie sind vermutlich jünger als die zementierten Ablagerungen. Aus einer Umverteilung der Schluffe ist in den Oueds eine höhere Terrasse nach einer Phase der Erosion der zementierten Ablagerungen entstanden. Die „Plateau Silts" dürften den Lößen von Matmata entsprechen, die höhere Terrasse der jüngeren Akkumulation im Vorland des Matmata-Berglandes. Für die Entstehung der „Plateau Silts" nimmt R. W. HEY (1962) ein trockenes Klima (südliche Winde?), für die Bildung der höheren Terrasse häufige, nicht sehr starke Regenfälle bei feuchteren Klimaverhältnissen als gegenwärtig an. Ähnlich wurde von uns (K.-U. BROSCHE und H.-G. MOLLE, 1975) während der Bildungszeit der jüngeren Akkumulation eine gleichmäßige Niederschlagsverteilung vermutet.

Auch im algerischen Bereich nordwestlich des südtunesischen Untersuchungsgebietes gibt es Hinweise auf Korrelationsmöglichkeiten. P. ROGNON (1976, p. 267) erwähnt eine Arbeit von J. L. BALLAIS (1974), der im Süden des Gebirges von Aures Schluffablagerungen mit einer Capsien-Kultur fand, die in eine feuchtere Zeit nach 9280 und vor 7500 B. P. zu stellen sind und daher etwa mit der jüngeren Akkumulation in Südtunesien um 9000 bis 7000 B. P. parallelisiert werden können.

4.4 Die Frage der zeitlichen und klimatischen Stellung der morphodynamischen Aktivitäts- und der Bodenbildungsphasen in den tunesischen Untersuchungsgebieten

Die in den verschiedenen Gebieten Tunesiens aufgenommenen Profile, die in den vorangehenden Kapiteln dargestellt und interpretiert wurden, sind in Fig. 36 zusammengestellt. Mit Ausnahme von Profil 7, dessen Basis in 6,5 m Höhe über dem Niedrigwasserbett liegt, und der Profile 1 und 2, die in Höhe des Meeresspiegels einsetzen, sind alle anderen Profile auf das Niedrigwasserbett des jeweiligen Flusses bezogen. Die Höhenlage der Horizonte in den Profilen ist daher von der Einschneidungstiefe der Flüsse abhängig.

Mit Ausnahme der beiden ersten Profile liegen die anderen Profile in bzw. am Rande von Depressionen. In der Nähe von Gebirgen aufgenommene Profile (7, 8, 12 bis 14, 17, 18) zeigen in ihrem Aufbau eine Beteiligung von Grobmaterialsedimenten; bei gebirgsferner Lage kommen fast ausschließlich Feinmaterialsedimente vor (3, 6, 11). Bei den hier vorherrschenden Akkumulationsprozessen blieben die Bodenhorizonte erhalten. Die in den Profilen 3 bis 18 auftretenden Böden bildeten sich auf vergleichbarem Ausgangsmaterial, nämlich fluviatil abgelagerten kalkhaltigen, lößartigen Sedimenten; in den Profilen 1 und 2 herrschen Dünensande vor.

Die lößartigen Sedimente am Dj. Orbata, Dj. Chambi, O. El Hateb und O. Sarrath weisen eine ähnliche Molluskenfauna auf, die in den Dünensanden von Ras El Djebel und Ghar El Melh vorkommenden Arten sind als typische Bewohner von Küstendünengebieten zu bezeichnen. Wiederum andere Arten treten im Bereich der Geröll- und Schutthalden an den Rändern der Gebirge auf (Tab. 13).

4.4.1 Die graubraunen bis schwarzbraunen Böden und die jüngeren Formungsphasen

In den oberen und mittleren Partien der Profile (Fig. 36) kommen graubraune bis schwarzbraune Böden vor. In den meisten Profilen sind ein kräftig ausgebildeter humoser Boden und mehrere schwache Humusanreicherungszonen zu unterscheiden. Abtragungsvorgänge an der Oberfläche der Bodenhorizonte und Prozesse der Rinnenbildung (Profile 4, 12) haben die Sedimentationsvorgänge unterbrochen. Die verschiedenen Horizonte der Profile, die in ein und demselben Flußgebiet aufgenommen wurden, lassen sich gut miteinander in Beziehung setzen. Die Korrelation der Bodenhorizonte zwischen den einzelnen Untersuchungsgebieten in Fig. 36 besitzt hypothetischen Charakter und wurde an mehreren Stellen mit Hilfe von ^{14}C-Datierungen überprüft.

Aus dem Gebiet zwischen Gafsa und Maktar liegen drei Datierungen vor. Holzkohle an der Oberfläche des fossilen Bodens im nördlichen Vorland des Dj. Orbata ergab ein ^{14}C-Alter von 4730±60 B. P. (Hv. 7531, Profil 18, Tab. 15). Am O. El Hogueff wurde das Material eines heute noch in Resten erhaltenen Bodens abgetragen und in einem kleinen See im Talgrund des Hogueff sedimentiert. Holzkohle aus dem Bodensediment besitzt ein ^{14}C-Alter von 4795±115 B. P. (Hv. 7532, Profil 15). Eine Humusdatierung des Bodenhorizontes am O. El Hateb erbrachte ein ^{14}C-Alter von 6045±135 B. P. (Hv. 7551, Profil 11). Die für den zentraltunesischen Bereich zwischen Gafsa und Maktar durchgeführte Korrelation der oberen Bodenhorizonte wird durch diese Datierungen offenbar bestätigt.

Die Datierung einer Humusprobe des Bodenhorizontes (7) an der nordtunesischen Küste (Hv. 7552, Profil 1) brachte aufgrund zu geringer Materialmenge kein Ergebnis und soll wiederholt werden. Für die Richtigkeit der hypothetisch bis in den nordtunesischen Bereich durchgeführten Korrelation scheint immerhin eine Holzkohledatierung von 4720±95 B. P. (Hv. 6604) zu sprechen, die an dem Material eines fossilen Bodenhorizontes im Mündungsgebiet des O. Ez Zouara nordöstlich von Tabarka durchgeführt wurde (K.-U. BROSCHE, H.-G. MOLLE und G. SCHULZ, 1976). Der fossile Boden ist hier, ähnlich wie bei Ras El Djebel, unter 2 m mächtigen Dünensanden mit einer eingeschalteten schwachen Humusanreicherungszone begraben.

Nach den bisher vorliegenden Datierungen ist eine Bildungsphase graubrauner bis schwarzbrauner Böden in der Zeit um 4700 bis 6000 B. P. anzunehmen. In diesen

Zeitraum fällt auch eine von R. COQUE (1962, p. 418) erwähnte Datierung aus dem Neolithikum Südtunesiens von 5000±150 B. P. Die Seebildungen am O. El Hogueff und an der Küste bei Ras El Djebel dürften ebenfalls etwa in diesen Zeitraum bzw. in einen nicht sehr viel späteren Zeitabschnitt zu stellen sein.

Die klimatische Stellung dieser Bodenbildungsphase ist problematisch. Im Vergleich zu dem kräftig ausgebildeten fossilen Boden ist der rezente Boden in den untersuchten Profilen nur schwach entwickelt. Im Gebiet des O. El Hogueff ist gegenwärtig mit einem Jahresniederschlag von 100 bis 200 mm (Gafsa: 156 mm), im nördlichen Vorland des Dj. Orbata mit einem Niederschlag von 200 bis 300 mm, im Dj. Orbata selbst von 300 bis 400 mm zu rechnen. Die beschriebene Bodenbildung läßt sich südlich von Gafsa nur noch selten beobachten. Dunkle tirsartige Böden sind heute bei Niederschlägen von 500 bis 700 mm und mehr auf den tonreichen Sedimenten der Flußtäler und Depressionen Nordtunesiens als Oberflächenböden weit verbreitet.

Unter der Voraussetzung, daß sich die fossilen und rezenten Bodenbildungen vergleichen lassen, ist daher im Gebiet von Gafsa zur Zeit der Bodenbildungsphase um 4700 bis 6000 B. P. vielleicht ein 200 bis 300 mm höherer Niederschlag als gegenwärtig zu vermuten. Zu bedenken ist allerdings, daß eventuell auch eine geringe Niederschlagserhöhung in den Gebirgen zu einer günstigeren Wasserversorgung in den Vorländern und Depressionen und damit zu einer intensiveren Verwitterung und Bodenbildung geführt haben kann. So nimmt H. N. LE HOUEROU (1960) bei einem Ariderwerden des Klimas eine Beschränkung der Bodenbildung auf die besser mit Wasser versorgten Depressionen an.

Ferner ist zu berücksichtigen, daß Ausgangssedimente wie die lößartigen Sedimente in Tunesien, die viel Montmorillonit enthalten, offenbar besonders günstig für die Bildung tirsartiger Böden sind; das haben auch Befunde von U. SCHOEN (1969) in Marokko gezeigt.

Ob in dem Zeitraum um 4700 bis 6000 B. P. mit feuchteren Klimaverhältnissen in den weiter südlich gelegenen Gebieten Tunesiens gerechnet werden muß, ist unsicher. P. BELLAIR und A. JAUZEIN (1952) beschreiben aus dem schon in Algerien liegenden Gebiet um Sif-Fathima in der Grand Erg Oriental – etwa 250 km weiter südlich als das südtunesische Untersuchungsgebiet – 2 m mächtige lakustre Ablagerungen mit einem unterlagernden Bodenhorizont aus 50 cm mächtigen schwärzlichen Sanden aus der Zeit der neolithischen Besiedlungsepoche. Vielleicht sind diese Horizonte dem genannten Zeitraum, vielleicht sind sie aber auch der Phase der jüngeren Akkumulation in Südtunesien um 9000 bis 7000 B. P. zuzuordnen.

Nach der Bodenbildungsphase um 4700 bis 6000 B. P. und nach lokal zu beobachtenden Erosionsprozessen zeigen die Profile in der Nähe der Gebirgsränder Ablagerungen von Schottersedimenten. Es war eine Zeit kräftiger Abflußvorgänge in den Oueds mit einer Schotterverlagerung bis 2 bis 3 km in die Vorländer der Gebirge. In den zentralen Teilen der Depressionen kommt es zur Ablagerung von Feinmaterialsedimenten, in der Küstenregion zur Ablagerung von Dünensedimenten.

Nach dem Abschluß der Sedimentationsprozesse folgt in den Vorländern der Gebirge und in den Depressionen eine Phase linearer Zerschneidung, die durch die Ablagerung einer geringmächtigen Feinmaterialakkumulation entlang der Flußtäler unterbrochen wird. Solche jungen im Vorland des Dj. Chambi und Dj. Mrhila in eine Zeit um 1000 bis 2000 B. P. zu stellenden Sedimente finden sich im östlichen, sehr selten auch im westlichen Matmata-Vorland, im Randbereich des Dj. Orbata und Dj. Berda, im O. Sarrath und entlang der nordtunesischen Oueds. In Gebirgsnähe und im Gebirge ist am Aufbau dieser Akkumulation auch Grobmaterial beteiligt. Die Abspülungsintensität nahm gebirgseinwärts offenbar zu.

4.4.2 Die älteren Bodenbildungs- und Formungsphasen

4.4.2.1 Die braunrötlichen Bodenhorizonte

In mehreren der in Fig. 36 dargestellten Profile sind in den unteren Lagen braunrötliche lehmige Bodenhorizonte zu erkennen, die manchmal ein prismatisches Gefüge besitzen. Für diese Böden ist eine starke Kalkakkumulation in den liegenden Horizonten typisch. Der Kalkgehalt des Bodenmaterials selbst ist meist schwächer als in dem jüngeren Bodenkomplex. Da sich die braunrötlichen Böden in gleicher topographischer Position und auf dem gleichen Ausgangsmaterial entwickelten wie die jüngeren Böden, wurden sie vielleicht unter anderen klimatischen Verhältnissen gebildet als diese.

Braunrötliche Bodenhorizonte wurden auch in den Lößen auf der Ost- und Westseite des Matmata-Berglandes beobachtet. Die Bodenbildungen entsprechen dem „Mediterranboden" bzw. den „Kalkbraunerden" K. BRUNNACKERs (1973) in den Profilen von El Kef und Matmata. K. BRUNNACKER (1973) stellt diese Böden in den höheren Teil der letzten Kaltzeit und in das Spätglazial. Da die lößartigen Sedimente seit etwa 30 000 B. P. abgelagert worden sein können, ist ein höheres Alter der Bodenhorizonte an der Basis der Profile in Fig. 36 wenig wahrscheinlich.

Im Profil 1, Ras El Djebel, ist ein schwarzer Bodenhorizont (7), der vielleicht in die Bodenbildungsphase um 4700 bis 6000 B. P. gehört, von einem tiefer gelegenen graubraunen Boden (12) durch einen kalkzementierten Horizont (9) und Dünensande (11) getrennt. Eine Datierung von Schneckenschalen aus dem Boden (12) ergab ein ^{14}C-Alter von 27 900±1380 B. P. (Hv. 7554), eine Datierung von Schneckenschalen eines 2,7 m höher liegenden Horizontes aus Dünensanden erbrachte einen Wert von 23 750±865 B. P. (Hv. 7555). Im Gegensatz zu diesen beiden Datierungen steht eine Humusdatierung aus dem Boden (12) von 2320±840 (Hv. 7553). Da für diese Datierung sehr wenig Material zur Verfügung stand und sie außerdem den morphologischen Befunden (vgl. 4.2.4) widerspricht, sollen weitere Datierungen dieses Horizontes und des oberen Bodenhorizontes (7) durchgeführt werden.

Die beiden Datierungen Hv. 7554 und Hv. 7555 stehen in enger zeitlicher Nachbarschaft zu zwei Kalkkrustendatierungen des N_1-Niveaus (Hv. 5402: 21 385±235 B. P., Hv. 6602: 25 600±490 B. P., H.-G. MOLLE und K.-U. BROSCHE, 1976). Für die Entstehung dieser Kalkkrusten ist möglicherweise eine Bodenbildungsphase anzunehmen. Unsicher bleibt bisher, ob der graubraune Boden (12) in Profil 1 mit einem der braunrötlichen Böden in den anderen Profilen parallelisiert werden kann. Unsicher ist auch eine Korrelation dieses Bodens mit dem braunrötlichen Bodenhorizont (10) in Profil 2.

Die Datierungen von Kalkkrusten auf der Hauptakkumulation und die Datierung Hv. 7554 könnten immerhin auf eine Zunahme der Bodenbildungsintensität in der Zeit zwischen 28 000 und 21 000 B. P. bzw. in Abschnitten dieses Zeitintervalles hinweisen. Die in den lößartigen Sedimenten beobachteten braunrötlichen Bodenhorizonte sind aber vielleicht teilweise auch in jüngere Zeitabschnitte zu stellen, da an verschiedenen Lokalitäten mehrere solche Horizonte in geringem vertikalen Abstand übereinander gefunden wurden.

Braunrötliche Bodenhorizonte mit einer Kalkakkumulation in den liegenden Horizonten sind bis in die Lößzone des Matmata-Berglandes in Südtunesien mit einem Niederschlag von 200 bis 300 mm festzustellen. Da an der Oberfläche der Löße rezent keine vergleichbare Bodenbildung auftritt, ist während der Bildung dieser Böden vielleicht mit Phasen verstärkter Niederschlagstätigkeit bis in den südtunesischen Raum zu rechnen. Nach Untersuchungen von G. BEAUDET u. a. (1967) an braunen und kastanienfarbenen Böden im nordöstlichen Marokko ist die gegenwärtige Feuchtigkeit zu gering für die Bildung solcher Böden; die Mehrheit der Böden soll in feuchtere Paläoklimate zu stellen sein. Nach M. LAMOUROUX (1967) sollen die Prozesse, die zur Bildung der roten mediterranen Böden führten, bei einem Niederschlag von 400 bis 600 bis 1400 mm und einer Mitteltemperatur von 10° bis 22° C aktuell zu beobachten sein; dieser Niederschlagsbereich liegt weit über dem gegenwärtigen Jahresniederschlag im Matmata-Bergland und auch oberhalb des Wertes von 400 bis 600 mm für das Vorland des Dj. Chambi in Zentraltunesien. Auch A. RUELLAN (1969) nimmt für die Perioden der Pedogenese in Marokko ein etwas niederschlagsreicheres Klima als gegenwärtig an und meint, daß die Auswirkungen dieser Perioden nur in den heute trockensten Regionen zu beobachten sind.

Nach den vorangehenden Ausführungen scheint eine Niederschlagserhöhung, die sich bis in das südliche Tunesien auswirkte, zur Zeit der braunrötlichen fossilen Böden möglich. Allerdings sei angemerkt, daß z. B. H. N. LE HOUEROU (1960) eine Kalkmobilisierung und -verlagerung, wie sie bei diesen Böden zu beobachten ist, auch noch bei Niederschlägen unter 100 mm für möglich hält, wenn dabei eine Wasserzufuhr aus der Umgebung stattfindet. Mit einer solchen Wasserzufuhr aus den Gebirgsbereichen ist in den tunesischen Untersuchungsgebieten in jedem Falle zu rechnen. Die Frage bleibt, ob diese klimatischen Verhältnisse auch für die Prozesse der Rubefaktion und der Tonbildung in den fossilen Böden ausreichend gewesen sein können. Die klimatische Stellung der braunrötlichen Bodenhorizonte bleibt bisher problematisch.

Da die Entwicklung der braunrötlichen Böden mit einer kräftigen Kalkverlagerung und -akkumulation in den liegenden Horizonten verbunden war, stellt sich die Frage, ob die Kalkkruste auf der Hauptakkumulation und die Kalkzementierung der oberen Schotterlagen dieser Akkumulation nicht ebenfalls auf solche Bodenbildungsprozesse zurückgeführt werden müssen.

Hinweise auf eine Kalkzementierung der obersten Lagen einer Schotterakkumulation in Zusammenhang mit einem dunkelbraunen Boden fanden sich auf einer 35 m hohen Terrasse 14 km südöstlich von Bou Salem (Abb. 20). B. BASTIN u. a. (1975) verbinden mit der Bildung einer Kalkkruste auf Ablagerungen geschichteten Schutts („grèzes litées") eine Phase der Hangstabilität und Pedogenese. Ähnliche Vorstellungen entwickelten z. B. F. MOSELEY, 1965; L. H. GILE u. a., 1966; G. BEAUDET u. a., 1967; H. ROHDENBURG und U. SABELBERG, 1973. G. E. WILLIAMS (1973) beschreibt aus dem Gebiet von Biskra in Algerien (westlich von Zentraltunesien) Quellsinter und Kalkkrusten, die auf Grundwassereinflüsse bzw. pedogene Prozesse zurückzuführen sind und die in und auf Schwemmfächerablagerungen wahrscheinlich würmzeitlichen Alters vorkommen; er vermutet zwei Intervalle verstärkter Humidität und hoher Wasserstände während dieser Phasen der Kalkanreicherung am Ende des Pleistozäns.

4.4.2.2 Die Schutt- und Schottersedimente

Unter der Voraussetzung, daß die Kalkzementierung der Schotter der Hauptakkumulation durch Bodenbildungsprozesse verursacht wurde, läßt sich im Gebiet des Dj. Chambi eine Phase der Bodenbildung und Hangstabilität zwischen zwei Perioden der Schwemmschuttbildung ausgliedern. Die vorangehende Phase der Schwemmschuttbildung steht in Beziehung zu den Ablagerungen der Hauptakkumulation, kennzeichnet daher eine Phase morphodynamischer Aktivität im Gebirge und im Vorland. Die Phase der Schwemmschuttbildung nach der Bodenbildung führte dagegen nicht zur Entstehung einer Schotterakkumulation in den Tälern.

Im nordtunesischen Küstengebiet bei Ghar El Melh wurden Schwemmschuttsedimente beobachtet, die älter als die Bodenbildungsphase um 4700 bis 6000 B. P. und jünger als ein Meeresspiegelhochstand von +2 bis 4 m (letzteiszeitliches Interstadial?) sind; diese Sedimente könnten zur Zeit eines im Vergleich zu heute niedrigeren Meeresspiegelstandes gebildet worden sein; sie stehen in enger Beziehung zu Dünensedimenten des Küstenbereiches.

Der Hauptakkumulation des Dj. Chambi vergleichbare Sedimente wurden auf der Ost- und Westseite des Matmata-Berglandes, am Dj. Orbata und Dj. Berda, am O. El Hogueff und am O. Sarrath festgestellt. Ebenso wie den Bodenbildungsphasen, so scheint auch den Phasen verstärkter morphodynamischeer Aktivität eine überregionale Bedeutung zuzukommen.

Es stellt sich die Frage nach der klimatischen Stellung der Schutt- und Schottersedimente. Die Beobachtungen im Dj. Chambi deuten auf eine Bildung der Schwemmschuttablagerungen unter kaltzeitlichen Klimabedingungen hin, in denen es zu einer starken mechanischen Gesteinsaufbereitung, zu Solifluktionsvorgängen und zur Bildung von Nivationsnischen in den höheren Gebirgsregionen kam. Der Übergang der Schwemmschuttlagen in den Schotterkörper der Hauptakkumulation läßt vermuten, daß zeitweise torrentenartige Abflußvorgänge für einen Schottertransport bis weit in das Gebirgsvorland sorgten. Sie könnten durch Starkregen, in den höheren Gebirgen vielleicht auch durch plötzlich einsetzende Prozesse der Schneeschmelze verursacht worden sein. In den Vorländern des Matmata-Berglandes ging der Schottertransport dabei über größere Entfernungen als gegenwärtig, was auf eine relativ hohe Intensität der Abflußereignisse bis in das südliche Tunesien schließen läßt. Im nordtunesischen Küstengebiet ist in dieser Zeit wahrscheinlich mit Dünenbildungen zu rechnen.

Eine Phase der Schotterverlagerung ist in den Gebirgsrandbereichen auch noch nach der Bodenbildungsphase um 6000 bis 4700 B. P. zu beobachten; ob als Ursache klimatische oder anthropogene Einflüsse heranzuziehen sind, ist unsicher.

Die Ergebnisse sind mit Befunden aus anderen Regionen Tunesiens vergleichbar und lassen auch dadurch ihre überregionale Bedeutung erkennen. J. DRESCH u. a. (1960) beschreiben geschichtete Schuttablagerungen („grèzes") vom Osthang des Dj. Serdj nordöstlich des Dj. Chambi. Sie sollen ab 700 m Höhe dominierend sein und bei günstigen Bedingungen auch tiefer hinabreichen; Solifluktionsablagerungen und Nivationsnischen kommen in enger Nachbarschaft dieser Sedimente vor. Die Schuttsedimente sind meist durch Kalk verfestigt (R. RAYNAL, 1965). Während dieser Autor ein mindestens mittelquartäres Alter der Sedimente annimmt, da sie sich hangab mit den Ablagerungen eines alten Glacis verbinden, korrespondieren sie nach J. DRESCH u. a. (1960) mit dem „Tensiftien" (Riß) und „Soltanien" (Würm) von Marokko[50].

Zwischen Kairouan und Ousseltia sollen die Schuttsedimente bis 350 m, im Dj. Abiod östlich von Tabarka bis 300 m herabreichen (J. DRESCH u. a., 1960). Nach J. GUILLIEN und A. RONDEAU (1966) reichen diese Ablagerungen in Nordtunesien, worauf auch unsere Beobachtungen hinweisen, bis ans Meer. Die genannten Autoren werten die geschichteten würmzeitlichen Schuttablagerungen als Indiz für ein kühles und trockenes Klima; am Dj. Abiod werden die Ablagerungen von schwärzlichen Schluffen mit Lagen abgerollter Schotter überdeckt. Diese Horizonte werden mit der Formation des holozänen „Rharbien" von Marokko parallelisiert. Hier scheinen ähnliche Verhältnisse wie bei Ghar El Melh zu bestehen, wo der vermutlich in die Zeit um 4700 bis 6000 B. P. gehörige Boden ältere Schutt- und Dünensedimente überlagert.

Aufgrund seiner Untersuchungen in Gebirgsregionen Nordwesttunesiens nimmt R. H. G. BOS (1971) im Spätglazial Phasen mit niedrigen Temperaturen und ohne Anstieg der Niederschläge an. Es sind Perioden mit einer geringen Entwicklung der Vegetations- und Bodendecke, mit einer extensiven Hangentwicklung (Bildung von „glacis d'érosion") und mit einer Abtragung der alten Verwitterungsdecken. Die kalten Phasen werden von BOS als geomorphologisch aktive Perioden bezeichnet, in denen es zu Prozessen der flächenhaften Massenbewegung und zur Bildung von Frostschutt kam; die Degradierung der Pflanzendecke in dieser Zeit ist durch Pollenanalysen belegt. Die groben detritischen Ablagerungen des Spätpleistozäns in Nordtunesien, die vielleicht mit der Hauptakkumulation zu korrelieren sind, werden nach BOS (1971) von holozänem Kolluvium sandig-toniger Textur bedeckt.

Die tonigen Lagen und das Vorkommen eines braunen Waldbodens deuten seiner Meinung nach auf intensive chemische Verwitterungsprozesse zur Zeit einer humiden und warmen frühholozänen Periode hin. Pollenanalysen aus Basisschichten des Kolluviums zeigen, daß Baumpollen sehr stark vertreten sind und daß die Vegetationszusammensetzung etwa der gegenwärtigen entsprochen haben könnte. Auf eine solche Bodenbildung könnten im zentraltunesischen Untersuchungsgebiet zwei Datierungen von Kalkkrusten des N_2-Niveaus in der Zeit um 14 000 bis 10 000 B. P. und ein stellenweise auf diesem Niveau erhaltenes Bodenmaterial hindeuten (H.-G. MOLLE und K.-U. BROSCHE, 1976). Vielleicht ist auch der jüngere der beiden an der Basis einiger Profile (Fig. 36) vorkommenden braunrötlichen Bodenhorizonte in diese frühholozäne Bodenbildungsphase zu stellen.

Gute Vergleichsmöglichkeiten ergeben sich auch mit Befunden aus Regionen in der Nachbarschaft der tunesischen Untersuchungsgebiete, wie z. B. aus dem östlich an Südtunesien anschließenden Tripolitanien (R. W. HEY, 1962, vgl. 4.3.3) und aus dem westlich an Zentraltunesien anschließenden Fußflächenbereich des Gebirges von Aures in Algerien. Aus dem zuletzt genannten Gebiet beschreibt G. E. WILLIAMS (1970) spätpleistozäne Schwemmfächerablagerungen wahrscheinlich würmzeitlichen Alters, die unter Bedingungen eines ariden Klimas mit kurzen Perioden starker Niederschläge sedimentiert wurden.

4.4.3 Ergebnisse

Die überwiegend in Gebirgsrandbereichen Tunesiens durchgeführten Untersuchungen zeigen, daß in diesen Gebieten im jüngeren Quartär mit Phasen verstärkter Bodenbildung und mit Phasen verstärkter morphopdynamischer Aktivität zu rechnen ist. Eine Phase der Bildung graubrauner bis schwarzbrauner Böden lag nach den bisher vorliegenden Daten in der Zeit um etwa 6000 bis 4700 B. P., gefolgt von einer Periode der Schotterverlagerung bis weit in die Gebirgsvorländer. Mit einer Zunahme der Bodenbildungsintensität (braunrötliche Böden) ist vielleicht in einer Zeit zwischen etwa 28 000 und 21 000 B. P. bzw. in Abschnitten dieses Zeitintervalles zu rechnen. Besonders vor, aber auch nach diesem Zeitraum sind Perioden relativ intensiver morphodynamischer Aktivität (Solifluktions-, Schutt- und Schotterablagerungen, Glacisbildung) zu beobachten. In Zentraltunesien gibt es außerdem Hinweise auf eine vielleicht spätpleistozäne bis frühholozäne Bodenbildungsphase, in Südtunesien Hinweise auf einen feuchteren Klimaabschnitt um 9000 bis 7000 B. P. Allen beschriebenen Phasen geht an der nordtunesischen Küste ein Meeresspiegelhochstand bei etwa +2 bis 4 m voraus.

Im Sinne der von A. RUELLAN (1969) für Marokko entwickelten Vorstellungen könnten sich Zeitabschnitte mit optimalen Bedingungen für eine Bodenbildung während eines im Vergleich zu heute etwas niederschlagsreicheren Klimas bis in die gegenwärtig relativ ariden Gebiete

---

[50] Vgl. Kapitel 5

Tunesiens ausgewirkt haben. Ein kühles, zeitweise trockenes und zeitweise durch Niederschlags- und Abflußereignisse hoher Intensität gekennzeichnetes Klima könnte vielleicht in einzelnen Zeitabschnitten des oberen Pleistozäns mit einer Zunahme der Intensität der morphodynamischen Prozesse geherrscht haben. Diese Ergebnisse sind zum Teil mit Untersuchungen anderer Autoren in Tunesien und in benachbarten Regionen vergleichbar.

5. Vergleich der Untersuchungsergebnisse in Tunesien mit Befunden aus anderen Gebieten im nördlichen Randbereich der Sahara

5.1 Die jungpleistozänen und frühholozänen Formungs- und Bodenbildungsphasen

Befunde anderer Autoren aus Marokko, Algerien und Libyen lassen teilweise enge Beziehungen zu den in Kapitel 4.4 dargestellten Untersuchungsergebnissen in Tunesien erkennen. Für Perioden verstärkter morphodynamischer Aktivität im oberen Pleistozän, die in Tunesien vor allem durch die Sedimente der Hauptakkumulation, die Bildung der Niveaus N_1 und N_2 und durch Schwemmschuttablagerungen ausgewiesen sind, gibt es in den oben genannten Ländern verschiedene Belege.

Die Formation des „Soltanien"[51] wird von G. CHOUBERT u. a. (1956) als Ablagerung beschrieben, die im kontinentalen Quartär **Marokkos** weit verbreitet ist und aus roten bis ockerfarbenen Sanden und Schluffen besteht; die Sedimente gehen von einer bestimmten Höhe ab seitlich in Hangablagerungen mit periglazialer Struktur über und sollen dem Löß im Bereich des gemäßigten Klimas vergleichbar sein. Im südöstlichen Marokko (O. Ziz und O. Rheris) besteht die Akkumulation im Gebirgsbereich aus Schottern und Konglomeraten, in den Ebenen aus Sanden und Schluffen mit Schotterlinsen darin (F. JOLY, 1962, p. 250 ff.). Prozesse der Gelifraktion sollen früher im östlichen Marokko große Schuttmengen geliefert haben, die sich bei Abspülungsvorgängen in weiten detritischen Decken auf den Glacis ausbreiteten (R. RAYNAL, 1965). Auf dem Niveau des „Soltanien" sind im allgemeinen Kalkablagerungen vorhanden, die nicht sehr mächtig werden und zu den ariden Gebieten hin verschwinden (A. RUELLAN, 1969).

Die Beschreibung der Formation des marokkanischen „Soltanien" spricht einerseits für eine Parallelisierung mit den lößartigen Sedimenten in größerer Entfernung von den Gebirgen, andererseits aber auch für eine Parallelisierung mit der Hauptakkumulation der Gebirge Zentral- und Südtunesiens. Dieser Befund ist nicht widersprüchlich, da die Sedimente der Hauptakkumulation in den tunesischen Untersuchungsgebieten konkordant in lößartige Sedimente mit Schotterlinsen übergehen.

Die Hypothese einer Korrelation des „Soltanien" mit der Hauptakkumulation und den lößartigen Sedimenten in Tunesien wird auch durch Beobachtungen von G. BEAUDET u. a. (1967) gestützt. Nach diesen Autoren kommen stellenweise auch zwei Niveaus des „Soltanien" vor, ein älteres, über Schottern ausgebildetes Niveau und ein jüngeres, über Schluffen liegendes Niveau; eine Phase der Bodenbildung ist zwischengeschaltet. Während die „Soltanien"-Schluffe in den Unterläufen der Oueds aufgrund der nachgewiesenen Verzahnung mit marinen Sedimenten des unteren „Mellahien"[52] als relativ jung (Spätglazial bis Boreal) anzusehen sind, kann das „Soltanien" talaufwärts durchaus eine ältere zeitliche Stellung einnehmen (G. BEAUDET u. a., 1967, p. 304, Tab. VI). Ebenso ist auch in Tunesien nach den vorliegenden Datierungen für die lößartigen Sedimente in größerer Entfernung von den Gebirgen ein geringeres Alter als für die Schotterlagen der Hauptakkumulation in den Gebirgen und ihren Randbereichen wahrscheinlich.

W. ANDRES (1974, p. 130 u. Tab. 2) beschreibt aus dem südwestlichen Anti-Atlas einen grauen Schotterkörper, der an der Basis einer Lehmterrasse liegt und vielleicht in einer „trocken-kalten hochpluvialen Phase", möglicherweise aber auch in einer Phase zunehmender „Austrocknung und Akzentuierung des Klimas am Ende des Pluvials" entstanden sein könnte. Eine Korrelation mit der Hauptakkumulation scheint nicht ausgeschlossen, allerdings sei darauf hingewiesen, daß W. ANDRES zur Zeit des grauen Schotterkörpers gerade eine Phase geringer Bodenerosion und Hangabtragung annimmt und daß er mit einer Phase starker morphodynamischer Aktivität (Bildung von Schwemmschutt auf den steilen Hängen und Aufschüttung von Schwemmkegeln in den Talzonen) erst in der Übergangszeit zum Holozän ab etwa 13 000 B. P. rechnet. Gerade in dieser Zeit ist allerdings in Zen-

---

[51] Nach der Höhle von Dar es Soltane bei Rabat; die Formation wurde früher mit dem ganzen europäischen Würm parallelisiert (z. B. G. CHOUBERT u. a., 1956; P. BIBERSON, 1962), während ihre zeitliche Einstufung jetzt sehr viel differenzierter betrachtet wird (z. B. G. BEAUDET u. a., 1967).

[52] Nach dem O. Mellah bei Rabat, entspricht dem „Flandrien".

traltunesien die Bildung der Kalkkruste des N_2-Niveaus, vermutlich im Verlauf einer Bodenbildungsphase, anzunehmen, während Prozesse verstärkter Morphogenese mit der Entstehung der Glacisniveaus N_1 und N_2 wahrscheinlich in die vorausgehende Zeit des Würm zu stellen sind. Um diese Widersprüche zu klären, ist sicherlich weiteres Belegmaterial für die zeitliche Einstufung der Formungsphasen notwendig.

Außer den bereits erwähnten Untersuchungen von G. E. WILLIAMS (1970), der im Fußflächenbereich des Gebirges von Aures Schwemmfächerablagerungen wahrscheinlich würmzeitlichen Alters fand, sind im **algerischen Bereich** vor allem Untersuchungsergebnisse aus dem Talsystem des O. Guir – O. Saoura anzuführen. Hier ist ein bis zu 25 m mächtiges Sediment am Talrand entwickelt, das dem Zyklus des sogenannten „Saourien" zugeordnet wird (J. CHAVAILLON, 1964; H. ALIMEN, 1965). Es handelt sich um äolische und fluvioäolische sandige Ablagerungen mit mergeligen Horizonten, zum Teil auch mit Schotterlagen, wie z. B. in den Bergen von Ougarta; Paleosole, Horizonte mit Schneckengehäusen und lakustre Sedimente kommen vor. Im Gebiet von Colomb Bechar treten in dieser Formation auch lößartige Sedimente mit Kalkkonkretionen auf.

Die fluviatile Sedimentation ist zeitweise durch den Vorstoß äolischer Sande aus der Grand Erg Occidental unterbrochen. Bei Béni-Abès kommen Schwemmkegel („cônes d'épandage") vor, die auf das Niveau des „Saourien" eingestellt sind.

Das „Saourien" beginnt vor 39 900 B. P.; Kalkkrusten auf den letzten „Saourien"-Ablagerungen wurden mit 14 500, ältere Horizonte mit 33 900, 32 700 und 16 300 (H. ALIMEN u. a., 1969), ein Horizont mit Ligniten mit 20 000±1000 B. P. (H. ALIMEN, 1965) datiert. Weitere von G. CONRAD (1969, p. 257 ff. und 443 ff.) vorgelegte Datierungen bestätigen die zeitliche Einstufung des „Saourien". Der fluviatile Transport reichte in dieser Zeit bis in den unteren O. Saoura; im O. Messaoud, das die südliche Fortsetzung des Talsystems O. Guir–O. Saoura bildet, fehlen bisher Zeugen einer fluviatilen Aktivität in dieser Zeit.

Die ^{14}C-Datierungen, das Vorkommen von Grobmaterialablagerungen in den Gebirgen und ihren Randbereichen, das stellenweise Auftreten lößartiger Sedimente und der weit nach Süden reichende fluviatile Materialtransport – ein im Vergleich zu heute zeitweise stärkerer Abfluß ist auch auf der Ost- und Westseite des Matmata-Berglandes festzustellen – lassen zum Teil eine Korrelation des „Saourien" mit der Hauptakkumulation und den lößartigen Sedimenten in Tunesien vermuten. Eine zeitweilig starke äolische Aktivität, auf die in Tunesien die Löße des Matmata-Berglandes und der ausgedehnte fossile Küstendünengürtel hindeuten, ist im Tal des O. Saoura durch Vorstöße der Grand Erg Occidental belegt. In grober Übersicht scheinen sich für den Zeitraum um etwa 40 bis 14 000 B. P. zwar Hinweise auf Korrelationsmöglichkeiten zu ergeben, für einen detaillierten Vergleich fehlt aber bisher die genauere klimatische und zeitliche Einstufung der einzelnen Phasen mit einer Verstärkung bzw. Abschwächung der Formungsintensität.

Aus dem **libyschen Bereich** wurden bereits die den Untersuchungsergebnissen in Südtunesien entsprechenden Befunde von R. W. HEY (1962) in Tripolitanien beschrieben (4.4.2). Weiter östlich im Gebiet der Cyrenaica nimmt R. W. HEY (1963) nach der Anlage einer 6-m-Küstenlinie eine erste Phase mit warmen und feuchten Klimabedingungen und mit einer Bildung von Kalktuffen in einer Zeit an, als der Meeresspiegel schon unter das heutige Niveau gefallen war; die folgende zweite Phase ist durch eine Verfüllung der Oueds mit Kalksteinschutt und -schottern („Younger Gravels") gekennzeichnet. Zur Zeit der zweiten Phase lag der Meeresspiegel tief, und es kam zu einer ausgedehnten Bildung von Küstendünen.

In die „Younger Gravels" sind verfestigte Lagen aus Hangschutt eingeschaltet; die „Younger Gravels" wurden zur selben Zeit abgelagert wie der Schutt, der als Hauptlieferant der Schotterablagerungen in Frage kommt (R. W. HEY, 1963). Ganz ähnliche Beziehungen wurden auch zwischen Schuttablagerungen und den Schottern der Hauptakkumulation im Dj. Chambi festgestellt (4.1.1); damit ist noch nicht gesagt, daß es sich hier um zeitgleiche Ablagerungen in den beiden Regionen handelt, da solche Prozesse zu verschiedenen Zeiten vorgekommen sein können. Auffällig ist allerdings, daß es nach der Bildung der Hauptakkumulation und auch der „Younger Gravels" Belege für eine weitere jüngere Phase der Hangschuttablagerung mit unverfestigtem Schutt in einer erdigen Matrix gibt und daß in beiden Regionen aus diesen Schuttablagerungen keine jüngere Terrassenakkumulation (nach der Hauptakkumulation bzw. nach den „Younger Gravels") hervorging[53]. HEY (1963) nimmt in der 1. Schuttphase eine sehr viel stärkere Schuttproduktion als in der 2. Phase an. Die mit der Hauptakkumulation zu parallelisierenden Schuttablagerungen sind auch im Dj. Chambi sehr viel mächtiger als die aufliegende jüngere Schuttdecke (vgl. Fig. 33). In beiden Regionen trennt eine Phase der Kalkzementierung die beiden Phasen der Schuttablagerung. Diese beiden Phasen werden von R. W. HEY (1963) kalten Perioden zugeordnet, die in der Höhle von Haua Fteah nahe der Küste durch Ablagerungen von Kalkschutt repräsentiert sind.

Die morphologischen Befunde sind in beiden Regionen gut vergleichbar. Nach ^{14}C-Datierungen aus der Höhle von Haua Fteah nimmt R. W. HEY (1963) für die jüngere Kaltphase eine Zeit um 32 000 bis 12 000 B. P. an. Etwa in den jüngeren Abschnitt dieses Zeitintervalles nach Bildung der Kalkkruste auf der Hauptakkumulation, d. h. nach ca. 21 000 B. P. (H.-G. MOLLE und K.-U. BROSCHE, 1976), ist vielleicht die jüngere Schuttphase im Dj. Chambi zu stellen. Für die älteren Phasen ergeben sich keine Korrelationsmöglichkeiten, da nach R. W. HEY (1963) die jüngere Kaltphase bis etwa 32 000 B. P. zurückreicht, in diese Zeit aber nach den Datierungen aus Tunesien wahrscheinlich schon Sedimente der Hauptakkumulation gestellt werden müssen.

---

[53] Als nächstjüngere Akkumulation ist in beiden Regionen eine niedrige, sehr junge alluviale Terrasse zu beobachten (vgl. 5.2).

Es sei darauf hingewiesen, daß auch aus dem östlichen libyschen Küstengebiet Beobachtungen mitgeteilt werden, die auf Phasen verstärkter morphodynamischer Aktivität im oberen Pleistozän hindeuten. F. MOSELEY (1965) unterscheidet hier eine ältere Ablagerung aus gerundeten, zementierten Kiesen und Schottern in einer feinkörnigen Schluff- und Sandmatrix („calcreted gravels") und eine jüngere schwach verfestigte Ablagerung („semicalcreted gravels"), die nicht so weit verbreitet ist wie die 1. Ablagerung, aber ebenfalls ausgedehnter ist als die aktuellen Schottersedimente. In das Intervall zwischen der 1. und 2. Ablagerung fällt die Zementierung der älteren Ablagerung. Datierungen aus diesem Gebiet fehlen.

Für die Phasen mechanischer Gesteinsaufbereitung und die Bildung von Schwemmschuttmassen und Schotterablagerungen wurde ein relativ kühles Klima angenommen. Außer den bereits in Kapitel 4.4.2 aufgeführten Belegen gibt es für die Zeit der jüngsten Vereisungen weitere Hinweise auf stärkere Temperaturschwankungen im mediterranen Gebiet, die eine Schuttbildung begünstigt haben könnten. Mit einer Erniedrigung der Schneegrenze um 1000 bis 1200 m und einer Temperaturerniedrigung von 6° bis 7° rechnen K. KAISER (1963) und B. MESSERLI (1967) im Bereich der Levante. Die in Höhlen rings um das Mittelmeer beobachteten Lagen aus Kalksteinschutt, wie z. B. in der Höhle von Haua Fteah (R. W. HEY, 1962), deuten auf eine beträchtliche Abkühlung hin. K. W. BUTZER (1964) nimmt aufgrund der Untersuchung von Blockströmen, Solifluktions- und geschichteten Schuttablagerungen in Mallorca in den Kaltzeiten des Mittel- und Jungpleistozäns eine Absenkung der Januartemperatur um 6° C an; K. BRUNNACKER und V. LOZEK (1969) rechnen in Südostspanien mit einer Abkühlung um 10° C (geschätzt aus der Lage der würmzeitlichen „Periglazialstufe").

Y. GUILLIEN und A. RONDEAU (1966) werten an Muschelschalen durchgeführte O^{16}/O^{18}-Isotopenanalysen von C. EMILIANI und T. MAYEDA (1964), die an der südlichen Küste von Frankreich in der letzten Eiszeit eine Wintertemperatur von nicht mehr als 5° C und eine Sommertemperatur von nicht mehr als 8° bis 9° C nahe der Meeresoberfläche annehmen, zur Rekonstruktion der Temperatur an der tunesischen Nordküste aus; unter der Annahme einer dem heutigen Klima entsprechende Temperaturdifferenz von 2° bis 3° zwischen dem nördlichen und südlichen Mittelmeer kommen die zuerst genannten Autoren auf eine Sommertemperatur von 10° bis 12°an der tunesischen Nordküste. Hier herrschen heute Sommertemperaturen von 22° bis 26°.

5.2 Die Bodenbildungsphase um 4700 bis 6000 B. P. und die jüngeren Formungsphasen

In **Marokko** folgt auf das „Soltanien" die Formation des „Rharbien", die in der Landschaft des Rharb nördlich von Meknes weit verbreitet ist, die aber auch viele Täler von der Quelle bis zur Mündung mit Ausnahme der Schluchtstrecken als „basse terrasse grise" begleitet (G. BEAUDET und G. MAURER, 1960). Die Oueds sind in Mäandern in diese für die Landwirtschaft wichtige Terrasse eingeschnitten. Es sind graue, manchmal auch schwarze schluffige oder sandig-schluffige Sedimente, die stellenweise Linsen abgerollter Schotter enthalten. Die älteren schwarzen Horizonte werden von G. BEAUDET und G. MAURER (1960) als ein pedologisches Phänomen betrachtet.

Die Terrassenflächen grenzen oft mit einem scharfen Knick an die Hänge, in den Mittelläufen der Flüsse ist aber auch eine Verzahnung von Hang- und Flußmaterial zu beobachten. Die grauen Alluvionen der „Rharbien"-Terrasse werden durch zahlreiche Erosionsniveaus gegliedert (G. BEAUDET u. a., 1967); flußaufwärts sind die Alluvionen in die Terrasse des „Soltanien" eingelassen. Im Gebiet des unteren Moulouya nahe der mediterranen Küste gehen die Ablagerungen des „Rharbien" auf die Erosion von Böden zurück, die auf älteren Alluvionen verbreitet sind (Y. HUBSCHMANN, 1971). Nach ihrer Verbreitung, ihrer morphologischen Stellung und nach ihrem Aufbau könnten die Ablagerungen des „Rharbien" zum Teil den jungen Feinmaterialsedimenten entlang der Flußtäler in Zentral- und Nordtunesien (H.-G. MOLLE und K.-U. BROSCHE, 1976; K.-U. BROSCHE, H.-G. MOLLE und G. SCHULZ, 1976) entsprechen.

Aus dem Tal des oberen O. Ziz in Südostmarokko beschreibt F. JOLY (1962) helle gelbe bis graue Feinmaterialsedimente, an deren Basis Schotterlinsen eingeschaltet sind. Die unverfestigten und unverkrusteten Sedimente bilden eine Terrasse mit Oasenkulturen entlang der Täler und werden, ebenso wie die obengenannten Feinmaterialablagerungen, in das „Rharbien" gestellt.

Im mittleren Holozän nimmt W. ANDRES (1974) im saharischen Vorland des südwestlichen Anti-Atlas eine holozäne Feuchtzeit mit der Bildung grauer und graubrauner Böden an; eine Datierung von Muschelschalen aus einem solchen Boden ergab ein ^{14}C-Alter von 6510±750 B. P. Einen kräftigen humosen holozänen Boden erwähnen auch U. SABELBERG und H. RHODENBURG (1975) aus dem trockenen Südmarokko; er ist oft abgetragen und wird an steilen Hängen von einer Decke aus Schutt überlagert.

Ein von U. SABELBERG (1977) veröffentlichtes Profil aus dem Küstengebiet des südlichen Marokko zeigt im oberen Teil zwei humose Böden etwa aus der Zeit des mittleren Holozäns. Eine Datierung von Holzkohle an der Oberfläche des unteren Bodens ergab ein ^{14}C-Alter von 4835±125 B. P. (Hv. 7060). Wie in Tunesien folgen in den tieferen Lagen des Profils rötliche Böden, deren Alterseinstufung schwierig ist.

Nach der Abfolge von fünf quartären Zyklen („Moulouyen" bis „Soltanien") kommt es in Marokko zur Bildung tirsartiger Horizonte, die neolithische Industrie enthalten und die dem „Rharbien" mit einem etwas feuchteren als dem gegenwärtigen Klima zugeordnet werden (G. CHOUBERT u. a., 1956). Da eine ^{14}C-Datierung der

Schluffe des „Rharbien" bei Rabat ein Alter von 800±200 B. P. ergab und da diese Sedimente stellenweise römische Ruinen überdecken (G. CHOUBERT, 1962), sind die „Rharbien"-Ablagerungen zum Teil als sehr jung einzustufen. Ähnlich wie in Tunesien lassen sich daher junge Feinmaterialsedimente, die ein Terrassenniveau parallel zu den rezenten Oueds bilden, und eine ältere Bodenbildungsphase unterscheiden. Die schluffigen Sedimente des „Rharbien" können vermutlich teilweise mit der Feinmaterialakkumulation korreliert werden, die z. B. in Zentraltunesien um 1000 bis 2000 B. P. entstand, während der Bodenkomplex des „Rharbien" etwa dem Bodenkomplex um 4700 bis 6000 B. P. in Tunesien entsprechen könnte. Nach den Beobachtungen von W. ANDRES (1974) scheint sich die Bodenbildungsphase wie in Tunesien noch bis in die arideren südlichen Bereiche hinein ausgewirkt zu haben.

Im Talsystem des O. Guir – O. Saoura in **Algerien** ist eine junge Terrasse entwickelt, die die Oasenkulturen trägt. Sie wird von J. CHAVAILLON (1964) und H. ALIMEN (1965) der Formation des „Guirien" zugeordnet und von G. CONRAD (1969) als „basse terrasse" bezeichnet. Die Akkumulation besteht aus 5 bis 6 m mächtigen, oft kreuzgeschichteten Sanden und braunen Schluffen mit Horizonten aus sandigem detritischen Ton. Im Gebiet von Beni-Abbès, das etwa in der Breite des äußersten Südtunesiens liegt, sind im Uferbereich des O. Saoura und in Depressionen der westlichen Erg Reste grauer bis schwarzer Sumpfböden erhalten, die nach mehreren von G. CONRAD (1969, p. 277 ff.) veröffentlichten ^{14}C-Datierungen in eine Zeit zwischen 6500 bis 4000 B. P. fallen und die von ihm in eine Zeit des Grundwasseranstiegs während feuchterer Klimabedingungen im Neolithikum gestellt werden. Der genannte Zeitabschnitt korreliert etwa mit der Bodenbildungsphase in Tunesien um 6000 bis 4700 B. P. Damit könnte wiederum ein Hinweis auf feuchtere Klimaverhältnisse in diesem Zeitabschnitt bis in die heute relativ ariden Gebiete im nördlichen Randbereich der Sahara gegeben sein.

Es ist unsicher, ob die Sedimente des „Guirien" mit einem Abschnitt der „Rharbien" und den jungen Feinmaterialsedimenten in Tunesien zu parallelisieren sind.

Eine den jungen Feinmaterialsedimenten in Tunesien entsprechende Terrasse ist auch in Tripolitanien in **Libyen** verbreitet. Es ist die „lower silt terrace" (R. W. HEY, 1962, p. 442), die auch Schotter und römische Töpferei enthält und in eine Zeit nach dem 4. Jahrhundert nach Christi gestellt wird; wie in Tunesien läßt sich nicht sagen, ob klimatische oder anthropogene Ursachen zur Bildung der Terrasse geführt haben.

Die Ausführungen zeigten, daß sich für die aus Tunesien beschriebenen Phasen mit einer Intensivierung der morphodynamischen Aktivität bzw. der Bodenbildung Hinweise auf Korrelationsmöglichkeiten mit Befunden aus den anderen Maghrebländern und Libyen finden lassen.

6. Die Frage eines Vergleichs der Formungs- und Bodenbildungsphasen der beiden Untersuchungsgebiete im oberen Pleistozän und Holozän

Da es einerseits Möglichkeiten zu einer Parallelisierung von Formungsstadien im Tibesti-Untersuchungsgebiet und im Randbereich des Atakor gibt, und da sich andererseits auch für den Formungsablauf in den Arbeitsgebieten in Tunesien Hinweise auf Korrelationsmöglichkeiten mit Befunden aus den anderen Maghrebländern und Libyen ergeben, kann davon ausgegangen werden, daß die erarbeiteten Formungsabläufe nicht nur von lokaler Bedeutung sind, sondern sich in ähnlicher Weise auch in benachbarten Regionen vergleichbarer Breitenlage ausgewirkt haben dürften. Unter diesen Bedingungen scheint ein Vergleich der Befunde in den beiden in ihrer Breitenlage etwa 1500 km voneinander entfernten Untersuchungsgebieten gerechtfertigt.

Aus der Zeit der Anlage der im Tibesti-Gebirge untersuchten Depressionen gibt es zwar verschiedene Hinweise auf eine Reliefentwicklung, die mit derjenigen in den Becken im Randbereich des Atakor vergleichbar ist, jedoch scheint eine Parallelisierung mit älteren Formungsstadien in Tunesien bisher wenig aussichtsreich, da Belege für eine zeitliche Einstufung fehlen. Immerhin sei erwähnt, daß in Tunesien ein bis zwei weitere Glacisniveaus oberhalb der Hauptakkumulation (H.-G. MOLLE und K.-U. BROSCHE, 1976) beobachtet wurden und daß im Tibesti-Untersuchungsgebiet aus der Zeit der Anlage der Depression ein Niveau mit Hangschutt- und Schotterablagerungen zu beobachten ist (Niveau III in Tab. 8).

Zur Entstehungszeit der im Tibesti untersuchten Depressionen sind weit ausgedehnte, in nordwestlicher Richtung entwässernde Flußsysteme mit sehr gut gerundeten Quarz- und Quarzitschottern nachweisbar; solche alten Flußsysteme werden z. B. von F. JOLY (1962) und J. CHAVAILLON (1964) auch aus dem südlichen Randbereich des Atlas beschrieben. Quarzitische Schottersedimente werden auch aus dem Hoggar (P. ROGNON, 1967) und Air-Gebirge (J. VOGT und R. BLACK, 1963) erwähnt.

Ein Vergleich der röntgenographischen Analysen der rötlichen Böden und Bodensedimente auf den Kappungsflächen am Rande der Depressionen im Tibesti-Gebirge (Proben 309, 311, 302, 257, 256, Tab. 4) mit Analysen der grau- bis schwarzbraunen und braunrötlichen Bodenhorizonte in Tunesien zeigt, daß sich die zuerst genannten Proben durch einen geringen Anteil von Quarz, eine fast völlige Verwitterung der Feldspäte und hohe Intensitäten für Kaolinit, weniger für Montmorillonit und Illit auszeichnen, während die an 2. Stelle genannten Proben hohe Anteile an Quarz, Calcit und Dolomit, immer etwas Feldspat und neben Montmorillonit und Kaolinit reichlich Illit enthalten (Tab. 14). Nach M. J. BOULAINE (1967) sind in den roten mediterranen Böden Illite stark verbreitet, nach Y. HUBSCHMANN (1971) herrschen sie in den Ablagerungen des „Soltanien" in Nordost-Marokko vor. Illite überwiegen auch in den von H. BECKMANN u. a. (1972) durchgeführten Analysen von Bodenprofilen in Nord- und Südtunesien.
Die aufgezeigten Differenzen scheinen auf intensivere Verwitterungs- und Bodenbildungsprozesse zur Zeit der rötlichen Böden auf der Kappungsfläche im Tibesti-Gebirge als zur Zeit der sehr viel jüngeren in Tunesien untersuchten Böden hinzudeuten.

Der jüngere Formungsablauf läßt sich in den beiden Untersuchungsgebieten in mehrere Perioden untergliedern:

(1) In einer Periode, die vor 30 000 B. P.[54] begonnen und etwa um 14 000 B. P.[55] geendet haben kann, sind im tunesischen Untersuchungsgebiet Zeitabschnitte mit einer Intensivierung der morphodynamischen Prozesse (mechanische Gesteinsaufbereitung, Solifluktionsprozesse, Schwemmschutt- und Schotterablagerungen, Glacisbildung, lößartige Sedimente, fossile Dünen im Küstenbereich) anzunehmen; nach den bisher vorliegenden Datierungen[56] könnte innerhalb dieser Periode mit einer Zunahme der Bodenbildungsintensität in der Zeit um 28 000 bis 21 000 B. P. bzw. in Abschnitten dieses Zeitintervalles gerechnet werden.

Während der Phasen verstärkter Formungsintensität sind wahrscheinlich zeitweise kühle, vielleicht auch relativ trockene Klimaverhältnisse mit Intervallen kurzer, sehr intensiver Niederschlags- und Abflußereignisse anzunehmen. In Zeitabschnitten mit einer Verstärkung der Bodenbildungsintensität könnte ein warmes, im Vergleich zu heute vielleicht etwas niederschlagsreicheres Klima bis in die trockenen Regionen Tunesiens geherrscht haben.

---
[54] Nach einer Datierung von Schneckengehäusen in den oberen Lagen der Hauptakkumulation (Hv. 5398: 29 760±1315 B. P., H.-G. MOLLE und K.-U. BROSCHE, 1976).

[55] Nach zwei Kalkkrustendatierungen auf dem N_2-Niveau (Hv. 6603: 13 850±170 B. P., Hv. 5395: 10 800±85 B. P., Literatur wie [54]).

[56] Nach zwei Kalkkrustendatierungen auf der Hauptakkumulation (Hv. 6602: 25 600±490 B. P., Hv. 5402: 21 385±235 B. P., H.-G. MOLLE und K.-U. BROSCHE, 1976) und nach einer Datierung von Schneckengehäusen eines fossilen Bodens an der tunesischen Nordküste (Hv. 7554: 27 900±1380 B. P.).

In dem Zeitraum vor Ablagerung der mittelterrassenzeitlichen Seesedimente, deren Bildung um etwa 14 000 B. P.[57] eingesetzt haben kann, finden sich auch im Tibesti-Untersuchungsgebiet Belege für Phasen mit einer relativ intensiven Morphodynamik (der Sandsteingrushorizont an der Basis der Mittelterrassen-Akkumulation, die Ausbildung eines Glacis zur Zeit der Grobmaterialdecke der Oberterrassen-Akkumulation, der braunrötliche Schutthorizont, Tab. 8, 2.7). In dieser Zeit sind eine mechanische Gesteinsaufbereitung, die bis auf Höhen von wenigstens 1000 m herabreichte, und zeitweise starke Abflußvorgänge in den Tälern und kräftige Abspülungsprozesse auf den Hängen und Fußflächen bei wahrscheinlich kurzfristigen Niederschlagsereignissen hoher Intensität anzunehmen.

Die Prozesse kräftiger Materialverlagerungen könnten durch Starkregenereignisse ausgelöst worden sein, die in diesem Zeitabschnitt vielleicht mit größerer Intensität, Häufigkeit und Verbreitung auftraten als gegenwärtig. Als ein solches Ereignis ist z. B. die Hochwasserkatastrophe in Tunesien vom Herbst 1969 zu bezeichnen. R. MAYENÇON (1961) erwähnt, daß in der Zeit zwischen 1950 bis 1959 33 Fälle von Torrenten-Niederschlägen mit einer höheren Intensität als 30 mm in 24 Stunden im Bereich der Sahara beobachtet wurden. Das Aufeinandertreffen von äquatorialer Feuchtluft aus dem Süden mit kühleren ektropischen Luftmassen im Norden kann solche Starkregen verursachen (J.-R. VANNEY, 1967). Das Glacis-Niveau N_1 mit den Sedimenten der Hauptakkumulation im Vorlandbereich der tunesischen Gebirge und das Glacis aus der Zeit der Grobmaterialdecke der Oberterrassen-Akkumulation im Tibesti-Gebirge könnten vielleicht in Zeitabschnitten mit einer Häufung solcher Niederschlagsereignisse gebildet worden sein (vgl. zu dieser Frage auch P. ROGNON, 1976, p. 260; M. WINIGER, 1975, p. 120 ff.).

Die Schwemmfächersedimente der Oberterrassen-Akkumulation, die der „terrasse graveleuse" im Randbereich des Atakor entsprechen dürfte und für die P. ROGNON (1976) ein mittelwürmzeitliches Alter vermutet, deuten auf einen längeren Zeitabschnitt relativ trockener Klimaverhältnisse hin. In der Schlußphase oder nach Abschluß der OT-Akkumulation hat eine Phase der Bodenbildung stattgefunden.

Die einzelnen Formungsphasen lassen sich in ihrer zeitlichen Stellung, besonders im Tibesti, bisher nicht genau erfassen. Immerhin scheinen die bisherigen Ergebnisse darauf hinzudeuten, daß Zeitabschnitte im Würm (Kaltphasen?) durch Phasen mit einer Zunahme der Formungsintensität in den Untersuchungsgebieten gekennzeichnet gewesen sein könnten[58]. Die für die Fußflächenzone der zentraltunesischen Gebirge nachgewiesene Phase der Glacisbildung könnte sich auch im Tibesti-Untersuchungsgebiet (Bildungszeit der Grobmaterialdecke der Oberterrassen-Akkumulation?) ausgewirkt haben.

(2) Die Periode zwischen etwa 14 000 und 7400 B. P.[59] ist im Tibesti-Untersuchungsgebiet durch das Vorkommen limnischer Sedimente der Mittelterrassen-Akkumulation gekennzeichnet. In dieser Zeit sind Phasen anhaltender Feinmaterial- und Kalksedimentation und Phasen ge-

---
[57] Vgl. H.-G. MOLLE (1971, p. 37)

[58] Vgl. Kap. 5.1 zu einer möglichen Korrelation dieser Phasen am Nordrand der Sahara.

[59] Vgl. H.-G. MOLLE (9171, p. 37)

schlossener Vegetationsbedeckung (E. SCHULZ, 1973) und relativer Hangstabilität festzustellen. Es ist zeitweise mit relativ feuchten Klimabedingungen zu rechnen (z. B. H. HAGEDORN und D. JÄKEL, 1969; J. GRUNERT, 1972 a u. a.). Auf den kalkhaltigen Sedimenten sind stellenweise Böden erhalten, die entweder der Schlußphase der Seeablagerungen oder einer jüngeren Bodenbildungsphase zuzuordnen sind.

M. A. GEYH und D. JÄKEL (1974 a) nehmen aufgrund einer Häufigkeitsverteilung von ^{14}C-Daten für einen Bereich, der zwischen 15° bis 30° N und 5° W bis 30° E liegt und der daher das tunesische Arbeitsgebiet ausschließt, spätestens ab 12 500 B. P. ein vegetationsgünstiges Klima, eine Trockenphase zwischen 11 700 bis etwa 10 500 B. P. und eine überdurchschnittlich humide Phase zu Beginn des Holozäns an. Im Zeitraum zwischen 14 000 und 7400 B. P. kann nach der Vorstellung dieser Autoren daher nicht generell von feuchten klimatischen Verhältnissen gesprochen werden, sondern es waren wahrscheinlich trockenere Phasen zwischengeschaltet.

Es gibt Hinweise auf weitere Korrelationsmöglichkeiten. Eine Datierung von Süßwasserschnecken aus dem oberen Drittel einer Seekreideakkumulation im Zentrum der Serir im nördlichen Tibesti-Vorland (Dj. Nero-See) ergab ein ^{14}C-Alter von 7570±115 B. P. (Hv. 2875; H.-J. PACHUR, 1974, 1975). Da unterhalb des datierten Horizontes noch 5 m limnische Sedimente folgen, nimmt H.-J. PACHUR (1975) eine enge zeitliche Korrelation dieser Ablagerungen mit den mittelterrassenzeitlichen Seeablagerungen im Tibesti an.

In die Phase der Mittelterrassen-Seeablagerungen im Tibesti-Untersuchungsgebiet sind auch Seesedimente im Hoggar-Gebirge (G. DELIBRIAS und P. DUTIL, 1966: 8380±300 B. P., 11 580±350 B. P.) und in der Ténéré zu stellen, einer Ebene, die eine dem südlichen Tibesti-Vorland vergleichbare Breitenlage besitzt; das Ende einer großen lakustren Periode liegt hier bei 7000 B. P. (H. FAURE u. a., 1963), d. h. etwa in der Zeit der Schlußphase der mittelterrassenzeitlichen Seesedimente. Noch weiter im Süden, im Tchadseegebiet, wurde ein Seehochstand mit lakustren Ablagerungen um 12 000 bis 8000 B. P. mit einer zwischengeschalteten Trockenphase gegen 10 000 B. P. festgestellt (M. SERVANT, 1974).

Etwa in gleicher Breite liegt das Gebiet des Blauen Nils im zentralen Sudan; nach einer Periode starker Abflußvorgänge und einer schwachen Vegetations- und Bodenentwicklung im oberen Pleistozän wird hier eine Periode der Feinmaterialablagerungen in einer Zeit zwischen 12 000 bis 5500 bis ?4500 B. P. mit einer kurzen Phase der Ablagerung von Bodenfracht-Sedimenten kurz vor 7000 B. P. beschrieben (M. A. J. WILLIAMS u. a., 1975). Es ist eine Periode mit günstigeren Bedingungen für eine Vegetations- und Bodenentwicklung als das durch Sand- und Kiesablagerungen charakterisierte obere Pleistozän. Die angeführten Beispiele zeigen, daß sich in Regionen mit einer südlicheren Breitenlage als das Tibesti für die

Periode (2) gute Korrelationsmöglichkeiten mit den Befunden im Tibesti-Untersuchungsgebiet ergeben.

In die Periode (2) sind im zentraltunesischen Arbeitsgebiet zwei Datierungen von Kalkkrusten des Niveaus N_2[60] zu stellen, die ihre Entstehung vermutlich einer Bodenbildungsphase verdanken. Mit einer frühholozänen Bodenbildungsphase rechnet R. H. G. BOS (1971) in Nordwesttunesien; U. SABELBERG und H. ROHDENBURG (1975) nehmen im südlichen Marokko eine spätglaziale bis frühholozäne Bodenbildungsphase an. In die Periode (2) fällt auch die Bildung der überwiegend aus Feinmaterial aufgebauten „Jüngeren Akkumulation" um 9000 bis 7000 B. P.[61] in Südtunesien. Ein nach seiner stratigraphischen Stellung und seinem Aufbau vergleichbares Sediment beschreibt R. W. HEY (1962) aus Tripolitanien; Schluffablagerungen, die in einer Zeit nach 9280 und vor 7500 B. P. entstanden sind und Material der Capsien-Kultur enthalten, kommen im Süden des Gebirges von Aures vor (J. L. BALLAIS, 1974). Übereinstimmend werden in dieser Zeit feuchtere Klimaverhältnisse als gegenwärtig angenommen; es ist die Zeit der Capsien-Kultur in Tunesien und Algerien (R. COQUE, 1962; G. CHOUBERT, 1962) um 9000 bis 7000 B. P. Die etwas ältere Kultur des Ibéro-Maurusien in Marokko wird in die Zeit um etwa 12 000 bis 10 000 B. P. gestellt (G. CHOUBERT, 1962; P. BIBERSON, 1962).

Fossile Bodenbildungen erwähnen K. W. BUTZER und C. L. HANSEN (1968, p. 333) aus dem Gebiet von Kom Ombo und Ägyptisch-Nubien in einer etwa dem nördlichen Tibesti-Vorland entsprechenden Breitenlage. Ein „Calcorthid paleosol", der das Äquivalent zu Kalkkrusten oder zu einer Kalkakkumulation unter der Oberfläche bilden soll, ist etwa um 12 000 B. P. entstanden. Die Autoren werten diesen Boden als Beleg für eine wachsende Aridität, stellen aber fest, daß solche Bildungen unter den gegenwärtigen hyperariden Klimabedingungen des südlichen Ägypten nicht vorkommen. Die jüngste rote Bodenbildung („Omda Soil") ist nach den beiden Autoren in Nubien nicht älter als 8000 B. P. und wenig jünger als 7000 B. P. In Oberägypten und Unternubien zeigt die „jüngere Ineiba-Formation" im Niltal eine holozäne Feuchtzeit um 11 000 bis 8000 B. P. mit einer verstärkten Wadiaktivität und einer Zunahme der lokalen Niederschläge an (K. W. BUTZER und C. L. HANSEN, 1968; K. W. BUTZER, 1971). Im Raum des Hoggar-Gebirges gab es nach P. QUEZEL und C. MARTINEZ (1957) eine Bodenbildungsphase, die älter als das saharische Neolithikum ist und die von einer humiden mediterranen Flora begleitet wird; die Autoren nehmen eine Zeit um etwa 12 000 bis 8000 B. P. für diese Phase an.

Nach diesen Ausführungen scheint es möglich, daß während des Aufbaus der Sedimente der Mittelterrasse im Tibesti auch in den nördlichen Sahararandbereichen zeit-

---

[60] Vgl. Fußnote 55.

[61] Zwei Holzkohledatierungen aus dieser Akkumulation ergaben ein ^{14}C-Alter von 8600±150 B. P. (Hv. 5566) und 7775±340 B. P. (Hv. 5400), K.-U. BROSCHE und H.-G. MOLLE (1975).

weise relativ feuchte Klimaverhältnisse (Zeitabschnitte mit Bodenbildung, Ablagerung von Feinmaterialsedimenten in Südtunesien) geherrscht haben könnten. Allerdings ist anzumerken, daß die oben erwähnten Bodenbildungsphasen bisher weder in ihrer räumlichen und zeitlichen Ausdehnung, noch in ihrer klimatischen Bedeutung hinreichend genau untersucht sind.

Es zeigt sich hier ein Widerspruch zu Ausführungen von P. ROGNON (1976), der nach einer Übergangsperiode mit starken saisonalen Schwankungen um 14 000 bis 12 000 bis 11 000 B. P. eine Trockenphase um 11 000 bis 6000 B. P. im nördlichen Saharabereich annimmt. Auch die Meinung von W. ANDRES (1974), der im Anti-Atlas von Marokko in der Zeit um etwa 13 000 bis 9000 bis 10 000 B. P. mit längeren Trockenperioden im Wechsel mit Phasen von Starkregen und mit keiner nennenswerten Pedogenese rechnet, läßt sich mit der Annahme feuchterer Klimaverhältnisse im Spätpleistozän und Frühholozän in den Randbereichen der nördlichen Sahara nicht in Einklang bringen; allerdings liegen aus dem südlichen Marokko bisher nur wenige ^{14}C-Datierungen zur zeitlichen Einordnung der verschiedenen Formungsphasen vor. Zur Klärung dieser Frage wären weitere durch ^{14}C-Datierungen abgesicherte Untersuchungen, die vor allem auch die Bodenbildungsphasen erfassen, im nördlichen Randbereich der Sahara notwendig.

(3) Eine kurze Periode nach etwa 7400 B. P.[62] war im Tibesti-Untersuchungsgebiet vielleicht durch relativ trokkene, den heutigen Verhältnissen entsprechende Klimabedingungen gekennzeichnet, da etwa in dieser Zeit die Seesedimentation beendet gewesen sein könnte und da auf den Seeablagerungen Schwemmfächersedimente geringer Mächtigkeit abgesetzt wurden, wie sie auch heute noch im rezenten Flußbett vorkommen. Die folgende Grobmaterialdecke der Mittelterrassen-Akkumulation zeigt eine Intensitätszunahme der Abspülungsprozesse im Tal- und Hangbereich an.

In dem Zeitabschnitt nach 7000 B. P. nehmen M. A. GEYH und D. JÄKEL (1974 a) besiedlungsfeindliche Klimaverhältnisse an. Bei 7000 B. P. liegt das Ende einer großen lakustren Phase in der Ténéré, etwa von dieser Zeit an ist eine Phase der Austrocknung feststellbar (H. FAURE u. a., 1963). Gegen 7500 B. P. wird im Tchadseebereich eine Trockenperiode angezeigt, die Ernährung des Tchadsees durch eine Wasserzufuhr aus den Saharagebirgen ist zuende (M. SERVANT, 1974). In weiter südlich gelegenen Regionen scheint sich daher zur Zeit der oben erwähnten trockeneren Periode im Tibesti-Untersuchungsgebiet eine vergleichbare Entwicklung anzudeuten.

Im Gebiet des Dj. Nero-Sees, der bereits bei der Behandlung der Periode (2) erwähnt wurde, und der im nördlichen Tibesti-Vorland liegt, folgen oberhalb des datierten Horizontes mit Süßwasserschnecken (Hv. 2875; 7570±115 B. P., H.-J. PACHUR, 1974, p. 35) noch weitere 3 m Seekreide. Danach ist die Seesedimentation in diesem Gebiet noch in einer Zeit nach der oben erwähnten Kalkkrustendatierung (Hv. 2921) der Mittelterrassen-Akkumulation des Tibesti weitergegangen. Ob der Nero-See daher noch in der Anfangsphase der Erosion der Mittelterrassen-Akkumulation existiert haben könnte, wie es H.-J. PACHUR (1974, p. 35) annimmt[63], oder ob im Gebirge mit einer stärkeren Abtragung der limnischen Sedimente der Überlagerung durch Schwemmfächersedimente und Grobmaterialdecke gerechnet werden muß, d. h. die Datierung von Hv. 2921 noch nicht das Ende der Seesedimentation erfaßt, läßt sich bisher nicht entscheiden. Für die 2. Möglichkeit könnte eventuell die Datierung schwach durch Kalk verbackener limnischer Sedimente aus der Gégéré (Hv. 6840; 6435±1025) sprechen; dabei ist allerdings gerade in dieser Probe eine Verjüngung durch Oberflächenwasser nicht auszuschließen[64].

Hinweise auf trockenere Klimaverhältnisse zur Zeit der Periode (3) gibt es im tunesischen Untersuchungsgebiet bisher nicht. Immerhin fällt etwa in diese Zeit die Schlußphase der „Jüngeren Akkumulation" in Südtunesien (vgl. Periode 2), die hier vermutlich etwas feuchtere Klimaverhältnisse um ca. 9000 bis 7000 B. P. anzeigt.

(4) Im tunesischen Untersuchungsgebiet ist in der Zeit um etwa 6000 bis 4700 B. P. (nach drei Holzkohledatierungen und einer Humusdatierung, vgl. 4.4.1) mit einer Bodenbildungsphase zu rechnen, in der im Vergleich zu heute feuchtere Klimaverhältnisse relativ weit nach Süden gereicht haben könnten. Eine Phase verstärkter Pedogenese nimmt W. ANDRES (1974) im mittleren Holozän im Gebiet des Anti-Atlas in Südmarokko an; eine kräftige humose, holozäne Bodenbildung erwähnen auch U. SABELBERG und H. ROHDENBURG (1975) aus dem südlichen Marokko. Die Datierungen sumpfiger Böden in der Umgebung des Flußsystems O. Guir – O. Saoura in Algerien (G. CONRAD, 1969) fallen in eine Zeit zwischen 6500 und 4000 B. P. und könnten relativ feuchte Klimaverhältnisse in dieser Zeit bis in den nördlichen Randbereich der Sahara hinein anzeigen.

Zur Rekonstruktion der Klimabedingungen während des Holozäns im Maghrebbereich Algeriens hat M. COUVERT (1972) für 10 Standorte die Holzkohlen prähistorischer Siedlungsplätze datiert und nach den Holzkohlen den Vegetationstyp in der Umgebung der Siedlungsplätze bestimmt. Danach hat er die Gebiete aufgesucht, in denen gegenwärtig diese Vegetation vorkommt, und die Niederschlagswerte dieser Gebiete ermittelt. Die Differenzen zu den Niederschlagswerten der Siedlungsplätze hat er in einer Kurve aufgetragen. Ein Zeitabschnitt mit einem gegenüber heute deutlich höheren Niederschlag hat nach dieser Kurve sein Maximum um 5000 B. P. und korreliert daher etwa mit einer Zeit günstiger Klimabedingungen während der Bodenbildungsphase in Tunesien um 6000 bis 4700 B. P. Weitere, allerdings schwächer ausgebildete Phasen erhöhten Niederschlags liegen in der Kurve um 9000 bis 7500 B. P. und kurz vor 10 000 B. P. und fallen daher offenbar in Zeitabschnitte feuchterer Klimaverhältnisse in der Periode (2).

Hinweise auf eine Stabilitätsphase in den Talzonen und hangnahen Bereichen in Form hell- bis dunkelgrauer Bodenbildungen finden sich auch im Tibesti-Gebiet. Allerdings liegen bisher keine Datierungen vor, so daß es sich vielleicht auch um Böden aus der Zeit der mittelterrassenzeitlichen Seeablagerungen handeln könnte.

Braune Böden und humusreiche Schluffe sind auf Seesedimenten im Randbereich des Atakor entwickelt (P. ROGNON, 1967), die vielleicht mit den Seesedimenten der Mittelterrassen-Akkumulation zu parallelisieren sind. Im Bereich des Hoggar-Gebirges nehmen P. QUEZEL und

---

[62] Nach der ^{14}C-Datierung einer Kalkkruste von 7380±110 B. P. (Hv. 2921) im Liegenden jüngerer Schwemmfächersedimente, H.-G. MOLLE, 1971, p. 37.

[63] Allerdings geht dieser Erosionsphase noch die Ablagerung der MT-Grobmaterialdecke voraus.

[64] Nach einem Kommentar von M. A. GEYH, dem Leiter des ^{14}C-Labors des Niedersächsischen Landesamtes für Bodenforschung in Hannover.

C. MARTINEZ (1957) eine aufgrund der durchgeführten Pollenanalysen mediterran geprägte Bodenbildungsphase um 8000 bis 7000 bis 5000 B. P. an; eine Datierung eines schwarzen Paläobodens in der Nachbarschaft des südlich des Hoggar gelegenen Air-Gebirges ergab ein ^{14}C-Alter von 5140±300 B. P. (P.QUEZEL und C. MARTINEZ, 1962). Zwei Datierungen schwarzer Böden aus dem Gebiet des Erg Chech nordwestlich des Hoggar ergaben ein Alter von 6470±190 und 6420±190 B. P. (G. CONRAD, 1969, p. 285 f.).

In der Periode (4) gibt es außer einer offenbar sehr weit verbreiteten Zunahme der Intensität der Bodenbildungsprozesse auch andere Zeugnisse für relativ feuchte Klimaverhältnisse. Datierungen von Süßwasserschneckenschalen und Seekreide vom Nordrand der Serir Tibesti ergaben ^{14}C-Alter von 5110±295 (Hv. 3768) und 5295±145 (Hv. 3769) B. P. (H.-J. PACHUR, 1975); der Autor nimmt in dieser Zeit feuchtere Klimaverhältnisse in der Serir Tibesti an. B. GABRIEL (1973) erwähnt, daß zwei Drittel der von ihm durchgeführten Holzkohledatierungen von Steinplätzen und neolithischen Fundplätzen in der zentralen Sahara in eine Zeit um 6100 bis 5000 B. P. fallen; er nennt weitere Datierungen aus der westlichen und östlichen Sahara, die ebenfalls in diese Zeit zu stellen sind. Auffällig ist auch, daß die von M. A. GEYH und D. JÄKEL (1974 a) aufgrund von Häufigkeitsverteilungen von ^{14}C-Daten abgeleitete feuchte Klimaphase etwa um 6000 bis 4700 B. P. mit der Bodenbildungsphase im tunesischen Untersuchungsgebiet korreliert; es sei betont, daß dieses Gebiet außerhalb des Raumes liegt, der von den beiden Autoren untersucht wurde.

Eine Datierung von Süßwasserschneckenschalen in Seeablagerungen bei Ouniangа Kebir im südöstlichen Vorland des Tibesti ergab ein ^{14}C-Alter von 6160±165 B. P. (Hv. 2892, P. ERGENZINGER, 1972). Mit einem neuen Hochstand des Tchadsees ist um 6000 B. P. zu rechnen (M. SERVANT, 1974).

Die Periode (4), die wahrscheinlich schon vor 6000 B. P. begann und die vielleicht gegen 4700 B. P. endete, ist in den Gebirgsrandbereichen und -vorländern durch Boden-, zum Teil auch Seebildungen gekennzeichnet, die für im Vergleich zu heute feuchtere Klimaverhältnisse in diesen Gebieten sprechen dürften[65].

(5) Aus der Zeit um 4700 bis etwa 2000 B. P. liegen in den Untersuchungsgebieten keine Datierungen vor. Rinnenbildungen und bis zu 2 m mächtige Schotterlagen in den Gebirgsrandbereichen zeigen im tunesischen Untersuchungsgebiet eine erneute Intensivierung morphodynamischer Prozesse an; ein zum Teil in den Profilen (Fig. 36) erkennbarer schwacher Humusanreicherungshorizont dürfte auf zwischenzeitlich etwas stabilere Verhältnisse in den Vorländern der Gebirge hindeuten.

Nach dem mittleren Holozän rechnet W. ANDRES (1974) im Gebiet des Anti-Atlas im südlichen Marokko mit einer Phase der Auflockerung der Vegetationsdecke durch Austrocknung oder auch durch anthropogene Einflüsse. Aus dem trockenen Südmarokko erwähnen U. SABELBERG und H. ROHDENBURG (1975) Schuttablagerungen, die einen humosen holozänen Boden (Periode 4?) überdeckten.

Im Tibesti-Untersuchungsgebiet erfolgte nach der Erosion der Mittelterrassen-Akkumulation die Ablagerung des Grobmaterials der Niederterrassen-Akkumulation; es ist eine Phase zeitweise starker Abflußvorgänge in den Tälern und einer Grobmaterialverlagerung in den Talhangbereichen. Die Vegetations- und Bodenentwicklung könnte vielleicht durch Klimaverhältnisse behindert gewesen sein, die durch längere Trockenphasen mit kurzfristigen Niederschlagsereignissen hoher Intensität gekennzeichnet waren. Das Alter dieser Ablagerungen ist unsicher; während z. B. H. HAGEDORN und D. JÄKEL (1969) ein Alter um 6000 bis 4000 B. P. vermuten, ist nach der Datierumg eines Elefantenknochens aus der Niederterrassen-Akkumulation des E. Dirennao im nördlichen Tibesti (B. GABRIEL, 1970, Hv. 2260: 2690±435 B. P.) eher mit einem jüngeren Alter der Akkumulation zu rechnen.

Relativ trockene Klimaverhältnisse nach 4700 B. P. und einen Wechsel trockener und feuchter Phasen nach 3700 B. P. nehmen M. A. GEYH und D. JÄKEL (1974 a) auf Grund von Häufigkeitsverteilungen von ^{14}C-Daten an. Anzuführen ist auch, daß K. W. BUTZER (1971) das Ende der früh- bis mittelholozänen Subpluviale bzw. den Beginn äolischer Ablagerungen bei Seiyala in Nubien in die Zeit kurz nach 5000 B. P. stellt.

Mit feuchteren Klimabedingungen in den Flachbereichen im Norden des Tibesti rechnet H.-J. PACHUR (1975, p. 39) in der Zeit um 3500 B. P.; als Beleg wird von ihm die Apatit-Datierung eines Elefantenknochens aus der Serir Calanscio westlich des Dj. Harudj (Hv. 5725: 3420±230 B. P.) angeführt.

In der Periode (5) sind Zeitabschnitte mit einer Intensivierung der morphodynamischen Prozesse anzunehmen; eine genauere zeitliche Einstufung einzelner Phasen war in den Untersuchungsgebieten bisher nicht möglich.

(6) Im tunesischen Untersuchungsgebiet ist parallel zu den rezenten Oueds sehr oft eine Feinmaterialakkumukation entwickelt, die im Fußflächenbereich zweier zentraltunesischer Gebirge etwa in die Zeit um 2000 bis 1000 B. P. gestellt werden muß (H.-G MOLLE und K.-U. BROSCHE, 1976)[66]. Ähnliche Sedimente werden auch aus Marokko (z. B. G. BEAUDET und G. MAURER, 1960) und aus Libyen (z. B. R. W. HEY, 1962) beschrieben. P. ROGNON (1967) hat vergleichbare Sedimente auch im Hoggar-Gebirge gefunden; er nimmt aufgrund des Vorkommens nachchristlicher Töpferei in den Sedimenten ein Alter von höchstens 2000 Jahren an und glaubt, daß diese Ablagerungen in allen Gebieten Nordafrikas verbreitet sind. Ähnliche Sedimente kommen vermutlich auch in den Talerweiterungen im Tibesti-Untersuchungsgebiet vor, konnten hier allerdings bisher nicht datiert werden.

---

[65] Es stellt sich die Fragen ob die Phase linearer Erosion der MT-Akkumulation im Tibesti-Untersuchungsgebiet etwa in diese Zeit gestellt werden kann.

[66] Nach zwei Holzkohledatierungen: Hv. 5399 (1955±145 B. P.) und Hv. 5394 (1100±65 B. P.).

Bei den Feinmaterialsedimenten handelt es sich vor allem um die Abspülungsprodukte älterer holozäner und pleistozäner Bodenhorizonte[67]. Ob klimatische oder anthropogene Ursachen für die Entstehung der Sedimente heranzuziehen sind, wurde bisher nicht geklärt.

Aus dem Bereich des Nordrandes des Tibesti-Gebirges bis weit in die Serir hinein wurden Tamariskenhügel beobachtet, die in Gebieten stehen, wo heute Vollwüste herrscht; ^{14}C-Datierungen von Holzresten aus diesen Hügeln liegen in einer Zeit zwischen etwa 1900 bis 1400 B. P. und belegen eine Phase einer gegenüber heute verminderten Trockenheit (H.-J. PACHUR, 1974, p. 52). Vielleicht sind daher während der Sedimentation der Feinmaterialablagerungen des tunesischen Untersuchungsgebietes und des Hoggar-Gebirges um etwa 2000 bis 1000 B. P. zeitweise etwas feuchtere Klimabedingungen als gegenwärtig anzunehmen.

(7) In den Gebirgsvorländern im tunesischen Untersuchungsgebiet ist gegenwärtig eine Verlagerung von Grobmaterialsedimenten, die stellenweise die Feinmaterialsedimente überdecken, zu beobachten. In den Talerweiterungen des E. Zoumri im Tibesti-Untersuchungsgebiet findet heute eine Ablagerung von Bodenfrachtsedimenten in Form sich überlagernder Schwemmfächer statt.

Bei der Rekonstruktion des Formungs- und Klimaablaufes in den beiden Untersuchungsgebieten wurde versucht, Perioden mit einer Zunahme der Intensität der morphodynamischen bzw. pedogenetischen Prozesse voneinander zu trennen und in ihrer klimatischen und zeitlichen Stellung einzuordnen. Es zeigte sich, daß die überwiegend in Gebirgsrandbereichen durchgeführten Untersuchungen geeignet sind, die durch Klimaänderungen verursachten Schwankungen der Formungsintensität wiederzugeben. Nicht nur für den jüngeren, sondern auch für den älteren Formungsablauf läßt sich im Tibesti-Untersuchungsgebiet und im Randbereich des Atakor-Gebirges teilweise eine vergleichbare Entwicklung erkennen. Die für das tunesische Untersuchungsgebiet rekonstruierten Perioden intensiverer Bodenbildung bzw. Morphodynamik werden zum Teil auch aus Regionen ähnlicher Breitenlage in den nördlichen Randbereichen der Sahara beschrieben.

In den Untersuchungsergebnissen scheint sich darüber hinaus anzudeuten, daß einzelne Perioden seit der Zeit des oberen Pleistozäns in beiden Untersuchungsgebieten mehr oder weniger parallel verlaufen sein könnten, wie z. B. die Perioden relativ intensiver Morphodynamik im oberen Pleistozän, die Periode mit der Entstehung von Seen und der Bildung von Böden im späten Pleistozän und frühen Holozän und die Periode verstärkter Bodenbildung im mittleren Holozän. Die zuletzt genannte Periode könnte vor 6000 B. P. begonnen haben und etwa gegen 4700 B. P. beendet gewesen sein.

Bei geplanten Arbeiten in Regionen, die eine Breitenlage zwischen den bisher untersuchten Gebieten einnehmen, ist die Hypothese einer möglichen Parallelität von Perioden intensiverer Pedogenese bzw. Morphodynamik in den Gebirgsrandbereichen unter dem Einfluß gleichsinniger und großräumiger Klimaschwankungen weiter zu prüfen.

Es sei angefügt, daß diese Hypothese z. B. den von G. BEAUDET u. a. (1976) in der westlichen Sahara, im Gebiet zwischen dem unteren Senegal und dem südlichen Marokko, entwickelten Vorstellungen entspricht. Aufgrund eines Vergleichs der kontinentalen und marinen Stratigraphie glauben sie, daß in der westlichen Sahara ein synchroner Verlauf der Klimaschwankungen im rezenten Quartär und Holozän möglich gewesen sein könnte. Für diese Vermutung gibt es zwar in bezug auf die Transgressions- und Regressionsphasen des Meeresspiegels und in bezug auf die kontinentalen Sedimente und Bodenbildungen einzelne Hinweise, es fehlt aber bisher – vor allem im südlichen Marokko – das Belegmaterial für eine genauere chronologische Einstufung der verschiedenen Phasen.

---

[67] Daneben handelt es sich wahrscheinlich auch um die Abspülungsprodukte älterer Feinmaterialablagerungen, wie z. B. der lößartigen Sedimente im tunesischen Untersuchungsgebiet.

Tabelle 15
Verzeichnis der ^{14}C-Datierungen[68]

Hv.-Wert	^{14}C-Alter (B. P.)	Material	Sediment	Lokalität
6600	260±100	Tamariskennadeln und -zweige in 2,6 m Tiefe	Sand des Hochwasserbettes	1 km oberhalb der Mündung des E. Tabiriou in den E. Zoumri (Depression von Bardai)
6840[69]	6435±1025 910	Kalk in 1,5 m Tiefe	leicht durch Kalk verbackene, limnische Sedimente	Schlucht des E. Hamora auf der Südostseite der Gégéré (Tibesti)
6841	1965±710	Kalkkruste an der Oberfläche		Südwestrand der Depression von Bardai
7531[70]	4730±60	Holzkohle an der Oberfläche eines fossilen Bodens in 2 m Tiefe	lößartige Sedimente	nördliches Vorland des Dj. Orbata (bei Gafsa in Tunesien)
7532	4795±115	Holzkohle in 1 m Tiefe	Bodensediment	O. El Hogueff (Zentraltunesien)
7533	rezent	Holzkohle in 4 m Tiefe	Dünensande	O. El Hallouf (Südtunesien)
7551	6045±155	Humus eines fossilen Bodens in 3,5 m Tiefe	lößartige Sedimente	O. El Hateb (Zentraltunesien)
7553[71]	2320±840	Humus eines fossilen Bodens in 6 m Tiefe	Dünensande	Ras El Djebel (Nordtunesien)
7554	27900±1380 1180	Gehäuse von Landschnecken in 6 m Tiefe	Dünensande	Ras El Djebel
7555	23750±865	Gehäuse von Landschnecken in 3,5 m Tiefe	Dünensande	Ras El Djebel

[68] Hier sind nur die in dieser Arbeit zum ersten Mal veröffentlichten Datierungen aufgeführt; für die anderen im Text erwähnten Datierungen sind an der betreffenden Stelle Literaturhinweise gegeben. Für die Durchführung der Datierungen im ^{14}C-Labor des Niedersächsischen Landesamtes für Bodenforschung in Hannover bin ich Herrn Prof. Dr. M. A. GEYH zu Dank verpflichtet.

[69] In den Proben Hv. 6840 und 6841, insbesondere aber in der letzten Probe, die an der Oberfläche entnommen wurde, ist nach einem Kommentar von M. A. GEYH mit Verjüngungen zu rechnen.

[70] Die aus dem tunesischen Untersuchungsgebiet stammenden Datierungen sind in den Profilen in Fig. 36 eingetragen.

[71] Vgl. zu dieser Datierung die Erläuterungen im Text (4.4.2.1).

Verzeichnis der Tabellen

Tab. 1: Absolute Höhen von Schotterresten der Niveaus I bis III in der Depression von Bardai – 11 –
Tab. 2: Dünnschliffanalysen der Gesteine in der Depression von Bardai – 11/12 –
Tab. 3: Länge, Zurundung und Plattheit von Schottern aus der Depression von Bardai – 15 –
Tab. 4: Röntgenanalysen aus der Depression von Bardai und der Gégéré – 17 –
Tab. 5: Vergleich der Terrassengliederungen in den Tälern des Tibesti-Gebirges – 21 –
Tab. 6: Einregelungsmessungen in der Depression von Bardai – 31 –
Tab. 7: Messungen der Schuttgröße (Depression von Bardai) – 32 –
Tab. 8: Reliefentwicklung in der Depression von Bardai und in der Gégéré – 33 –
Tab. 9: Pollenanalysen aus der Mittelterrassen-Akkumulation im östlichen Zoumrigebiet – 40 –
Tab. 10: Varianzanalyse für 13 Schotterproben aus der Depression von Bardai – 42 –
Tab. 11: Einregelungsmessungen im Gebiet des Dj. Chambi – 60 –
Tab. 12: Zurundungsmessungen (Gebiet des Dj. Chambi) – 61 –
Tab. 13: Verzeichnis der Molluskenarten (Tunesien) – 63 –
Tab. 14: Röntgenanalysen aus Tunesien – 66 –
Tab. 15: Verzeichnis der ^{14}C-Datierungen – 86 –

Verzeichnis der Figuren

Fig. 1: Profil am Nordrand der Depression von Bardai – 13 –
Fig. 2: Profil östlich von Bardai – 13 –
Fig. 3: Profil am Südwestrand der Depression von Bardai – 14 –
Fig. 4: Zurundungsdiagramm einer Schotterprobe des Niveaus II – 14 –
Fig. 5: Profil am Ostrand der Depression von Bardai – 16 –
Fig. 6: Zurundungsdiagramm einer Schotterprobe des Niveaus II – 16 –
Fig. 7: Profil nordöstlich von Bardai – 18 –
Fig. 8: Profil im Nordosten der Depression von Bardai – 20 –
Fig. 9: Miniaturschichtstufen westlich des E. Dougié – 22 –
Fig. 10: Schichtstufe westlich des E. Dougié – 22 –
Fig. 11: Schichtstufe westlich des E. Dougié – 23 –
Fig. 12: Tafelberg westlich des E. Dougié – 23 –
Fig. 13: Profil am Nordrand dere Gégéré – 24 –
Fig. 14: Schematisches Längsprofil am E. Dougié – 28 –
Fig. 15: Schematisches Längsprofil am E. Hamora östlich der Gégéré – 28 –
Fig. 16: Zurundung u. Form d. Grobmaterials d. Hangschuttdecken – 30 –
Fig. 17: Siebanalysen der Oberterrassen-Akkumulation am E. Tabiriou – 35
Fig. 18: Summenkurven der Siebanalysen der Oberterrassen-Akkumulation (E. Tabiriou) – 35 –
Fig. 19: Siebanalysen im Bereich der Sandschwemmebene westlich des E. Dougié – 37 –
Fig. 20: Siebanalysen der MT-Akkumulation – 40 –
Fig. 21: Querprofil westlich des E Dougié – 41 –
Fig. 22: Querprofil der Sandschwemmebene westlich des E. Dougié – 44 –
Fig. 23-25: Vertikale Korngrößenverteilung im Bereich der Sandschwemmebene westlich des E. Dougié – 45 –
Fig. 26: Rinnen- und Schwemmfächersystem an der Mündung des E. Dougié in den E. Zoumri – 46 –
Fig. 27: Längsprofil im E. Zoumri oberhalb von Bardai – 46 –
Fig. 28: Querprofile im E. Zoumri oberhalb von Bardai – 47 –
Fig. 29-30: Korngrößenverteilung im Längs- und Querprofil eines Schwemmfächers des E. Zoumri oberhalb von Bardai – 48 –
Fig. 31: Summenkurven der Siebanalysen des Hochwasserbettes (E. Zoumri oberhalb von Bardai) – 50 –
Fig. 32: Röntgenanalysen aus dem Gebiet des E. Zoumri
  a) fluvio-lakustre Sedimente bei Ouanofo – 54 –
  b) rötliches Bodenmaterial auf der Basisfläche in der Gégéré – 54 –
  c) Quatre-Roches-Sandstein am Ehi Kournei in der Depression von Bardai, Röntgenanalyse – 54 –
Fig. 33: Schwemmschuttablagerung im Dj. Chambi – 60 –
Fig. 34: Aufschluß der Hauptakkumulation im Dj. Chambi – 60 –
Fig. 35: Zurundungsmessungen im Gebiet des Dj. Chambi – 61 –
Fig. 36: Aufschlußprofile aus den Randbereichen und vorgelagerten Depressionen verschiedener tunesischer Gebirge – 64 –
Fig. 37: a) Lößartige Sedimente im Vorland des Dj. Chambi (Zentraltunesien), Röntgenanalysen – 65 –
  b) Feinmaterialakkumulation im Vorland des Dj. Mrhila (Zentraltunesien), Röntgenanalysen – 65 –
Fig. 38: Schwemmschuttablagerung bei Ghar El Melh – 69 –
Fig. 39: Querprofil am Nordrand des Dj. Orbata – 70 –
Fig. 40: Querprofil am O. El Leguene – 71 –

Verzeichnis der benutzten Karten und Luftbilder

Aufnahme der Österreichischen Tibesti-Expedition (1964/65), unveröffentlichte Höhenlinienkarte aus dem Gebiet von Bardai und Umgebung, ca. 1:20 000
Carte de l'Afrique 1:1 000 000, Blatt Djado, NF 33. – Inst. Géogr. Nat.; Paris
PÖHLMANN, G. (1969): Eine Karte der Oase Bardai im Maßstab 1:4000, Kartenprobe Bardai 1:25 000, – Berliner Geogr. Abh., 8; Berlin
Luftbilder (Depression von Bardai), ca. 1:20 000, Film T 3, Bild-Nr. 5272-5279, 5255-5264, 5223-5231; Tibestigebirge-Tchad. – Aero-Exploration; Frankfurt
Luftbilder (Gebiet der Gégéré), ca. 1:50 000, 1956-57, NF 33 XII, 151-153, 99, 100. – Inst. Géogr. Nat.; Paris
GAUSSEN, H., et VERNET, A. (1958): Carte internationale du tapis végétal, Tunis-Sfax, 1:1 000 000. – Inst. Geogr. Nat.; Paris
Topographische Karte von Tunesien 1:100 000, 1:50 000
Geologische Karte von Tunesien 1:500 000; von einzelnen Gebieten 1:50 000

Legende zu den Figuren und Profilen, verwendete Abkürzungen

Symbol	Bedeutung	Abk.	Bedeutung
	Ton und Schluff	NW	Niedrigwasserbett
	Schluff u. Feinsand	HW	Hochwasserbett
	Fein- u. Mittelsand	NT	Niederterrasse
	Grobsand	MT	Mittelterrasse
	Kies	OT	Oberterrasse
	Schotter	Sa	Sandschwemmebene
	Wurzelhaare	Ø	Korndurchmesser in mm
	Schutt	F	Flugsand
	anstehender Sandstein		
	Ignimbrit		

Übersichtskarte des Tibesti

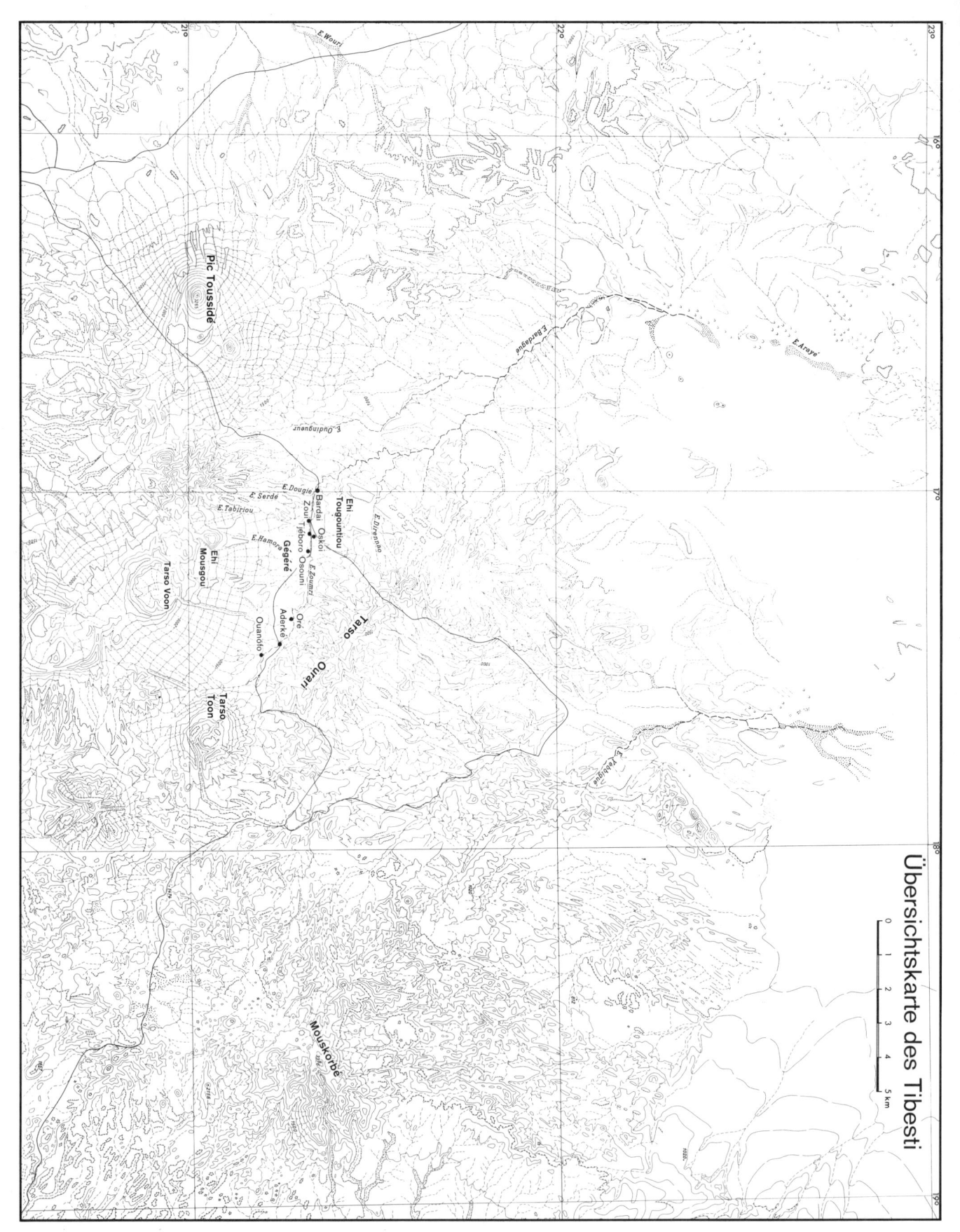

ÜBERSICHTSKARTE von TUNESIEN

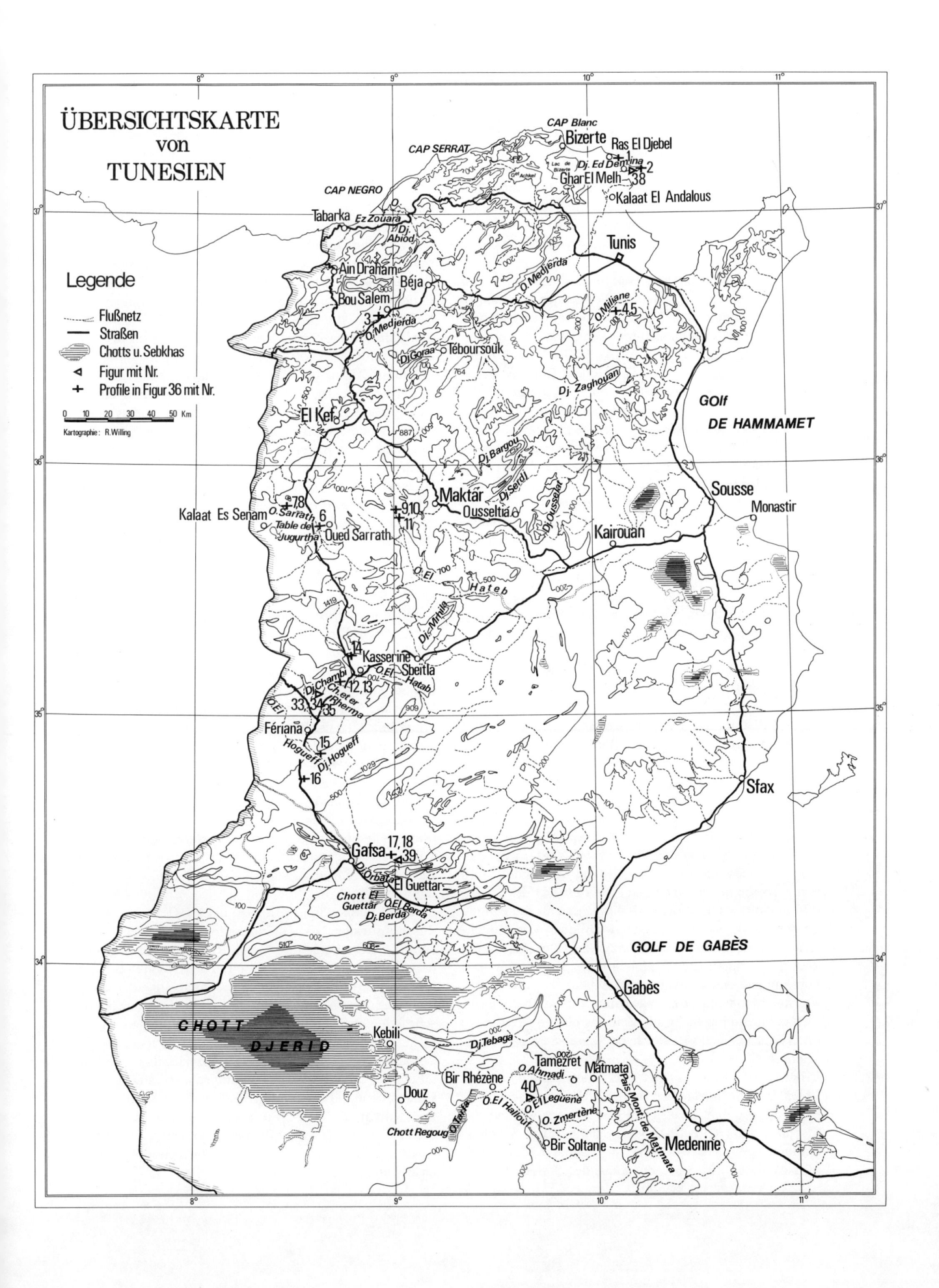

Legende
- ┄┄ Flußnetz
- ── Straßen
- ▨ Chotts u. Sebkhas
- ◁ Figur mit Nr.
- ✢ Profile in Figur 36 mit Nr.

0 10 20 30 40 50 Km

Kartographie: R. Willing

Zusammenfassung

In der vorliegenden Schrift sind die Arbeitsergebnisse aus zwei Untersuchungsgebieten, dem Tibesti-Gebirge in der Zentralsahara und Tunesien, dargestellt.

Im ersten Untersuchungsgebiet wird die Entstehungsgeschichte von zwei Depressionen mit Hilfe geomorphologischer und sedimentologischer Methoden rekonstruiert. Die Tal- und Hangsedimente werden typisiert und im Hinblick auf ihre klimatische Aussagefähigkeit untersucht.

Der für die beiden Depressionen rekonstruierte Formungsablauf läßt sich mit dem Formungsgeschehen in anderen Gebieten des Tibesti zum Teil gut vergleichen. Darüber hinaus deuten sich Möglichkeiten zu einer Parallelisierung mit Befunden von P. ROGNON (1967) aus dem Randbereich des Atakor im Hoggar-Gebirge an. So dürfte die im Tibesti festgestellte Formungsphase mit der Bildung der „Oberterrassen-Akkumulation" im Randbereich des Atakor durch die Sedimente der „terrasse graveleuse" repräsentiert sein. Sowohl für den älteren, der Ablagerung der „Oberterrassen-Akkumulation" vorangehenden Formungsablauf (z. B. für die Periode der Anlage von Flußnetzen und Kappungsflächen in der Zeit der Beckeneintiefung oder für Perioden mit der Ablagerung lakustrer Sedimente) als auch für den jüngeren, auf die Ablagerung der „Oberterrassen-Akkumulation" folgenden Formungsablauf (z. B. für folgende Perioden: die Bildung der frühholozänen Seesedimente, die Entstehung der auf diesen Sedimenten ausgebildeten Böden, die Bildung einer jungen Feinmaterialterrasse und der rezenten Talsedimente) gibt es Hinweise auf Parallelisierungsmöglichkeiten. Klimatische Einflüsse könnten das Formungsgeschehen in beiden Gebirgen in ähnlicher Weise beeinflußt haben.

Im 2. Teil der Arbeit werden Untersuchungsergebnisse zur Gliederung der Bodenbildungs- und Formungsphasen während des oberen Pleistozäns und Holozäns in verschiedenen Gebieten Tunesiens mitgeteilt und mit Befunden aus anderen Gebieten in Tunesien und im nördlichen Randbereich der Sahara verglichen. Dabei scheint sich für einzelne Perioden eine parallele Entwicklung anzudeuten, wie z. B. für die Periode relativ intensiver Morphodynamik mit der Bildung von Schutt- und Schottersedimenten im oberen Pleistozän, für die Bodenbildungsphase um 6000 bis 4700 B. P. und für die Periode um etwa 2000 bis 1000 B. P. mit der Bildung von Feinmaterialsedimenten entlang der rezenten Täler. Wiederum könnten klimatische Einflüsse die Parallelität des Formungsgeschehens verursacht haben.

Vergleicht man die Formungsdynamik in den beiden Untersuchungsgebieten für die Zeit des oberen Pleistozäns und Holozäns, so lassen sich hypothetisch 6 Perioden ausgliedern:

In der 1. Periode, die vor 30 000 B. P. begann und um etwa 14 000 B. P. geendet haben kann, sind im tunesischen Untersuchungsgebiet Phasen mit einer Intensivierung der Morphodynamik (Solifluktion, Schutt- und Schotterablagerungen, Glacisbildung) anzunehmen; außerdem gibt es Belege für eine Zunahme der Bodenbildungsintensität um etwa 28 000 bis 21 000 B. P. Im Tibesti-Untersuchungsgebiet finden sich etwa in diesem Zeitabschnitt ebenfalls Hinweise auf Phasen relativ intensiver Morphodynamik (Schutt- und Schotterablagerungen, Glacisbildung). Die einzelnen Formungsphasen der 1. Periode lassen sich in ihrer zeitlichen Stellung bisher nicht genau abgrenzen.

Die 2. Periode um etwa 14 000 bis 7 400 B. P. ist im Tibesti durch Zeitabschnitte mit der Bildung limnischer Sedimente charakterisiert. In den älteren Zeitabschnitt dieser Periode fallen in Zentraltunesien zwei Datierungen von Kalkkrusten, die ihre Entstehung vermutlich einer Bodenbildungsphase verdanken. In Südtunesien fällt die Ablagerung einer überwiegend aus Feinmaterial aufgebauten Akkumulation in den jüngeren Zeitabschnitt dieser Periode. Die 2. Periode dürfte in beiden Untersuchungsgebieten durch zeitweise feuchtere Klimaverhältnisse als gegenwärtig gekennzeichnet gewesen sein.

In einer kurzen 3. Periode nach 7400 B. P. deutet die Bildung von Schwemmfächersedimenten im Tibesti-Untersuchungsgebiet auf relativ trockene Klimaverhältnisse hin. In weiter südlich gelegenen Gebieten als das Tibesti scheint sich eine ähnliche Entwicklung anzudeuten. In Südtunesien war die Ablagerung der Feinmaterial-Akkumulation, die vermutlich auf feuchtere Klimabedingungen hinweist, um etwa 7000 B. P. beendet.

Die 4. Periode um etwa 6000 bis 4700 B. P. ist in Tunesien durch die Bildung humoser dunkler Böden charakterisiert. Untersuchungsergebnisse aus den anderen Maghrebländern zeigen, daß in dieser Periode relativ feuchte Klimabedingungen bis in die nördlichen Randbereiche der Sahara hinein geherrscht haben könnten. Im Tibesti finden sich Belege für die Bildung dunkler Böden auf den Seesedimenten der 2. Periode; diese Böden wurden aber bisher nicht datiert.

In der 5. Periode um etwa 4700 bis 2000 B. P. ist im tunesischen Untersuchungsgebiet zeitweise eine erneute Intensivierung morphodynamischer Prozesse (Ablagerung von Schottern) anzunehmen. Im Tibesti-Untersuchungsgebiet dürfte es in dieser Zeit zu Grobmaterialverlagerungen im Tal- und Hangbereich gekommen sein. Eine zeitliche Einstufung einzelner Phasen dieser Periode war nicht möglich.

In der 6. Periode um etwa 2000 bis 1000 B. P. wurden in Zentraltunesien Feinmaterialsedimente entlang der rezenten Täler abgelagert. Vergleichbare Sedimente werden auch aus Marokko, Libyen und dem Hoggar-Gebirge in dieser Zeit beschrieben. Ähnliche, bisher allerdings nicht datierte Sedimente finden sich im Tibesti. Klimatische oder auch anthropogene Einflüsse können an der Bildung dieser Sedimente beteiligt gewesen sein.

Zur zeitlichen Einstufung und zur klimatischen Interpretation der beschriebenen Formungsphasen sind weitere Untersuchungen notwendig. Festzuhalten ist, daß die Befunde nicht im Widerspruch zur Hypothese eines synchronen Verlaufs von Klimaschwankungen im oberen Pleistozän und Holozän in den Untersuchungsgebieten zu stehen scheinen.

Summary

Research results are presented from two areas: the Tibesti Mountains (Central Sahara) and Tunisia.

In the first study area geomorphological and sedimentological methods were used to reconstruct the origin of two depressions. The valley and slope sediments were classified and investigated for climatic evidence.

The reconstructed formation process of these two depressions can be compared with geomorphological development in other parts of the Tibesti. In addition, comparison may be possible with results by P. ROGNON (1967) in the Atakor borderland in the Hoggar Mountains. The upper terrace accumulation phase („Oberterrassen-Akkumulation") in the Tibesti probably corresponds to the sedimentation of the „terrasse graveleuse" in the Atakor borderland. Further possibilities of comparison are indicated: both for the older formation process preceding the upper terrace accumulation (e. g. for the period of origin of river systems and erosion surfaces at the time of basin formation, or for periods of lacustrine sedimentation) and for the younger formation process following the upper terrace accumulation (e. g. for the following periods: the accumulation of early Holocene lacustrine deposits, the development of soils formed on top of these sediments, the formation of a younger fine material terrace and of the recent valley sediments). Climatic influences seem to have had a similar effect on formation processes in both mountain ranges.

The second part of the study deals with research results from various areas in Tunisia concerning the different phases of erosion and accumulation and of soil formation during the upper Pleistocene and Holocene, the results were compared with finds from other parts of Tunisia and the northern borderland of the Sahara. Development seems to have been parallel during some periods, e. g. the period of relatively intense morphodynamic activity with the deposition of debris and gravel during the upper Pleistocene, the soil formation phase about 6000–4700 B. P., and the accumulation period about 2000–1000 B. P. with fine material sediments along the recent valleys. Here too, climatic influences may have been responsible for parallel processes of formation.

A comparison of the morphodynamics of the two study areas in the upper Pleistocene and Holocene suggests six formation periods:

During the first period (between 30 000 B. P. and approx. 14 000 B. P.) the Tunisian study area underwent an intensified morphodynamic activity (solifluction, sedimentation of debris and gravel, glacis formation); there is also evidence of processes of soil formation about 28 000 to 21 000 B. P. Evidence of phases of relatively intense morphodynamic activity (debris and gravel deposits, glacis formation) about this time is also found in the Tibesti study area. It has not yet been possible to fix the exact dates of the different phases in the first period.

The second period, approx. 14 000 to 7400 B. P., is characterized in the Tibesti by phases of lacustrine sedimentation. In Central Tunisia two dates of calcrete crusts, probably due to a soil formation phase, belong to the older phase of this period. In Southern Tunisia an accumulation of mainly fine material occurred in the younger phase of this period. Climatic conditions in both study areas during the second period were probably at times more humid than today.

During a short third period after 7400 B. P. the formation of alluvial fan sediments in the Tibesti study area indicates a relatively dry climate. A similar climatic development seems to have occured in regions south of the Tibesti. In Southern Tunisia fine material accumulation, probably indicating wetter climatic conditions, ended around 7000 B. P.

The fourth period, about 6000 to 4700 B. P., features in Tunisia the formation of dark humous soils. Results from other Maghreb countries show that during this period a relatively humid climate probably prevailed up to the northern borderland of the Sahara. There a traces in the Tibesti of the formation of dark soils on top of the lacustrine sediments of the second period; these soils have not yet been dated.

In the fifth period, about 4700 to 2000 B. P., morphodynamic processes (deposition of gravel) increased in intensity again in the Tunisian study area. In the Tibesti at this time coarse material was probably displaced in the valley and slope areas. It was not possible to date the different phases of this period.

During the sixth period, about 2000 to 1000 B. P. fine material was deposited along the recent valleys in Central Tunisia. Comparable sediments are also known in Marocco, Libya and the Hoggar at this time. Similar but as yet undated sediments occur in the Tibesti. Their formation may be due to climatic or anthropogenic influences.

Further research is necessary in order to establish an exact chronology and climatic interpretation of these formation phases. Available results do not seem to contradict the hypothesis of a synchronous course of climate fluctuations in the upper Pleistocene and the Holocene in the study areas.

Résumé

Dans ce travail sont présentés les résultats de recherches de deux régions, le Massif du Tibesti au Sahara Central et la Tunisie.

Dans la première région, on poursuit le développement de deux dépressions à l'aide de méthodes géomorphologiques et sédimentologiques. Après avoir standardisé les sédiments des vallées et des pentes, on essaie de les classer selon leur génèse sous l'aspect d'une interprétation climatique.

Une comparaison entre le déroulement de la formation de ces deux dépressions et la formation géomorphologique d'autres régions au Tibesti est partiellement possible. En plus, il se montre les possibilités de comparaison avec les résultats de P. ROGNON (1967), qu'il a obtenus à la bordure de l'Atakor à la Montagne du Hoggar. Au Tibesti, la phase de l'accumulation de la terrasse supérieure („Oberterrassen-Akkumulation") coincide probablement avec la sédimentation de la „terrasse graveleuse" à la bordure de l'Atakor. On trouve aussi des indices qu'une comparaison ne soit pas seulement possible pour la formation plus ancienne qui précède à l'accumulation de la terrasse supérieure (p. ex. pour la période de l'installation du réseau hydrographique et des surfaces d'érosion pendant la formation des bassins ou pour les périodes de sédimentation lacustre) mais aussi pour la formation plus jeune qui suit à l'accumulation de la terrasse supérieure (p. ex. pour les périodes suivants: la formation des sédiments lacustres de l'Holocène inférieur, le développement des sols sur ces sédiments, la formation d'une terrasse en matière fine et des sédiments récents des vallées). Il semble que les influences climatiques dans les deux massifs aient un effet comparable sur les événements de formation.

Dans la deuxième partie du travail sont présentés les résultats de recherches de plusieurs régions tunisiennes concernant les phases différentes d'accumulation et d'érosion et de formation de sols pendant le Pleistocène supérieur et l'Holocène, et on les compare avec les situations qu'on trouve dans d'autres régions tunisiennes et à la bordure septentrionale du Sahara. Il semble qu'un développement comparable s'esquisse partout pour quelques périodes, p. ex. une phase d'une morphodynamique asses intense avec la sédimentation de débris et de galets pendant le Pleistocène supérieur, une phase de formation de sols de 6000 vers 4700 B. P. et une phase de sédimentation de matière fine de 2000 vers 1000 B. P. les long des vallées récentes. Des influences climatiques sont peut-être responsables pour le parallélisme de ces phases de formation.

Si on compare les mécanismes de formation dans les deux régions de recherches pendant le Pleistocène supérieur et l'Holocène, on peut distinguer, d'une manière hypothétique, six périodes:

Pendant la première période, entre 30 000 et 14 000 B. P. environ, on trouve des phases d'une augmentation de la morphodynamique dans la région tunisienne (solifluction, sédimentation de débris et de galets, formation de glacis); en plus, on trouve les traces de formation de sols entre 28 000 et 21 000 environ. Les preuves pour les phases d'une morphodynamique asses intense pendant ce temps-là (sédimentation de débris et de galets, formation de glacis) sont également visibles au Tibesti. Il n'est pas encore possible d'indiquer exactement les âges absolus des différents phase de la première période.

La deuxième période, de 14 000 à 7400 B. P. environ, est caractérisée par des phases d'une sédimentation lacustre au Tibesti. Pour la phase la plus ancienne de cette période on possède de la Tunisie centrale deux datations de croûtes calcaires dont la génèse remonte vraisemblement à une phase de formation de sols. Pendant la phase plus jeune de cette période, une accumulation de matière fine a eu lieu en Tunisie méridionale. La deuxième période pourrait être caractérisée par un climat parfois plus humide qu'aujourd'hui dans les deux régions de recherches.

La formation de cônes alluviaux au Tibesti indique une troisième période plus brève que les autres après 7400 B. P. avec un climat relativement sec. Un développement comparable semble s'annonces dans les régions au sud du Tibesti. En Tunisie méridionale, la sédimentation de matière fine qu'indique vraisemblement des conditions climatiques plus humides a été terminée vers 7000 B. P.

La quatrième période, entre 6000 et 4700 B. P. environ, est caractérisée par la formation de sols foncés et humiques en Tunisie. Les recherches dans d'autres pays maghrebiniens ont montré que cette période avec son climat relativement humide a laissé des traces jusqu'à la bordure septentrionale du Sahara. Au Tibesti, on la retrouve par la formation de sols foncés sur les sédiments lacustres de la deuxième période; jusqu'à présent on n'a aucune datation de ces sols.

Pendant la cinquième période, entre 4700 et 2000 B. P. environ, une augmentation des processus morphodynamiques (sédimentation de galets) recommence. Au Tibesti, on peut constater un mouvement des débris sur les pentes et des galets dans les vallées. Des datations exactes des différentes phases de la cinquième période n'existent pas.

Une sédimentation de matière fine qui se trouve le long des vallées actuelles a eu lieu en Tunisie centrale pendant la sixième période de 2000 à 1000 B. P. environ. Des sédiments pareilles de cette période sont aussi connues au Maroc, en Libye et dans le Hoggar. On les trouve aussi au Tibesti, mais ici elles ne sont pas datés. Leur formation peut avoir été influencée par le climat ou même par l'homme.

Pour établir une chronologie exacte et pour l'interprétation climatique de toutes ces phases de formation d'autres recherches sont encore à effectuer. On peut constater que les résultats ne semblent pas être en contradiction avec l'hypothèse que les oscillations climatiques au Pleistocène supérieur et pendant l'Holocène étaient synchrones dans les régions de recherches.

Literaturverzeichnis

ALIMEN, H. (1965): The Quaternary Era in the Northwest Sahara. – Geol. Soc. Amer., Special Papers, 84: 273-291; New York

ALIMEN, H., et FAURE, H., et CHAVAILLON, J., et TAIEB, M., et BATTISTINI, R. (1969): Les études françaises sur le Quaternaire de l'Afrique. – Présentées à l'occasion du VIIIe Congrès International de l'INQUA: 201-214; Paris

ALLEN, J. R. L. (1965): Fining-upwards cycles in alluvial successions. – Geological Journal, 4: 229-246; Liverpool, Manchester

ANDRES, W. (1974): Studien zur jungquartären Reliefentwicklung des südwestlichen Anti-Atlas und seines saharischen Vorlandes (Marokko). – Habilitationsschrift am Geograph. Institut der Johannes-Gutenberg-Universität Mainz; 204 S.; Mainz

BALLAIS, J. L. (1974): L'évolution géomorphologique holocène dans la région de Cheria (Nementchas). – Libyca (à paraître)[72]

BALOUT, L. (1952): Pluviaux interglaciaires et préhistoire saharienne. – Trav. Inst. Rech. Sahar., 8: 9-21; Alger

BASTIN, B., et DEWOLF, Y., et GUILLIEN, Y., et MUSCART, T., et PREYSSEGUR, J. J. (1975): Grèzes litées et encroûtement calcaires. – Colloque „Types de croutes calcaires et leur répartition régionale"; S. 9 bis 11; Strasbourg

BEAUDET, G., et MAURER, G. (1960): Note préliminaire sur les basses terrasses grises des vallées exoréiques du Maroc. – Notes Marocaines, Rev. de la Soc. de Géogr. du Maroc, 13: 45-50; Rabat

BEAUDET, G., et MAURER, G., et RUELLAN, A. (1967): Le quaternaire Marocain. Observations et hypothèses nouvelles. – Rev. de Géogr. phys. et de Géol. dyn., 9: 269-310; Paris

BEAUDET, G., et MICHEL, P., et NAHON, D., et OLIVA, P., et RISER, J., et RUELLAN, A. (1976): Formes, formations superficielles et variations climatiques récentes du Sahara occidental. – Rev. de Géogr. phys. et de Géol. dyn., 18: 157-173; Paris

BECKMANN, H., und SCHARPENSEEL, H. W., und STEPHAN, S. (1972): Profilstudien an tunesischen Böden. – Fortschr. Geol. Rheinld. u. Westf., 21: 65-82; Krefeld

BELITZ, H. J. (1960): Die Anwendung statischer Methoden in der Biologie. – Der Mathematikunterricht. Beiträge zu seiner wissenschaftlichen und methodischen Gestaltung, 3: 83-103; Stuttgart

BELLAIR, P., et JAUZEIN, A. (1952): La dernière recurrence humide dans le Grand Erg Oriental. – Bull. Soc. des Sc. Nat. de Tunisie, 5: 175-180; Tunis

BIBERSON, P. (1962): L'évolution du Paléolithique Marocain dans le cadre du Pléistocène Atlantique. – Quaternaria, 6: 117-205; Roma

BORDET, P. (1953): Remarques sur la météorologie, l'hydrographie et la morphologie du Hoggar. – Trav. Inst. Rech. Sahar., 9: 7-23; Alger

BOS, R. H. G. (1971): Quaternary evolution of a mountainous area in N. W. Tunisia. A geomorphological and pedological analysis. – Publ. Fys.-Geogr. Bodenk. Lab. Univ. Amsterdam, nr. 19; 160 S.; Amsterdam

BÖTTCHER, U. (1969): Die Akkumulationsterrassen im Ober- und Mittellauf des Enneri Misky (Südtibesti). – Berliner Geogr. Abh., 8: 7-21; Berlin

BOULAINE, M. J. (1967): Problèmes posés par les sols rouges méditerranéens. – Bull. de l'Assoc. de Géogr. Français, 354: 2-16; Paris

BRIEM, E. (1970): Beobachtungen zur Talgenese im westlichen Tibesti-Gebirge. – Diplomarbeit am II. Geogr. Institut d. FU Berlin. Manuskript

BRIEM, E. (1976): Beiträge zur Talgenese im westlichen Tibesti-Gebirge. – Berliner Geogr. Abh., 24: 45-54; Berlin

BRONGER, A. (1975): Paläoböden als Klimazeugen – dargestellt an Löß-Boden-Abfolgen des Karpatenbeckens. – Eiszeitalter und Gegenwart, 26: 131-154; Öhringen

BROSCHE, K.-U., und MOLLE, H.-G. (1975): Morphologische Untersuchungen im nordöstlichen Matmata-Vorland (nördliche Djeffara, Südtunesien). – Eiszeitalter und Gegenwart, 26: 218-240; Öhringen

BROSCHE, K.-U, und MOLLE, H.-G., und Schulz, E. (1976): Geomorphologische Untersuchungen im östlichen Kroumirbergland (Nordtunesien, Gebiet östlich von Tabarka). – Eiszeitalter und Gegenwart, 27: 143 bis 158; Öhringen

BRUNNACKER, K. (1973): Einiges über Lößvorkommen in Tunesien. – Eiszeitalter und Gegenwart, 23/24: 89-99; Öhringen

BRUNNACKER, K., und LOZEK, V. (1969): Lößvorkommen in Südost-Spanien. – Zeitschr. f. Geomorph., N. F., 13: 297-316; Berlin, Stuttgart

BRUSCHEK, G. (1974): Zur Geologie des Tibesti (Zentrale Sahara). – Pressedienst Wissenschaft FU Berlin, 5: 15-35; Berlin

BÜDEL, J. (1955): Reliefgenerationen und Plio-Pleistozäner Klimawandel im Hoggargebirge. – Erdkunde, 9: 100-115; Bonn

BÜDEL, J. (1963): Die pliozänen und quartären Pluvialzeiten der Sahara. – Eiszeitalter und Gegenwart, 14: 161-187; Öhringen

BUROLLET, P. F. (1951): Etude géologique des bassins mio-pliocènes du nord-est de la Tunisie. – Ann. d. Min. et de Géol., 7, 86 S., 1e Série; Tunis

BUSCHE, D. (1972): Untersuchungen zur Pedimententwicklung im Tibesti-Gebirge (République du Tchad). – Zeitschr. f. Geomorph., N. F., Suppl. Bd. 15: 21-38; Berlin, Stuttgart

BUSCHE, D. (1973): Die Entstehung von Pedimenten und ihre Überformung, untersucht an Beispielen aus dem Tibesti-Gebirge, République du Tchad. – Berliner Geogr. Abh., 18, 110 S.; Berlin

BUTZER, K. W. (1959): Studien zum vor- und frühgeschichtlichen Landschaftswandel der Sahara. III Die Naturlandschaft Ägyptens während der Vorgeschichte und der dynastischen Zeit. – Akad. d. Wiss. und der Lit., math.-nat. Klasse, 2: 43-122; Mainz

BUTZER, K. W. (1964): Pleistocene and cold-climate phenomena of the Island of Mallorca. – Zeitschr. f. Geomorph., N. F., 8: 7-31; Berlin, Stuttgart

BUTZER, K. W. (1971): Quartäre Vorzeitklimate der Sahara. – In: Die Sahara und ihre Randgebiete (Herausgeber: SCHIFFERS, H.), I. Bd. Physiogeographie. Afrika-Studien, 60: 349-387; München

BUTZER, K. W., and CUERDA, J. (1962): Coastal stratigraphy of southern Mallorca and its implications for the Pleistocene chronology of the Mediterranean Sea. – Journ. of Geol., 70: 398-416; Chicago, Illinois

BUTZER, K. W., and HANSEN, C. L. (1968): Desert and River in Nubia. Geomorphology and Prehistoric Environments at the Aswan Reservoir. – The University of Wisconsin, 562 S.; Madison, Milwaukee and London

CAILLEUX, A. (1952): Morphoskopische Analyse der Geschiebe und Sandkörner und ihre Bedeutung für die Paläoklimatologie. – Geol. Rundsch., 40: 11-20; Stuttgart

CAILLEUX, A., et TRICART, J. (1963): Initiation a l'étude des sables et des galets. – Centre de Documentation Universitaire, 1 Texte, 376 S.; Paris

CAPOT-REY, R. (1953): Le Sahara français. – Presses Universitaires, 564 S.; Paris

CASTANY, G., et GOBERT, E. G., et HARSON, L. (1956): Le Quaternaire marin de Monastir. – Ann. d. Min. et de la Géol., 19, 58 S.; Tunis

CASTANY, G. (1962): Le Tyrrhénien de la Tunisie. – Quaternaria, 6: 229 bis 267; Roma

CHAVAILLON, J. (1964): Les formations quaternaires du Sahara Nord-Occidental. – Publ. Centre National Rech. Scient., Série Géologie, 5, 393 S.; Paris, Alger

CHOUBERT, G. (1962): Réflexion sur les parallélismes probables des formations quaternaires atlantiques du Maroc avec celles de la Méditerranée. – Quaternaria, 6: 137-175; Roma

CHOUBERT, A., et JOLY, F., et GIGOUT, M., et MARCAIS, J., et MARGAT, J., et RAYNAL, R. (1956): Essais de classification du Quaternaire continental du Maroc. – C. R. Acad. Sc., 243: 504-506; Paris

CONRAD, G. (1969): L'évolution continentale post-hercynienne du Sahara Algérien (Saoura, Erg Chech-Tanezrouft, Ahnet Mouydir). – Publ. Centre National Rech. Scient., Série Géologie, 10, 527 S.; Paris

COQUE, R. (1962): La Tunisie Présaharienne. Etude Géomorphologique. – 476 S.; Paris

COUVERT, M. (1972): Variations paléoclimatiques en Algérie. – Libyca, Anthropologie-Préhistoire-Ethnographie, 20: 45-48; Alger

DELIBRIAS, G., et DUTIL, P. (1966): Formations calcaires lacustres du Quaternaire supérieur dans le massif central saharien (Hoggar) et datations absolues. – C. R. Acad. Sc., Série D, 262: 55-58; Paris

---

[72] Nach einem Literaturzitat bei P. ROGNON (1976, p. 279); die Arbeit konnte von mir bisher nicht eingesehen werden, da sie in dem Band von 1974 nicht erschienen ist.

DESPOIS, J. (1955): La Tunisie Orientale, Sahel et basse Steppe, Etude Géographique. – Publ. de l'Institut des Hautes Etudes de Tunis. Section des lettres-Bd. I; Paris

DRESCH, J., et Raynal, R. (1953): Note sur les formes glaciaires et périglaciaires dans le Moyen Atlas, le bassin de la Moulouya et le Haut Atlas Oriental, et leur limites d'altitude. – Notes et Mém. Serv. Géol. du Maroc, 117: 3-121; Rabat

DRESCH, J., et RONDEAU, A., et AOUANI, M. E. (1960): Observations sur les dépôts de versants et les terrasses climatiques en Tunisie. – C. R. som. Soc. Géol. Fr., 6: 137-139; Paris

DUBIEF, J. (1956): Note sur l'évolution du climat saharien au cours de derniers millénaires. – Actes du IVe Congr. internat. du Quatern., 2: 848-851; Rome-Pisa

DUBIEF, J. (1971): Die Sahara, eine Klimawüste. – In: Die Sahara und ihre Randgebiete (Herausgeber: SCHIFFERS, H.), I. Bd. Physiogeographie, Afrika-Studien, 60: 227-348; München

DUTIL, P. (1959): Sur la présence de deux niveaux quaternaires dans le massif central du Sahara (Hoggar). – C. R. som. Soc. Géol. Fr., 5: 199-200; Paris

DURAND, J. H. (1959): Les sols rouges et les croûtes en Algerie. – Direction de l'Hydraulique et de l'Equipement Rural, Services des Etudes Scient., Etude Générale, 7, 244 S.; Clairbois-Birmandreis (Banlieue d'Alger)

EMILIANI, C., and MAYEDA, T. (1964): Oxygen isotopic analysis of some molluscan shells from fossil littoral deposits of Pleistocene age. – Amer. Journ. Science, 262: 107-113

ENGELHARDT, W. v. (1973): Die Bildung von Sedimenten und Sedimentgesteinen. Sediment-Petrologie, Teil III. – E. Schweizerbart'sche Verlagsbuchhandlung, 378 S.; Stuttgart

ERGENZINGER, P. (1971): Das südliche Vorland des Tibesti. Beiträge zur Geomorphologie der südlichen zentralen Sahara. – Habilitationsschrift am II. Geogr. Institut der FU Berlin. Manuskript; Berlin

ERGENZINGER, P. (1972): Quartäre Seebildungen des ehemaligen Tschadbinnenmeeres. – Zeitschr. f. Geomorph., N. F., 16: 221-224; Berlin, Stuttgart

FAIRBRIDGE, R. W. (1965): Eiszeitklima in Nordafrika. – Geol. Rundsch., 54: 393-414; Stuttgart

FARRAND, W. R. (1971): Late Quaternary paleoclimates of the eastern Mediterranean area. – In: Late cenocoic glacial ages (Herausgeber: TUREKIAN, K. K.), Yale University Press, S. 529-564; New Haven and London

FAURE, H., et MANGUIN, E., et NYDAL, R. (1963): Formations lacustres du Quaternaire supérieur du Niger oriental: Diatomites et âges absolues. – Bull. Bureau Rech. Géol. Min. (B. R. G. M.), 3; 41-63; Paris

FLOHN, H. (1963): Zur meteorologischen Interpretation der pleistozänen Klimaschwankungen. – Eiszeitalter und Gegenwart, 14: 153-160; Öhringen

GABRIEL, B. (1970): Die Terrassen des Enneri Dirennao. Beiträge zur Geschichte eines Trockentales im Tibesti-Gebirge. – Diplomarbeit am II. Geogr. Institut der FU Berlin, 93 S.; Berlin

GABRIEL, B. (1972): Terrassenentwicklung und vorgeschichtliche Umweltbedingungen im Enneri Dirennao (Tibesti, östliche Zentralsahara). – Zeitschr. f. Geomorph., N. F., Suppl. Bd. 15: 113-128; Berlin, Stuttgart

GABRIEL, B. (1973): Steinplätze: Feuerstellen neolithischer Nomaden in der Sahara. – Libyca, Anthropologie-Préhistoire-Ethnographie, 21: 151 bis 168; Alger

GASSE, F. (1976): Intérêt de l'étude des Diatomées pour la reconstitution des paléoenvironnements lacustres. Exemple des lacs d'âge Holocène de l'Afar (Etiopie et T. F. A. J.). – Rev. de Géogr. phys. et de Géol. dyn., 18: 199-216; Paris

GEYH, M. A., und JÄKEL, D. (1974 a): Spätpleistozäne und holozäne Klimageschichte der Sahara aufgrund zugänglicher ^{14}C-Daten. – Zeitschr. f. Geomorph., N. F., 18: 82-98; Berlin, Stuttgart

GEYH, M. A., und JÄKEL, D. (1974 b): ^{14}C-Altersbestimmungen im Rahmen der Forschungsarbeiten der Außenstelle Bardai/Tibesti der Freien Universität Berlin, Pressedienst Wissenschaft FU Berlin, 5: 107-117; Berlin

GIESSNER, K. (1964): Naturgeographische Landschaftsanalyse der Tunesischen Dorsale (Gebirgsrücken). – Jb. der Geogr. Ges. zu Hannover für 1964, 244 S.; Hannover

GILE, L. H., and PETERSON, F. F., and GROSSMANN, R. B. (1966): Morphological and genetic sequences of carbonate accumulation in desert soils. – Soil Science, 101: 347-360; Baltimore

GRUNERT, J. (1972 a): Die jungpleistozänen und holozänen Flußterrassen des oberen Enneri Yebbigué im zentralen Tibesti-Gebirge (Rép. du Tchad) und ihre klimatische Deutung. – Berliner Geogr. Abh., 16: 105-121; Berlin

GRUNERT, J. (1972 b): Zum Problem der Schluchtenbildung im Tibesti-Gebirge (Rép. du Tchad). – Zeitschr. f. Geomorph., N. F., Suppl. Bd. 15: 144-155; Berlin, Stuttgart

GRUNERT, J. (1975): Beiträge zum Problem der Talbildung in ariden Gebieten am Beispiel des zentralen Tibesti-Gebirges (République du Tchad). – Berliner Geogr. Abh., 22, 95 S.; Berlin

GUILLIEN, Y., et RONDEAU, A. (1966): Le modelé cryonival de la Tunisie centrale et septentrionale. – Ann. de Géogr., 75: 257-267; Paris

HAGEDORN, H. (1966): Landforms of the Tibesti Region. – In: South-Central Libya and northern Chad. A Guidebook to the Geology and prehistory (Herausgeber: WILLIAMS, J. J., and KLITZSCH, E.), 8 Ann. Field Conf., Petrol. Explor. Soc. Libya, S. 53-58; Amsterdam

HAGEDORN, H. (1967): Beobachtungen an Inselbergen im westlichen Tibesti-Vorland. – Berliner Geogr. Abh., 5: 17-22; Berlin

HAGEDORN, H. (1971): Untersuchungen über Relieftypen arider Räume an Beispielen aus dem Tibesti-Gebirge und seiner Umgebung. – Zeitschr. f. Geomorph., Suppl. Bd. 11, 251 S.; Berlin, Stuttgart

HAGEDORN, H., und JÄKEL, D. (1969): Bemerkungen zur quartären Entwicklung des Reliefs im Tibesti-Gebirge (Tchad). – Bull. Ass. Sénégal. Et Quatern. Afr. (ASEQUA), 23: 25-41; Dakar

HAGEDORN, J. (1971): Beiträge zur Quartärmorphologie griechischer Hochgebirge. – Göttinger Geogr. Abh., 50; Göttingen

HEY, R. W. (1962): The Quaternary and Palaeolithic of Northern Libya. – Quaternia, 6: 435-449; Roma

HEY, R. W. (1963): Pleistocene srees in Cyrenaica (Libya). – Eiszeitalter und Gegenwart, 14: 77-84; Öhringen

HECKENDORFF, W. D. (1972): Zum Klima des Tibesti-Gebirges. – Berliner Geogr. Abh., 16: 123-142; Berlin

HOUEROU, LE H. N. (1960): Contribution à l'étude des sols du Sud Tunisien. – Ann. Agron., Série A, 3: 241-308; Paris

HÖVERMANN, J. (1963): Vorläufiger Bericht über eine Forschungsreise ins Tibesti-Massiv. – Die Erde, 94: 126-135; Berlin

HÖVERMANN, J. (1965): Eine geomorphologische Forschungsstation in Bardai/Tibesti-Gebirge. – Zeitschr. f. Geomorph., N. F., 9: 131; Berlin

HÖVERMANN, J. (1967): Hangformen und Hangentwicklung zwischen Syrte und Tschad. – In: L'évolution des versants, Colloque international tenu a l'Université de Liège du 8. Au. 13 Juin 1966, S. 139-156, Liège

HÖVERMANN, J. (1972): Die periglaziale Region des Tibesti und ihr Verhältnis zu angrenzenden Formungregionen. – Göttinger Geogr. Abh., 60: 261-284 (Hans-Poser-Festschrift); Göttingen

HUBSCHMANN, Y.(1971): Limons rouges et gris quaternaires récents et érosion sélective au Maroc oriental. – Zeitschr. f. Geomorph., N. F., 15: 261-273; Berlin, Stuttgart

ILLIES, H. (1949): Die Schrägschichtung in fluviatilen und litoralen Sedimenten, ihre Ursachen, Messung und Auswertung. – Mitt. Geol. Staatsinstitut Hamburg, 19: 89-109; Hamburg

JÄKEL, D. (1967): Vorläufiger Bericht über Untersuchungen fluviatiler Terrassen im Tibesti-Gebirge. – Berliner Geogr. Abh., 5: 39-49; Berlin

JÄKEL, D. (1971): Erosion und Akkumulation im Enneri Bardagué-Arayé des Tibesti-Gebirges (zentrale Sahara) während des Pleistozäns und Holozäns. – Berliner Geogr. Abh., 10, 55 S.; Berlin

JÄKEL, D., und DRONIA, H. (1976): Ergebnisse von Boden- und Gesteinstemperaturmessungen mit einem Infrarot-Thermometer sowie Berieselungsversuche an der Außenstelle Bardai des Geomorphologischen Laboratoriums der Freien Universität Berlin im Tibesti. – Berliner Geogr. Abh., 24: 55-64; Berlin

JÄKEL, D., und SCHULZ, E. (1972): Spezielle Untersuchungen an der Mittelterrasse im Enneri Tabi, Tibesti-Gebirge. – Zeitschr. f. Geomorph., N. F., Suppl. Bd. 15: 129-143; Berlin, Stuttgart

JANNSEN, G. (1970): Morphologische Untersuchungen im nördlichen Tarso Voon (zentrales Tibesti). – Berliner Geogr. Abh., 9, 36 S.; Berlin

JOLY, F. (1962): Etudes sur le relief du Sud-Est marocain. – Thèse, Trav. Inst. scient. chérifien, série géol. et géogr. phys., 10, 587 S.; Rabat

KAISER, K.(1963): Die Ausdehnung der Vergletscherungen und „periglazialen" Erscheinungen während der Kaltzeiten des quartären Eiszeitalters innerhalb der Syrisch-Libanesischen Gebirge und die Lage der klimatischen Schneegrenze zur Würmeiszeit im östlichen Mittelmeergebiet. – Rep. VI. Intern. Congr. on Quaternary Warschau, III, S. 127-148; Warschau

KAISER, K. (1970): Über Konvergenzen arider und „periglazialer" Oberflächenformen und zur Frage einer Trockengrenze solifluidaler Wirkungen am Beispiel des Tibesti-Gebirges in der zentralen Ostsahara. – Abh. d. 1. Geogr. Inst. d. FU Berlin, N. F., 13: 147-188; Berlin

KAISER, K. (1972 a): Der känozoische Vulkanismus im Tibesti-Gebirge. – Berliner Geogr. Abh., 16: 9-34; Berlin

KAISER, K. (1972 b): Prozesse und Formen der ariden Verwitterung am Beispiel des Tibesti-Gebirges und seiner Rahmenbereiche. – Berliner Geogr. Abh., 16: 49-80; Berlin

KALLENBACH, H. (1972): Petrographie ausgewählter quartärer Lockersedimente und eisenreicher Krusten der libyschen Sahara. – Berliner Geogr. Abh., 16: 83-92; Berlin

KLITZSCH, E. (1970): Die Strukturgeschichte der Zentralsahara. – Geol. Rundsch., 59: 459-527; Stuttgart

LAMOUROUX, M. (1967): Contribution à l'étude de la Pédogénèse en sols rouges méditerrannéens. – Science du sol, 2: 55-86; Versailles

LINDER, A. (1964): Statistische Methoden für Naturwissenschaftler, Mediziner und Ingenieure. – Birkhäuser Verlag, 484 S., 4. Auflage; Basel, Stuttgart

MALEY, J. (1973): Mécanismes de changements climatiques aux basses latitudes. – Palaeogeogr., Palaeoclimatol., Palaeeocol., 14: 193-227; Amsterdam

MALEY, J., et COHEN, J., et FAURE, H., et ROGNON, P., et VINCENT, P. M. (1970): Quelques formations lacustres et fluviatiles associées a différentes phases du volcanisme au Tibesti (Nord du Tchad). – Cah. ORSTOM, Série Géol., 11: 127-152; Paris

MAYENÇON, R. (1961): Conditions synoptiques donnant lieu à des précipitations torrentielles du Sahara. – La Météorologie, 62-61: 171-180; Paris

MECKELEIN, W. (1959): Forschungen in der zentralen Sahara, I Klimageomorphologie. – G. Westermann-Verlag, 181 S., Braunschweig

MENSCHING, H. (1955): Das Quartär in den Gebirgen Marokkos. – Peterm. Geogr. Mitt., Erg.-H. Nr. 256, 79 S.

MENSCHING, H. (1958): Glacis-Fußfläche-Pediment. – Zeitschr. f. Geomorph., N. F., 2: 165-186; Berlin, Stuttgart

MENSCHING, H. (1974): Tunesien, eine geographische Landeskunde. Wiss. Länderkunden. 2. Aufl. Bd. 1; Darmstadt

MESSERLI, B. (1967): Die eiszeitliche und die gegenwärtige Vergletscherung im Mittelmeerraum. – Geographica Helvetica, 22: 105-228; Bern

MESSERLI, B. (1972): Formen und Formungsprozesse in der Hochgebirgsregion des Tibesti. – In: Hochgebirgsforschung, 2, Tibesti-Zentrale Sahara, Universitätsverlag Wagner, S. 23-86; Innsbruck, München

MILLOT, G. (1970): Geology of clays (Weathering, Sedimentology, Geochemistry). – Springer-Verlag, 429 S.; New York, Heidelberg, Berlin

MOLLE, H.-G. (1969): Terrassenuntersuchungen im Gebiet des Enneri Zoumri (Tibesti-Gebirge). – Berliner Geogr. Abh., 8: 23-31; Berlin

MOLLE, H.-G. (1971): Gliederung und Aufbau fluviatiler Terrassenakkumulationen im Gebiet des Enneri Zoumri (Tibesti-Gebirge). – Berliner Geogr. Abh., 13, 53 S.; Berlin

MOLLE, H.-G., und BROSCHE, K.-U. (1976): Morphologische und klimageschichtliche Untersuchungen im südöstlichen Vorland des Djebel Chambi und des Djebel Mrhila in Zentraltunesien. – Die Erde, 107: 180-227; Berlin

MOSELEY, F. (1965): Plateau calcrete, calcreted gravels, cemented dunes and related deposits of the Maalegh-Bomba region of Libya. – Zeitschr. f. Geomorph., N. F., 9: 166-185; Berlin, Stuttgart

MÜLLER, G. (1964): Methoden der Sedimentuntersuchung. – Sediment- Petrologie, Teil I, E. Schweizerbart'sche Verlagsbuchhandlung; Stuttgart

OBENAUF, K. P. (1967): Beobachtungen zur spätpleistozänen und holozänen Talformung im Nordwest-Tibesti. – Berliner Geogr. Abh., 5: 27-38; Berlin

OBENAUF, K. P. (1971): Die Enneris Gonoa, Toudoufou, Oudingueur und Nemagayesko im nordwestlichen Tibesti. – Berliner Geogr. Abh., 12, 70 S.; Berlin

PACHUR, H.-J. (1970): Zur Hangformung im Tibesti-Gebirge. – Die Erde, 101: 41-54; Berlin

PACHUR, H.-J. (1974): Geomorphologische Untersuchungen im Raum der Serir Tibesti (Zentralsahara). – Berliner Geogr. Abh., 17, 62 S.; Berlin

PACHUR, H.-J. (1975): Zur spätpleistozänen und holozänen Formung auf der Nordabdachung des Tibesti-Gebirges. – Die Erde, 106: 21-46; Berlin

PEDRO, G. M. (1959): Considérations sur une forme de l'altération des roches: l'arénisation. – C. R. Acad. Sc., 248: 993-996; Paris

PIMIENTA, M. J. (1953): Un phénomène de néotectonique à l'embouchure de la Medjerda. – C. R. Acad. Sc., 236: 1184-1185; Paris

POSER, H., und HÖVERMANN, J. (1951): Untersuchungen zur pleistozänen Harz-Vergletscherung. – Abh. der Braunschweig. Wiss. Ges., 3: 61 bis 115; Braunschweig

QUEZEL, P., et MARTINEZ, C. (1957): Le dernier interpluvial au Sahara Central. – Libyca, Anthropologie-Préhistoire-Ethnographie, 5: 211 bis 227; Alger

QUEZEL, P., et MARTINEZ, C. (1962): Premiers résultats de l'analyse palynologique de sédiments recueilles au Sahara méridional par la Mission Berliet-Tchad. – Doc. Scient. des Missions Berliet-Ténéré-Tchad, S. 313-327; Paris

RAYNAL, R. (1965): Récherches de géomorphologie périglaciaires en Afrique du Nord. – Biuletyn Perygl., 14: 91-98; Lodz

ROGNON, P. (1967): Le massif de l'Atakor et ses bordures (Sahara Central). Etude Géomorphologique. – Publ. Centre National Rech. Scient., Série Géol., 9, 559 S.; Paris

ROGNON, P. (1976): Essai d'interprétation des variations climatiques au Sahara depuis 40 000 ans. – Rev. de Géogr. phys. et de Géol. dyn., 18: 251-282; Paris

ROHDENBURG, H. (1970): Morphodynamische Aktivitäts- und Stabilitätszeiten statt Pluvial- und Interpluvialzeiten. – Eiszeitalter und Gegenwart, 21: 81-96; Öhringen

ROHDENBURG, H., und SABELBERG, U. (1973): Quartäre Klimazyklen im westlichen Mediterrangebiet und ihre Auswirkungen auf die Relief- und Bodenentwicklung. – Catena, 1: 71-180; Gießen

ROLAND, N. W. (1971): Zur Altersfrage des Sandsteins bei Bardai (Tibesti, République du Tchad). – N. Jb. Geol. Paläont. Mh., 8: 496-506; Stuttgart

ROLAND, N. W. (1973): Die Anwendung der Photointerpretation zur Lösung stratigraphischer und tektonischer Probleme im Bereich von Bardai und Aozou (Tibesti-Gebirge, Zentral-Sahara). – Berliner Geogr. Abh., 19, 48 S.; Berlin

RUELLAN, A. (1969): Quelques réflexions sur le rôle des sols dans l'interpretation des variations bioclimatiques du Pléistocène marocain. – Rev. de Géogr. Maroc, 15: 129-140; Rabat

SABELBERG, U. (1977): The stratigraphic record of late quaternary accumulation series in south west Morocco and its consequences concerning the pluvial hypothesis. – Catena, 4: 209-214; Gießen

SABELBERG, U., und ROHDENBURG, H. (1975): Stratigraphische Stellung und klimatisch-geoökologischer Aussagewert der Kalkkrusten in Spanien und Marokko. – In: Colloque „Types de croutes calcaires et leur répartition régionale", 9-11 Janvier 1975, S. 120-128; Strasburg (Université Louis Pasteur)

SCHEFFER, F., und SCHACHTSCHABEL, P. (1966): Lehrbuch der Bodenkunde. – Ferdinand-Enke-Verlag, 473 S., 6. Aufl.; Stuttgart

SCHIFFERS, H. (1971): Die Sahara und ihre Randgebiete. I. Bd. Physiogeographie. – Weltforum Verlag München. Afrika-Studien, 60, 674 S.; München

SCHOEN, U. (1969): Contribution à la connaissance des minéraux argileux dans le sol marocain. – Les cahiers de la recherche agronomique, 26, 179 S.; Rabat

SCHULZ, E. (1973): Zur quartären Vegetationsgeschichte der zentralen Sahara unter Berücksichtigung eigener pollenanalytischer Untersuchungen aus dem Tibesti-Gebirge. – Hausarbeit für die Erste (Wiss.) Staatsprüfung im Fach Biologie. Manuskript; Berlin

SEMMEL, A. (1971): Zur jungquartären Klima- und Reliefentwicklung in der Danakilwüste (Äthiopien) und ihren westlichen Randgebieten. – Erdkunde, 25: 199-208; Bonn

SERVANT, M. (1970): Données stratigraphiques sur le Quaternaire supérieur et récent au Nord-Est du Lac Tchad. – Cah. ORSTOM, Série Géol., 2: 95-114; Paris

SERVANT, M. (1974): Les variations climatiques des régions intertropicales du continent africain depuis la fin du Pléistocène. – XIIIe Journ. Hydraul., question 1, rapport 8, 11 S.; Paris

SOLIGNAC, M. (1927): Etude géologique de la Tunisie Septentrionale. Thèse. – (Herausgeber: BARLIER, J.), Tunis

STÄBLEIN, G. (1968): Reliefgenerationen der Vorderpfalz. – Würzburger Geogr. Arb., 23, 180 S.; Würzburg

STÄBLEIN, G. (1970): Grobsediment-Analyse als Arbeitsmethode der genetischen Geomorphologie. – Würzburger Geogr. Arb., 27, 203 S.; Würzburg

STOCK, P. (1972): Photogeologische und tektonische Untersuchungen am Nordrand des Tibesti-Gebirges, Zentral-Sahara, Tchad. – Berliner Geogr. Abh., 14, 55 S.; Berlin

TRICART, J., et CAILLEUX, A. (1964): Le modelé des regions sèches. – Société d'Edition d'Enseignemet Supérieur, 472 S.; Paris

VANNEY, J.-R. (1967): Die Starkregen in Wüstengebieten, ein Beispiel aus der Sahara. – Peterm. Geogr. Mitt., 111: 97-104; Gotha

VINCENT, P. M. (1963): Les volcans tertiaires et quaternaires du Tibesti occidental et central (Sahara du Tchad). – Mém. du Bur., de Rech. Géol. et Min. (Edition BRGM), 23, 307 S.; Paris

VOGT, J., et BLACK, R. (1963): Remarques sur la géomorphologie de l'Air. – Bull. du Bur. de Rech. Géol. et Min. (BRGM), 1: 1-29; Paris

WERNER, D. J. (1972): Beobachtungen an Bergfußflächen in den Trockengebieten NW-Argentiniens. – Zeitschr. f. Geomorph., Suppl. Bd. 15: 1-20; Berlin, Stuttgart

WIENECKE, F., und RUST, U. (1975): Zur relativen und absoluten Geochronologie der Reliefentwicklung an der Küste des mittleren Südwestafrika. – Eiszeitalter und Gegenwart, 26: 241-250; Öhringen

WILLIAMS, G. E. (1970): Piedmont sedimentation and late Quaternary chronology in the Biskra region of the northern Sahara. – Zeitschr. f. Geomorph., Suppl. Bd. 10: 40-63; Berlin, Stuttgart

WILLIAMS, M. A. J., and CLARK, J. D., and ADAMSON, D. A., and GILLESPIE, R. (1975): Recent Quaternary Research in central Sudan. – Bull. Ass. Sénégal. Et. Quatern. Afr. (ASEQUA), 46: 75-86; Dakar

WINIGER, M. (1975): Bewölkungsuntersuchungen über der Sahara mit Wettersatellitenbildern. – Geographica Bernensia, Reihe G, Heft 1, 143 S.; Geograph. Inst. d. Universität Bern; Bern

WUNDT, W. (1955): Pluvialzeiten und Feuchtbodenzeiten. – Peterm. Geogr. Mitt., 99: 87-89; Gotha

ZEUNER, F. E. (1953): Das Problem der Pluvialzeiten. – Geol. Rundsch., 41: 242-253; Stuttgart

ZINDEREN BAKKER, E. M. VAN (1969): Paleoecology of Africa and of the surrounding islands and Antarctica. – 4 (1966-1968), 274 S., A. A. Balkema/Cape Town

Abb. 1: Blick nach Osten; im Vordergrund die Schlucht des E. Dougié mit einer Tiefe von etwa 20 m; die Schlucht ist in die Basisfläche eingelassen, die den Quatre-Roches-Sandstein kappt und etwas von rechts nach links geneigt ist; auf der Fläche eine dünne Schotterdecke.
Die Abb. 1–10 wurden vom Verfasser im Sommer 1971 aufgenommen.

Abb. 2: Blick nach Süden in die Depression von Bardai; in der Bildmitte das Tal des E. Zoumri; dahinter ein Bereich der nach Norden abgedachten und im Sandstein angelegten Basisfläche mit Inselbergen; im Vordergrund die Sandschwemmebene östlich von Bardai.

Abb. 3: Talhang eines Nebentales des E. Zoumri südlich von Ouanofo (östliches Zoumrigebiet); Aufschlußhöhe in der Abb. 6 m; unter Ignimbriten begrabene Schotterakkumulation; eine dünne Schotterlinse auch im Ignimbrit.

Abb. 4: 10 m mächtige Schotterablagerungen unter einem säuligen Talbasalt im östlichen Zoumrigebiet, 50 km östlich von Bardai bei der Oase Oré; die Sedimente sind hellrötlich gefärbt.

Abb. 5: Gut geschichtete, fluvio-lakustre Sedimente (23 m) am Talhang des E. Zoumri bei Ouanofo im östlichen Zoumrigebiet; an der Oberfläche Reste einer Basaltdecke; in der Tonfraktion der dunklen und hellen Horizonte herrscht der Montmorillonit stark vor. Die dunkelgrauen bis schwärzlichen Horizonte enthalten Kiese und kleine Schotter; es handelt sich wahrscheinlich um umgelagertes Bodenmaterial.

Abb. 6: Fluvio-lakustre Sedimente und überlagernde Ignimbrite wurden ca. 50 km östlich von Bardai, bei Oré, flächenhaft ausgeräumt; zahlreiche, zum Teil mehrere Meter große Blöcke blieben als Reste der ehemaligen, etwa 20 m höher gelegenen Ignimbritdecke auf der Abtragungsfläche erhalten.

Abb. 7: Östlicher Talhang des E. Tabiriou in der Depression von Bardai; Ausschnitt aus der Oberterrassen-Akkumulation, die aus übereinander liegenden Schwemmfächerablagerungen aufgebaut ist; Zollstock: 2 m.

Abb. 8: Dunkelgraue Bodenbildung auf hellen mittelterrassenzeitlichen Ablagerungen im Tal des E. Zoumri bei Ouanofo; später erfolgte eine Schuttverlagerung von der nahe gelegenen Basaltkuppe.

Abb. 9: Feingeschichtete Hochwasserbettsedimente, die vor allem aus Feinsand und Schluff bestehen, im Mündungsbereich des E. Tabiriou in der Depression von Bardai.

Abb. 10: 5–15 cm tiefe Löcher in den Wänden des Quatre-Roches-Sandsteins am Südrand der Depression von Bardai; in den Löchern liegt oft ein hellgraues schluffiges Feinmaterial.

Abb. 11: SE-Vorland des Dj. Chambi, Talhang des Ch.^(et)er Rerhma 2 km unterhalb des Gebirgsrandes; braunrötlicher lehmiger Bodenhorizont (7) mit Kalkanreicherung an der Basis; er reicht mit einem Keil (rechte Bildmitte) in die liegenden lößartigen Sedimente (8) mit Kalkkonkretionen; oberhalb der Schotterlagen (4) ein dunkelgrauer humoser Bodenhorizont, der dem Horizont (3) in Profil 12 (Fig. 36) entspricht. Zollstock in der linken Bildmitte: 1 m.
Die Abb. 11–20 wurden vom Verfasser im Frühjahr 1976 aufgenommen.

Abb. 12: Talhang des Ch.^(et)er Rerhma in 4 km Entfernung vom Gebirgsrand; in den lößartigen Sedimenten ein fossiler, teilweise abgetragener schwärzlicher Bodenhorizont (Pfeil), der dem Bodenhorizont oberhalb der Schotterlagen (4) in Abb. 11 entspricht (vgl. Profil 13 in Fig. 36).

Abb. 12a: Aufschluß von 12 aus der Nähe; deutlich erkennbar der humose Bodenhorizont (3), der von kolluvialen Sedimenten bedeckt wird. Ein fossiler rotbrauner Boden (7), der Kalkausscheidungen enthält, wird von dem humosen Boden durch schluffige Sedimente mit Kies- und Schotterlagen getrennt.

Abb. 13: Fossiler, stellenweise erodierter Bodenhorizont in lößartigen Sedimenten des O. El Hateb an der Kreuzung mit der Straße nach Maktar (vgl. Profil 11 in Fig. 36, Horizont 5); eine Humusdatierung des schwarzbraunen Bodens ergab ein ^{14}C-Alter von 6045±135 B. P. (Hv. 7551).

Abb. 14: Schwärzlicher Bodenhorizont in lößartigen Sedimenten des O. Miliane (Bildmitte); starker Kalkgehalt des Horizontes im Liegenden des Bodens und Kalkkonkretionen in den tieferen Horizonten; 2 m oberhalb des Niedrigwasserbettes ein bräunlicher lehmiger Horizont (vgl. Profil 4 in Fig. 36).

Abb. 15: Nördlicher Gebirgsrand des Dj. Orbata; Schotterkörper der Hauptakkumulation (etwa 15 m mächtig) diskordant über schräggestellten, gekappten Konglomeratbänken, die mit 20–30° nach links zum Vorland hin einfallen.

Abb. 16: Nördliches Gebirgsvorland des Dj. Orbata in 3 km Entfernung vom Gebirgsrand; in Wällen parallel zum Oued überlagern die rezenten Schotter ältere lößartige Feinmaterialsedimente.

Abb. 17: Nach NNW in Richtung auf das im Hintergrund erkennbare Chott El Guettar abgedachter Schotterkegel am Rande des Dj. Berda; im Vordergrund ist der O. El Berda 25–30 m tief in die Schotterlagen und die unterliegenden tertiären Mergel eingeschnitten, in einer Entfernung von 2 km vom Gebirgsrand hat er nur noch eine Tiefe von 2–3 m gegenüber seiner Umgebung.

Abb. 18: Kalkkruste an der Oberfläche der Schotterakkumulation im Tal des O. El Leguene auf der Westseite des Matmata-Berglandes (vgl. Fig. 39).

Abb. 19: Feingeschichtete Ton-, Schluff- und Feinsandablagerungen (jüngere Akkumulation), die sich in weiten Flächen im Gebiet des Chott Regoug und im Endpfannenbereich des O. El Hallouf ausbreiten.

Abb. 19a: Die fluviatilen Feinmaterialsedimente sind fast überall unter rezenten Dünen am Rande der Großen Östlichen Erg begraben (Höhe der Dünen: ca. 5 m).

Abb. 20: Dunkelbrauner Boden auf der 35-m-Terrasse eines Nebentales des O. Medjerda 14 km südöstlich von Bou Salem; Zementierung der Schotter im Liegenden des Bodens durch Kalk.

Verzeichnis

der bisher erschienenen Aufsätze (A), Mitteilungen (M) und Monographien (Mo)
aus der Forschungsstation Bardai/Tibesti

o.V. (anonym) (1965): Die Tibesti-Expedition des II. Geogr. Instituts der Freien Universität Berlin. — Naturwiss. Rdsch. *18* (3), 119. (M)

BÖTTCHER, U. (1969): Die Akkumulationsterrassen im Ober- und Mittellauf des Enneri Misky (Südtibesti). Berliner Geogr. Abh., Heft 8, S. 7-21, 5 Abb., 9 Fig., 1 Karte. Berlin. (A)

BÖTTCHER, U.; ERGENZINGER, P.-J.; JAECKEL, S. H. (†) und KAISER, K. (1972): Quartäre Seebildungen und ihre Mollusken-Inhalte im Tibesti-Gebirge und seinen Rahmenbereichen der zentralen Ostsahara. Zeitschr. f. Geomorph., N. F., Bd. 16, Heft 2, S. 182-234. 4 Fig., 4 Tab., 3 Mollusken-Tafeln, 15 Photos. Stuttgart. (A)

BRIEM, E. (1976): Beiträge zur Talgenese im westlichen Tibesti-Gebirge. Berliner Geogr. Abh., Heft 24, S. 45-54, 7 Fig., 21 Abb., 1 Karte, Berlin. (A)

BRIEM, E. (1977): Beiträge zur Genese und Morphodynamik des ariden Formenschatzes unter besonderer Berücksichtigung des Problems der Flächenbildung am Beispiel der Sandschwemmebenen in der östlichen Zentralsahara. Arbeit aus der Forschungsstation Bardai/Tibesti. Berliner Geogr. Abh., Heft 26, 89 S., 38 Abb., 23 Fig., 8 Tab., 155 Diagr., 2 Karten, Berlin. (Mo)

BRUSCHEK, G. J. (1972): Soborom — Souradom — Tarso Voon — Vulkanische Bauformen im zentralen Tibesti-Gebirge — und die postvulkanischen Erscheinungen von Soborom. — Berliner Geogr. Abh., Heft 16, S. 35-47, 9 Fig., 14 Abb. Berlin. (A)

BRUSCHEK, G. J. (1974): Zur Geologie des Tibesti-Gebirges (Zentrale Sahara). — FU Pressedienst Wissenschaft, Nr. 5/74, S. 15-36. Berlin. (A)

BUSCHE, D. (1972): Untersuchungen an Schwemmfächern auf der Nordabdachung des Tibestigebirges (République du Tchad). Berliner Geogr. Abh., Heft 16, S. 113-123. Berlin. (A)

BUSCHE, D. (1972): Untersuchungen zur Pedimententwicklung im Tibesti-Gebirge (République du Tchad). Zeitschr. f. Geomorph., N. F., Suppl.-Bd. 15, S. 21-38. Stuttgart. (A)

BUSCHE, D. (1973): Die Entstehung von Pedimenten und ihre Überformung, untersucht an Beispielen aus dem Tibesti-Gebirge, République du Tchad. — Berliner Geogr. Abh., Heft 18, 130 S., 57 Abb., 22 Fig., 1 Tab., 6 Karten. Berlin. (Mo)

BUSCHE, D. (1976): Pediments and Climate. — In: E. M. Van Zinderen Bakker (ed.): Palaeoecology of Africa *9*, 20-24, 1 Fig. (A)

ERGENZINGER, P. (1966): Road Log Bardai — Trou au Natron (Tibesti). In: South-Central Libya and Northern Chad, ed. by J. J. WILLIAMS and E. KLITZSCH, Petroleum Exploration Society of Libya, S. 89-94. Tripoli. (A)

ERGENZINGER, P. (1967): Die natürlichen Landschaften des Tschadbeckens. Informationen aus Kultur und Wirtschaft. Deutsch-tschadische Gesellschaft (KW) 8/67. Bonn. (A)

ERGENZINGER, P. (1968): Vorläufiger Bericht über geomorphologische Untersuchungen im Süden des Tibestigebirges. Zeitschr. f. Geomorph., N. F., Bd. 12, S. 98-104. Berlin. (A)

ERGENZINGER, P. (1968): Beobachtungen im Gebiet des Trou au Natron/Tibestigebirge. Die Erde, Zeitschr. d. Ges. f. Erdkunde zu Berlin, Jg. 99, S. 176-183. (A)

ERGENZINGER, P. (1969): Rumpfflächen, Terrassen und Seeablagerungen im Süden des Tibestigebirges. Tagungsber. u. wiss. Abh. Deut. Geographentag, Bad Godesberg 1967, S. 412-427. Wiesbaden. (A)

ERGENZINGER, P. (1969): Die Siedlungen des mittleren Fezzan (Libyen). Berliner Geogr. Abh., Heft 8, S. 59-82, Tab., Fig., Karten. Berlin. (A)

ERGENZINGER, P. (1972): Reliefentwicklung an der Schichtstufe des Massiv d'Abo (Nordwesttibesti). Zeitschr. f. Geomorph., N. F., Suppl.-Bd. 15, S. 93-112. Stuttgart. (A)

ERGENZINGER, P. (1972): Siedlungen im westlichen Teil des südlichen Libyen (Fezzan). — In: Die Sahara und ihre Randgebiete, Bd. II, ed. H. Schiffers, S. 171-182, 11 Abb. Weltforum Vlg. München. (A)

GABRIEL, B. (1970): Bauelemente präislamischer Gräbertypen im Tibesti-Gebirge (Zentrale Ostsahara). Acta Praehistorica et Archaeologica, Bd. 1, S. 1-28, 31 Fig. Berlin. (A)

GABRIEL, B. (1972): Neuere Ergebnisse der Vorgeschichtsforschung in der östlichen Zentralsahara. Berliner Geogr. Abh., Heft 16, S. 153-156. Berlin. (A)

GABRIEL, B. (1972): Terrassenentwicklung und vorgeschichtliche Umweltbedingungen im Enneri Dirennao (Tibesti, östliche Zentralsahara). Zeitschr. f. Geomorph., N. F., Suppl.-Bd. 15, S. 113-128. 4 Fig., 4 Photos. Stuttgart. (A)

GABRIEL, B. (1972): Beobachtungen zum Wandel in den libyschen Oasen (1972). — In: Die Sahara und ihre Randgebiete, Bd. II, ed. H. Schiffers, S. 182-188. Weltforum Vlg. München. (A)

GABRIEL, B. (1972): Zur Vorzeitfauna des Tibestigebirges. — In: Palaeoecology of Africa and of the Surrounding Islands and Antarctica, Vol. VI, ed. E. M. van Zinderen Bakker, S. 161-162. A. A. Balkema. Kapstadt. (M)

GABRIEL, B. (1972): Zur Situation der Vorgeschichtsforschung im Tibesti-Gebirge. — In: Palaeoecology of Africa and of the Surrounding Islands and Antarctica, Vol. VI, ed. E. M. van Zinderen Bakker, S. 219-220. A. A. Balkema, Kapstadt. (M)

GABRIEL, B. (1973): Steinplätze: Feuerstellen neolithischer Nomaden in der Sahara. — Libyca A. P. E., Bd. 21, 9 Fig., 2 Tab., S. 151-168, Algier. (A)

GABRIEL, B. (1973): Von der Routenaufnahme zum Weltraumphoto. Die Erforschung des Tibesti-Gebirges in der Zentralen Sahara. — Kartographische Miniaturen Nr. 4, 96 S., 9 Karten, 12 Abb., ausführl. Bibliographie. Vlg. Kiepert KG, Berlin. (Mo)

GABRIEL, B. (1974): Probleme und Ergebnisse der Vorgeschichte im Rahmen der Forschungsstation Bardai (Tibesti). — FU Pressedienst Wissenschaft, Nr. 5/74, S. 92-105, 10 Abb. Berlin. (A)

GABRIEL, B. (1974): Die Publikationen aus der Forschungsstation Bardai (Tibesti). — FU Pressedienst Wissenschaft, Nr. 5/74, S. 118-126. Berlin. (A)

GABRIEL, B. (1976): Neolithische Steinplätze und Paläökologie in den Ebenen der östlichen Zentralsahara. — In: E. M. Van Zinderen Bakker (ed.): Palaeoecology of Africa 9, 25-40, 4 Abb., 3 Tab. (A)

GABRIEL, B. (1977): Zum ökologischen Wandel im Neolithikum der östlichen Zentralsahara. Arbeit aus der Forschungsstation Bardai/Tibesti. Berliner Geogr. Abh., Heft 27, 96 S., 9 Tab., 32 Fig., 41 Photos, 2 Karten. Berlin. (Mo)

GABRIEL, B. (1977): Early and Mid-Holocene Climate in the Eastern Central Sahara. — In: D. Dalby & R. J. Harrison Church & F. Bezzaz (eds.): Drought in Africa 2, London, International Institute, 65-67 (A)

GABRIEL, B. (1978): Die östliche Zentralsahara im Holozän-Klima, Landschaft und Kulturen (mit besonderer Berücksichtigung der neolithischen Keramik). — In: Festschrift L. Balout, ed. H. J. Hugot, Paris. 22 S. Mskr., 6 Fig., 2 Photo-Tafeln.

GAVRILOVIC, D. (1969): Inondations de l'ouadi de Bardagé en 1968. Bulletin de la Société Serbe de Géographie, T. XLIX, No. 2, p. 21-37. Belgrad (In Serbisch). (A)

GAVRILOVIC, D. (1969): Klima-Tabellen für das Tibesti-Gebirge. Niederschlagsmenge und Lufttemperatur. Berliner Geogr. Abh., Heft 8, S. 47-48. Berlin. (M)

GAVRILOVIC, D. (1969): Les cavernes de la montagne de Tibesti. Bulletin de la Société Serbe de Géographie, T. XLIX, No. 1, p. 21-31. 10 Fig. Belgrad. (In Serbisch mit ausführlichem franz. Résumé.) (A)

GAVRILOVIC, D. (1969): Die Höhlen im Tibesti-Gebirge (Zentral-Sahara). V. Int. Kongr. für Speläologie Stuttgart 1969, Abh. Bd. 2, S. 17/1-7, 8 Abb., München. (A)

GAVRILOVIC, D. (1970): Die Überschwemmungen im Wadi Bardagué im Jahr 1968 (Tibesti, Rép. du Tchad). Zeitschr. f. Geomorph., N. F., Bd. 14, Heft 2, S. 202-218, 1 Fig., 8 Abb., 5 Tabellen. Stuttgart. (A)

GAVRILOVIC, D. (1971): Das Klima des Tibesti-Gebirges. — Bull. de la Société Serbe de Géographie, T. Ll, No. 2, S. 17-40, 19 Tab., 9 Abb. Belgrad. (In Serbisch mit ausführlicher deutscher Zusammenfassung.) (A)

GAVRILOVIC, D. (1974): Genetic types of caves in the Sahara. — Acta Carsiologica 6, 149-165 (Lubljana), 6 Fig.

GEYH, M. A. und D. JÄKEL (1974): 14C-Altersbestimmungen im Rahmen der Forschungsarbeiten der Außenstelle Bardai/Tibesti der Freien Universität Berlin. — FU Pressedienst Wissenschaft, Nr. 5/74, S. 106-117. Berlin. (A)

GEYH, M. A.; JÄKEL, D. (1974): Late Glacial and Holozene Climatic History of the Sahara Desert derived from a statistical Assay of 14-C-Dates. Palaeoecology, 15, S. 205-208, 2 Fig., Amsterdam. (A)

GEYH, M. A.; OBENAUF, K. P. (1974): Zur Frage der Neubildung von Grundwasser unter ariden Bedingungen. Ein Beitrag zur Hydrologie des Tibesti-Gebirges. FU Pressedienst Wissenschaft, Nr. 5/74, S. 70-91, Berlin. (A)

GRUNERT, J. (1972): Die jungpleistozänen und holozänen Flußterrassen des oberen Enneri Yebbigué im zentralen Tibesti-Gebirge (Rép. du Tchad) und ihre klimatische Deutung. Berliner Geogr. Abh., Heft 16, S. 124-137. Berlin. (A)

GRUNERT, J. (1972): Zum Problem der Schluchtbildung im Tibesti-Gebirge (Rép. du Tchad). Zeitschr. f. Geomorph., N. F., Suppl.-Bd. 15, S. 144-155. Stuttgart. (A)

GRUNERT, J. (1975): Beiträge zum Problem der Talbildung in ariden Gebieten, am Beispiel des zentralen Tibesti-Gebirges (Rép. du Tchad). — Berliner Geogr. Abh., Heft 22, 95 S., 3 Tab., 6 Fig., 58 Profile, 41 Abb., 2 Karten. Berlin. (Mo)

GRUNERT, J. (1976): Die Travertinterrasse des oberen Yebbigué im zentralen Tibesti Gebirge (Rép. du Tschad). — In: E. M. Van Zinderen Bakker (ed.): Palaeoecology of Africa 9, 14-19, 1 Karte und Fig. (A)

HABERLAND, W. (1975): Untersuchungen an Krusten, Wüstenlacken und Polituren auf Gesteinsoberflächen der mittleren Sahara (Libyen und Tchad). — Berliner Geogr. Abh., Heft 21, 71 S., 62 Abb., 24 Fig., 10 Tab., 1 Karte. Berlin. (Mo)

HABERLAND, W.; FRÄNZLE, O. (1975): Untersuchungen zur Bildung von Verwitterungskrusten auf Sandsteinoberflächen in der nördlichen und mittleren Sahara (Libyen und Tschad). Würzb. Geogr. Abh., Heft 43, S. 148-163, 3 Fig., 4 Photos, 3 Tab., Würzburg. (A)

HAGEDORN, H. (1965): Forschungen des II. Geographischen Instituts der Freien Universität Berlin im Tibesti-Gebirge. Die Erde, Jg. 96, Heft 1, S. 47-48. Berlin. (M)

HAGEDORN, H. (1966): Landforms of the Tibesti Region. In: South-Central Libya and Northern Chad, ed. by J. J. WILLIAMS and E. KLITZSCH, Petroleum Exploration Society of Libya, S. 53-58. Tripoli. (A)

HAGEDORN, H. (1966): The Tibu People of the Tibesti Moutains. In: South-Central Libya and Northern Chad, ed. by J. J. WILLIAMS and E. KLITZSCH, Petroleum Exploration Society of Libya, S. 59-64. Tripoli. (A)

HAGEDORN, H. (1966): Beobachtungen zur Siedlungs- und Wirtschaftsweise der Toubous im Tibesti-Gebirge. Die Erde, Jg. 97, Heft 4, S. 268-288. Berlin. (A)

HAGEDORN, H. (1967): Beobachtungen an Inselbergen im westlichen Tibesti-Vorland. Berliner Geogr. Abh., Heft 5, S. 17-22, 1 Fig., 5 Abb. Berlin. (A)

HAGEDORN, H. (1967): Siedlungsgeographie des Sahara-Raums. Afrika-Spectrum, H. 3, S. 48 bis 59. Hamburg. (A)

HAGEDORN, H. (1968): Über äolische Abtragung und Formung in der Südost-Sahara. Ein Beitrag zur Gliederung der Oberflächenformen in der Wüste. Erdkunde, Bd. 22, H. 4, S. 257-269. Mit 4 Luftbildern, 3 Bildern und 5 Abb. Bonn. (A)

HAGEDORN, H. (1969): Studien über den Formenschatz der Wüste an Beispielen aus der Südost-Sahara. Tagungsber. u. wiss. Abh. Deut. Geographentag, Bad Godesberg 1967, S. 401-411, 3 Karten, 2 Abb. Wiesbaden. (A)

HAGEDORN, H. (1970): Quartäre Aufschüttungs- und Abtragungsformen im Bardagué-Zoumri-System (Tibesti-Gebirge). Eiszeitalter und Gegenwart, Jg. 21.

HAGEDORN, H. (1971): Untersuchungen über Relieftypen arider Räume an Beispielen aus dem Tibesti-Gebirge und seiner Umgebung. Habilitationsschrift an der Math.-Nat. Fakultät der Freien Universität Berlin. Zeitschr. f. Geomorph. Suppl.-Bd. 11, 251 S., 10 Fig., 84 Photos, 13 Karten, 10 Luftbildpläne. (Mo)

HAGEDORN, H. (1972): Die Polder am Tschad-See. — Würzburger Geogr. Arbeiten 37, 403 bis 428, 8 Fig. (A)

HAGEDORN, H. (1974): Gegenwärtige äolische Abtragungsprozesse in der Zentralsahara. In: H. Poser (ed.): Geomorphologische Prozesse und Prozeßkombinationen in der Gegenwart unter verschiedenen Klimabedingungen. — Bericht über ein Symposium. Göttingen, p. 230 bis 240 (= Abh. d. Akad. der Wiss. in Göttingen, Math.-Phys. Kl., 3. Folge, Nr. 29), 6 Fig. (A)

HAGEDORN, H.; JÄKEL, D. (1969): Bemerkungen zur quartären Entwicklung des Reliefs im Tibesti-Gebirge (Tchad). Bull. Ass. Sénég. Quatern. Ouest Afr., no. 23, novembre 1969, p. 25-41, 3 Fig., 2 Tab., Dakar (A)

HAGEDORN, H.; PACHUR, H.-J. (1971): Observations on Climatic Geomorphology and Quaternary Evolution of Landforms in South Central Libya. In: Symposium on the Geology of Libya, Faculty of Science, University of Libya, p. 387-400. 14. Fig. Tripoli. (A)

HECKENDORFF, W. D. (1972): Zum Klima des Tibestigebirges. Berliner Geogr. Abh., Heft 16, S. 145-164, 10 Fig. 27 Tab., 3 Photos. Berlin. (A)

HECKENDORFF, W. D. (1973): Die Hochgebirgswelt des Tibesti. Klima. — In: Die Sahara und ihre Randgebiete, Bd. III ed. H. Schiffers, S. 330-339, 6 Abb., 4 Tab. Weltforum Vlg. München. (A)

HECKENDORFF, W. D. (1974): Wettererscheinungen im Tibesti-Gebirge. — FU Pressedienst Wissenschaft, Nr. 5/74, S. 51—58, 3 Abb. Berlin. (A)

HECKENDORFF, W. D. (1977): Untersuchungen zum Klima des Tibesti-Gebirges. Arbeit aus der Forschungsstation Bardai/Tibesti. Berliner Geogr. Abh., Heft 28, Berlin. (Mo)

HERRMANN, B.; GABRIEL, B. (1972): Untersuchungen an vorgeschichtlichem Skelettmaterial aus dem Tibestigebirge (Sahara). Berliner Geogr. Abh., Heft 16, S. 143-151, 1 Tab., 14 Abb., Berlin. (A)

HÖVERMANN, J. (1963): Vorläufiger Bericht über eine Forschungsreise ins Tibesti-Massiv. Die Erde, Jg. 94, Heft 2, S. 126-135. Berlin. (M)

HÖVERMANN, J. (1965): Eine geomorphologische Forschungsstation in Bardai/Tibesti-Gebirge. Zeitschr. f. Geomorph. NF, Bd. 9, S. 131. Berlin. (M)

HÖVERMANN, J. (1967): Hangformen und Hangentwicklung zwischen Syrte und Tschad. Les congrés et colloques de l'Université de Liège, Vol. 40. L'évolution des versants, S. 139-156. Liège. (A)

HÖVERMANN, J. (1967): Die wissenschaftlichen Arbeiten der Station Bardai im ersten Arbeitsjahr (1964/65). Berliner Geogr. Abh., Heft 5, S. 7-10. Berlin. (A)

HÖVERMANN, J. (1972): Die periglaziale Region des Tibesti und ihr Verhältnis zu angrenzenden Formungsregionen. Göttinger Geogr. Abh., Heft 60 (Hans-Poser-Festschr.), S. 261-283. 4 Abb. Göttingen. (A)

INDERMÜHLE, D. (1972): Mikroklimatische Untersuchungen im Tibesti-Gebirge (Sahara). Hochgebirgsforschung — High Mountain Research, Heft 2, S. 121-142. Univ. Vlg. Wagner. Innsbruck—München. (A)

JÄKEL, D. (1967): Vorläufiger Bericht über Untersuchungen fluviatiler Terrassen im Tibesti-Gebirge. Berliner Geogr. Abh., Heft 5, S. 39-49, 7 Profile, 4 Abb. Berlin. (A)

JÄKEL, D. (1971): Erosion und Akkumulation im Enneri Bardagué-Arayé des Tibesti-Gebirges (zentrale Sahara) während des Pleistozäns und Holozäns. Berliner Geogr. Abh., Heft 10, 55 S., 13 Abb., 54 Photos, 3 Tab., 1 Nivellement (4 Teile), 60 Profile, 3 Karten (6 Teile). Berlin. (Mo)

JÄKEL, D. (1974): Organisation, Verlauf und Ergebnisse der wissenschaftlichen Arbeiten im Rahmen der Außenstelle Bardai/Tibesti, Republik Tschad. — FU Pressedienst Wissenschaft, Nr. 5/74, S. 6-14, 1 Karte. Berlin. (A)

JÄKEL, D. (1977): Preliminary account of studies on the development and distribution of Precipitation in the Sahel and adjoining areas. Applied Sciences and Development, 10, S. 81-95, 10 Fig. Tübingen. (A)

JÄKEL, D. (1977): The work of the field station at Bardai in the Tibesti Mountains. — Geogr. Journal *143*, 61-72 (A)

JÄKEL, D.; SCHULZ, E. (1972): Spezielle Untersuchungen an der Mittelterrasse im Enneri Tabi, Tibesti-Gebirge. Zeitschr. f. Geomorph., N. F., Suppl.-Bd. 15, S. 129-143, 3 Fig., 2 Photos, 1 Tab. Stuttgart. (A)

JÄKEL, D.; DRONIA, H. (1976): Ergebnisse von Boden- und Gesteinstemperaturmessungen in der Sahara mit einem Infrarot-Thermometer sowie Berieselungsversuche an der Außenstelle Bardai des Geomorphologischen Laboratoriums der Freien Universität Berlin im Tibesti. Berliner Geogr. Abh., Heft 24, S. 55-64, 11 Fig., 1 Tab., 10 Abb., Berlin. (A)

JANKE, R. (1969): Morphographische Darstellungsversuche in verschiedenen Maßstäben. Kartographische Nachrichten, Jg. 19, H. 4, S. 145-151. Gütersloh (A)

JANNSEN, G. (1969): Einige Beobachtungen zu Transport- und Abflußvorgängen im Enneri Bardagué bei Bardai in den Monaten April, Mai und Juni 1966. Berliner Geogr. Abh., Heft 8, S. 41-46, 3 Fig., 3 Abb. Berlin. (A)

JANNSEN, G. (1970): Morphologische Untersuchungen im nördlichen Tarso Voon (Zentrales Tibesti). Berliner Geogr. Abh., Heft 9, 36 S. Berlin. (Mo)

JANNSEN, G. (1972): Periglazialerscheinungen in Trockengebieten — ein vielschichtiges Problem. Zeitschr. f. Geomorph., N. F., Suppl.-Bd. 15, S. 167-176. Stuttgart. (A)

KAISER, K. (1967): Ausbildung und Erhaltung von Regentropfen-Eindrücken. In: Sonderveröff. Geol. Inst. Univ. Köln (Schwarzbach-Heft), Heft 13, S. 143-156, 1 Fig., 7 Abb. Köln. (A)

KAISER, K. (1970): Über Konvergenzen arider und „periglazialer" Oberflächenformung und zur Frage einer Trockengrenze solifluidaler Wirkungen am Beispiel des Tibesti-Gebirges in der zentralen Ostsahara. Abh. d. 1. Geogr. Inst. d. FU Berlin, Neue Folge, Bd. 13, S. 147-188, 15 Photos, 4 Fig., Dietrich Reimer, Berlin. (A)

KAISER, K. (1971): Beobachtungen über Fließmarken an leeseitigen Barchan-Hängen. Kölner Geogr. Arb. (Festschrift für K. KAYSER), 2 Photos, S. 65-71. Köln. (A)

KAISER, K. (1972): Der känozoische Vulkanismus im Tibesti-Gebirge. Berliner Geogr. Abh., Heft 16, S. 7-36. Berlin. (A)

KAISER, K. (1972): Prozesse und Formen der ariden Verwitterung am Beispiel des Tibesti-Gebirges und seiner Rahmenbereiche in der zentralen Sahara. Berliner Geogr. Abh., Heft 16, S. 59—92. Berlin. (A)

KAISER, K. (1973): Materialien zu Geologie, Naturlandschaft und Geomorphologie des Tibesti-Gebirges. — In: Die Sahara und ihre Randgebiete, Bd. III, ed. H. Schiffers, S. 339-369, 12 Abb. Weltforum Vlg., München. (A)

LIST, F. K.; STOCK, P. (1969): Photogeologische Untersuchungen über Bruchtektonik und Entwässerungsnetz im Präkambrium des nördlichen Tibesti-Gebirges, Zentral-Sahara, Tschad. Geol. Rundschau, Bd. 59, H. 1, S. 228-256, 10 Abb., 2 Tabellen. Stuttgart. (A)

LIST, F. K.; HELMCKE, D. (1970): Photogeologische Untersuchungen über lithologische und tektonische Kontrolle von Entwässerungssystemen im Tibesti-Gebirge (Zentrale Sahara, Tschad). Bildmessung und Luftbildwesen, Heft 5, 1970, S. 273-278. Karlsruhe.

MESSERLI, B. (1970): Tibesti — zentrale Sahara. Möglichkeiten und Grenzen einer Satellitenbild-Interpretation. Jahresbericht d. Geogr. Ges. von Bern, Bd. 49, Jg. 1967-69. Bern. (A)

MESSERLI, B. (1972): Formen und Formungsprozesse in der Hochgebirgsregion des Tibesti. Hochgebirgsforschung — High Mountain Research, Heft 2, S. 23-86. Univ. Vlg. Wagner. Innsbruck—München. (A)

MESSERLI, B. (1972): Grundlagen [der Hochgebirgsforschung im Tibesti]. Hochgebirgsforschung — High Mountain Research, Heft 2, S. 7-22. Univ. Vlg. Wagner. Innsbruck—München. (A)

MESSERLI, B. (1973): Problems of vertical and horizontal arrangement in the high mountains of the extreme arid zone (Centr. Sahara). — Arctic and Alpine Research 5 (3), A 139-A 147 (A)

MESSERLI, B.; INDERMÜHLE, D. (1968): Erste Ergebnisse einer Tibesti-Expedition 1968. Verhandlungen der Schweizerischen Naturforschenden Gesellschaft 1968, S. 139-142. Zürich. (M)

MESSERLI, B.; INDERMÜHLE, D.; ZURBUCHEN, M. (1970): Emi Koussi — Tibesti. Eine topographische Karte vom höchsten Berg der Sahara. Berliner Geogr. Abh., Heft 16, S. 138 bis 144. Berlin. (A)

MOLLE, H. G. (1969): Terrassenuntersuchungen im Gebiet des Enneri Zoumri (Tibestigebirge). Berliner Geogr. Abh., Heft 8, S. 23-31, 5 Fig. Berlin. (A)

MOLLE, H. G. (1971): Gliederung und Aufbau fluviatiler Terrassenakkumulationen im Gebiet des Enneri Zoumri (Tibesti-Gebirge). Berliner Geogr. Abh., Heft 13. Berlin. (Mo)

OBENAUF, K. P. (1967): Beobachtungen zur pleistozänen und holozänen Talformung im Nordwest-Tibesti. Berliner Geogr. Abh., Heft 5, S. 27-37, 5 Abh., 1 Karte. Berlin. (A)

OBENAUF, K. P. (1971): Die Enneris Gonoa, Toudoufou, Oudingueur und Nemagayesko im nordwestlichen Tibesti. Beobachtungen zu Formen und zur Formung in den Tälern eines ariden Gebirges. Berliner Geogr. Abh., Heft 12, 70 S. Berlin. (Mo)

OKRUSCH, M.; G. STRUNK-LICHTENBERG und B. GABRIEL (1973): Vorgeschichtliche Keramik aus dem Tibesti (Sahara). I. Das Rohmaterial. — Berichte der Deutschen Keramischen Gesellschaft, Bd. 50, Heft 8, S. 261-267, 7 Abb., 2 Tab. Bad Honnef. (A)

PACHUR, H. J. (1967): Beobachtungen über die Bearbeitung von feinkörnigen Sandakkumulationen im Tibesti-Gebirge. Berliner Geogr. Abh., Heft 5, S. 23-25. Berlin. (A)

PACHUR, H. J. (1970): Zur Hangformung im Tibestigebirge (République du Tchad). Die Erde, Jg. 101, H. 1, S. 41-54, 5 Fig., 6 Bilder, de Gruyter, Berlin. (A)

PACHUR, H. J. (1974): Geomorphologische Untersuchungen im Raum der Serir Tibesti. — Berliner Geogr. Abh., Heft 17, 62 S., 39 Photos, 16 Fig. und Profile, 9 Tab. Berlin. (Mo)

PACHUR, H. J. (1975): Zur spätpleistozänen und holozänen Formung auf der Nordabdachung des Tibesti-Gebirges. — Die Erde, Jg. 106, H. 1/2, S. 21-46, 3 Fig., 4 Photos, 1 Tab. Berlin. (A)

PÖHLMANN, G. (1969): Eine Karte der Oase Bardai im Maßstab 1 : 4000. Berliner Geogr. Abh., Heft 8, S. 33-36, 1 Karte. Berlin. (A)

PÖHLMANN, G. (1969): Kartenprobe Bardai 1 : 25 000. Berliner Geogr. Abh., Heft 8, S. 36-39, 2 Abb., 1 Karte. Berlin. (A)

REESE, D.; OKRUSCH, M.; KAISER, K. (1976): Die Vulkanite des Trou au Natron im westlichen Tibestigebirge (Zentral-Sahara). Berliner Geogr. Abh., Heft 24, S. 7-39, Berlin. (A)

ROLAND, N. W. (1971): Zur Altersfrage des Sandsteines bei Bardai (Tibesti, Rép. du Tchad). 4 Abb. N. Jb. Geol. Paläont., Mh., S. 496-506. (A)

ROLAND, N. W. (1973): Die Anwendung der Photointerpretation zur Lösung stratigraphischer und tektonischer Probleme im Bereich von Bardai und Aozou (Tibesti-Gebirge, Zentral-Sahara). — Bildmessung und Luftbildwesen, Bd. 41, Heft 6, S. 247-248. Karlsruhe. (A)

ROLAND, N. W. (1973): Die Anwendung der Photointerpretation zur Lösung stratigraphischer und tektonischer Probleme im Bereich von Bardai und Aozou (Tibesti-Gebirge, Zentral-Sahara). — Berliner Geogr. Abh., Heft 19, 48 S., 35 Abb., 10 Fig., 4 Tab., 2 Karten. Berlin. (Mo)

ROLAND, N. W. (1974): Methoden und Ergebnisse photogeologischer Untersuchungen im Tibesti-Gebirge, Zentral-Sahara. — FU Pressedienst Wissenschaft, Nr. 5/74, S. 37-50, 5 Abb. Berlin. (A)

ROLAND, N. W. (1974): Zur Entstehung der Trou-au-Natron-Caldera (Tibesti-Gebirge, Zentral-Sahara) aus photogeologischer Sicht. — Geol. Rundschau, Bd. 63, Heft 2, S. 689-707, 7 Abb., 1 Tab., 1 Karte. Stuttgart. (A)

ROLAND, N. W. (1976): Erläuterungen zur photogeologischen Karte des Trou-au-Natron-Gebietes (Tibesti-Gebirge, Zentral-Sahara). Berliner Geogr. Abh., Heft 24, S. 39-44, 10 Abb., 1 Karte, Berlin. (A)

SCHOLZ, H. (1966): Beitrag zur Flora des Tibesti-Gebirges (Tschad). Willdenowia, 4/2, S. 183 bis 202. Berlin. (A)

SCHOLZ, H. (1966): Die Ustilagineen des Tibesti-Gebirges (Tschad). Willdenowia, 4/2, S. 203 bis 204. Berlin. (A)

SCHOLZ, H. (1966): Quezelia, eine neue Gattung aus der Sahara (Cruziferae, Brassiceae, Vellinae). Willdenowia, 4/2, S. 205-207. Berlin. (A)

SCHOLZ, H. (1967): Baumbestand, Vegetationsgliederung und Klima des Tibesti-Gebirges. Berliner Geogr. Abh., Heft 5, S. 11-17, Berlin. (A)

SCHOLZ, H. (1968): Eine neue Aristida-Art aus der Sahara. — Willdenowia 5 (1): 121-122. (M)

SCHOLZ, H. (1968): Vulpa gracilis spec. nov. — Willdenowia 5 (1), 109-111. (M)

SCHOLZ, H. (1969): Aristida Shawii spec. nov. aus der südlichen Libyschen Wüste. — Willdenowia 5 (3), 475-477. (M)

SCHOLZ, H. (1969): Bemerkungen zu einigen Stipagrostis-Arten (Gramineae) aus Afrika und Arabien. — Österr. Botan. Zeitschrift (Wien) 117, 284-292. (A)

SCHOLZ, H. (1970): Stipagrostis scoparia (Trin. et Rupr.) de Winter auch in Libyen gefunden. — Willdenowia 6 (1), 161-166 (A)

SCHOLZ, H. (1971): Einige botanische Ergebnisse einer Forschungsreise in die libysche Sahara (April 1970). Willdenowia, 6/2, S. 341-369. Berlin. (A)

SCHOLZ, H. und B. GABRIEL (1973): Neue Florenliste aus der libyschen Sahara. — Willdenowia, VII/1, S. 169-181, 2 Abb. Berlin (A)

SCHULZ, E. (1972): Pollenanalytische Untersuchungen pleistozäner und holozäner Sedimente des Tibesti-Gebirges (S-Sahara). — In: Palaeoecology of Africa and of the Surrounding Islands and Antarctica, Vol. VII, ed. E. M. van Zinderen Bakker, S. 14-16, A. A. Balkema, Kapstadt. (A)

SCHULZ, E. (1974): Pollenanalytische Untersuchungen quartärer Sedimente aus dem Tibesti-Gebirge. — FU Pressedienst Wissenschaft, Nr. 5/74, S. 59-69, 8 Abb. Berlin. (A)

SCHULZ, E. (1976): Aktueller Pollenniederschlag in der zentralen Sahara und Interpretationsmöglichkeiten quartärer Pollenspektren. — In: E. M. Van Zinderen Bakker (ed.): Palaeocology of Africa 9, 8-14, 1 Tab., 2 Abb. (A)

STOCK, P. (1972): Photogeologische und tektonische Untersuchungen am Nordrand des Tibesti-Gebirges, Zentralsahara, Tchad. Berliner Geogr. Abh., Heft 14. Berlin. (Mo)

STOCK, P.; PÖHLMANN, G. (1969): Ofouni 1 : 50 000. Geologisch-morphologische Luftbildinterpretation. Selbstverlag G. Pöhlmann, Berlin.

STRUNK-LICHTENBERG, G.; B. GABRIEL und M. OKRUSCH (1973): Vorgeschichtliche Keramik aus dem Tibesti (Sahara). II. Der technologische Entwicklungsstand. — Berichte der Deutschen Keramischen Gesellschaft, Bd. 50, Heft 9, S. 294-299, 6 Abb. Bad Honnef. (A)

TETZLAFF, G. (1974): Der Wärmehaushalt in der zentralen Sahara. — Berichte des Instituts für Meteorologie und Klimatologie der TU Hannover, Nr. 13, 113 p., 15 Tab., 23 Abb. (Mo)

VILLINGER, H. (1967): Statistische Auswertung von Hangneigungsmessungen im Tibesti-Gebirge. Berliner Geogr. Abh., Heft 5, S. 51-65, 6 Tabellen, 3 Abb. Berlin. (A)

ZURBUCHEN, M.; MESSERLI, B. und INDERMÜHLE, D. (1972): Emi Koussi — eine Topographische Karte vom höchsten Berg der Sahara. Hochgebirgsforschung — High Mountain Research, Heft 2, S. 161-179. Univ. Vlg. Wagner. Innsbruck—München. (A)

Unveröffentlichte Arbeiten:

BÖTTCHER, U. (1968): Erosion und Akkumulation von Wüstengebirgsflüssen während des Pleistozäns und Holozäns im Tibesti-Gebirge am Beispiel von Misky-Zubringern. Unveröffentlichte Staatsexamensarbeit im Geomorph. Lab. der Freien Universität Berlin. Berlin.

BRIEM, E. (1971): Beobachtungen zur Talgenese im westlichen Tibesti-Gebirge. Dipl.-Arbeit am II. Geogr. Institut d. FU Berlin. Manuskript.

BRUSCHEK, G. (1969): Die rezenten vulkanischen Erscheinungen in Soborom, Tibesti, Rép. du Tchad, 27 S. und Abb. (Les Phénomenes volcaniques récentes à Soborom, Tibesti, Rép. du Tchad.) Ohne Abb. Manuskript. Berlin/Fort Lamy.

BRUSCHEK, G. (1970): Geologisch-vulkanologische Untersuchungen im Bereich des Tarso Voon im Tibesti-Gebirge (Zentrale Sahara). Diplom-Arbeit an der FU Berlin. 189 S., zahlr. Abb. Berlin.

BUSCHE, D. (1968): Der gegenwärtige Stand der Pedimentforschung (unter Verarbeitung eigener Forschungen im Tibesti-Gebirge). Unveröffentlichte Staatsexamensarbeit am Geomorph. Lab. der Freien Universität Berlin. Berlin.

ERGENZINGER, P. (1971): Das südliche Vorland des Tibesti. Beiträge zur Geomorphologie der südlichen zentralen Sahara. Habilitationsschrift an der FU Berlin vom 28. 2. 1971. Manuskript 173 S., zahlr. Abb., Diagramme, 1 Karte (4 Blätter). Berlin.

GABRIEL, B. (1970): Die Terrassen des Enneri Dirennao. Beiträge zur Geschichte eines Trockentales im Tibesti-Gebirge. Diplom-Arbeit am II. Geogr. Inst. d. FU Berlin. 93 S. Berlin.

GRUNERT, J. (1970): Erosion und Akkumulation von Wüstengebirgsflüssen. — Eine Auswertung eigener Feldarbeiten im Tibesti-Gebirge. Hausarbeit im Rahmen der 1. (wiss.) Staatsprüfung für das Amt des Studienrats. Manuskript am II. Geogr. Institut der FU Berlin (127 S., Anlage: eine Kartierung im Maßstab 1 : 25 000).

HABERLAND, W. (1970): Vorkommen von Krusten, Wüstenlacken und Verwitterungshäuten sowie einige Kleinformen der Verwitterung entlang eines Profils von Misratah (an der libyschen Küste) nach Kanaya (am Nordrand des Erg de Bilma). Diplom-Arbeit am II. Geogr. Institut d. FU Berlin. Manuskript, 60 S.

HECKENDORFF, W. D. (1969): Witterung und Klima im Tibesti-Gebirge. Unveröffentlichte Staatsexamensarbeit am Geomorph. Labor der Freien Universität Berlin, 217 S. Berlin.

INDERMÜHLE, D. (1969): Mikroklimatologische Untersuchungen im Tibesti-Gebirge. Dipl.-Arb. am Geogr. Institut d. Universität Bern.

JANKE, R. (1969): Morphographische Darstellungsversuche auf der Grundlage von Luftbildern und Geländestudien im Schieferbereich des Tibesti-Gebirges. Dipl.-Arbeit am Lehrstuhl f. Kartographie d. FU Berlin. Manuskript, 38 S.

SCHULZ, E. (1973): Zur quartären Vegetationsgeschichte der zentralen Sahara unter Berücksichtigung eigener pollenanalytischer Untersuchungen aus dem Tibesti-Gebirge. — Hausarbeit für die 1. (wiss.) Staatsprüfung, FB 23 der FU Berlin, 141 S. Berlin.

TETZLAFF, M. (1968): Messungen solarer Strahlung und Helligkeit in Berlin und in Bardai (Tibesti). Dipl.-Arbeit am Institut f. Meteorologie d. FU Berlin.

VILLINGER, H. (1966): Der Aufriß der Landschaften im hochariden Raum. — Probleme, Methoden und Ergebnisse der Hangforschung, dargelegt aufgrund von Untersuchungen im Tibesti-Gebirge. Unveröffentlichte Staatsexamensarbeit am Geom. Labor der Freien Universität Berlin.

Arbeiten, in denen Untersuchungen aus der Forschungsstation Bardai in größerem Umfang verwandt worden sind:

GEYH, M. A. und D. JÄKEL (1974): Spätpleistozäne und holozäne Klimageschichte der Sahara aufgrund zugänglicher 14-C-Daten. — Zeitschr. f. Geomorph., N. F., Bd. 18, S. 82-98, 6 Fig., 3 Photos, 2 Tab. Stuttgart—Berlin. (A)

HELMCKE, D.; F. K. LIST und N. W. ROLAND (1974): Geologische Auswertung von Luftaufnahmen und Satellitenbildern des Tibesti (Zentral-Sahara, Tschad). — Zeitschr. Deutsch. Geol. Ges., Bd. 125 (im Druck). Hannover. (A)

JUNGMANN, H. und J. WITTE (1968): Magensäureuntersuchungen bei Tropenreisenden. — Medizinische Klinik, 63. Jg., Nr. 5, S. 173-175, 1 Abb. München u. a. (A)

KALLENBACH, H. (1972): Petrographie ausgewählter quartärer Lockersedimente und eisenreicher Krusten der libyschen Sahara. Berliner Geogr. Abh., Heft 16, S. 93-112. Berlin. (A)

KLAER, W. (1970): Formen der Granitverwitterung im ganzjährig ariden Gebiet der östlichen Sahara (Tibesti). Tübinger Geogr. Stud., Bd. 34 (Wilhelmy-Festschr.), S. 71-78. Tübingen. (A)

KLITZSCH, E.; SONNTAG, C.; WEISTROFFER, K.; EL SHAZLY, E. M. (1976): Grundwasser der Zentralsahara: Fossile Vorräte. Geol. Rundschau, 65, 1, pp. 264-287, Stuttgart. (A)

LIST, F. K.; D. HELMCKE und N. W. ROLAND (1973): Identification of different lithological and structural units, comparison with aerial photography and ground investigations, Tibesti Mountains, Chad. — S R No. 349, NASA Report I-01, July 1973. (A)

LIST, F. K.; D. HELMCKE und N. W. ROLAND (1974): Vergleich der geologischen Information aus Satelliten- und Luftbildern sowie Geländeuntersuchungen im Tibesti-Gebirge (Tschad). — Bildmessung und Luftbildwesen, Bd. 142, Heft 4, S. 116-122. Karlsruhe. (A)

PACHUR, H. J. (1966): Untersuchungen zur morphoskopischen Sandanalyse. Berliner Geographische Abhandlungen, Heft 4, 35 S. Berlin.

REESE, D. (1972): Zur Petrographie vulkanischer Gesteine des Tibesti-Massivs (Sahara). Dipl.-Arbeit am Geol.-Mineral. Inst. d. Univ. Köln, 143 S.

SCHINDLER, P.; MESSERLI, B. (1972): Das Wasser der Tibesti-Region. Hochgebirgsforschung — High Mountain Research, Heft 2, S. 143-152. Univ. Vlg. Wagner. Innsbruck—München. (A)

SIEGENTHALER, U.; SCHOTTERER, U.; OESCHGER, H. und MESSERLI, B. (1972): Tritiummessungen an Wasserproben aus der Tibesti-Region. Hochgebirgsforschung — High Mountain Research, Heft 2, S. 153-159. Univ. Vlg. Wagner. Innsbruck—München. (A)

SONNTAG, C. (1976): Grundwasserdatierung aus der Sahara nach ^{14}C und Tritium.

TETZLAFF, G. (1974): Der Wärmehaushalt in der zentralen Sahara. — Berichte des Instituts für Meteorologie und Klimatologie der TH Hannover, Nr. 13, 113 S., 23 Abb., 15 Tab. Hannover. (Mo)

VERSTAPPEN, H. Th.; VAN ZUIDAM, R. A. (1970): Orbital Photography and the Geosciences — a geomorphological example from the Central Sahara. Geoforum 2, p. 33-47, 8 Fig. (A)

WINIGER, M. (1972): Die Bewölkungsverhältnisse der zentral-saharischen Gebirge aus Wettersatellitenbildern. Hochgebirgsforschung — High Mountain Research, Heft 2, S. 87-120. Univ. Vlg. Wagner. Innsbruck—München. (A)

WITTE, J. (1970): Untersuchungen zur Tropenakklimatisation (Orthostatische Kreislaufregulation, Wasserhaushalt und Magensäureproduktion in den trocken-heißen Tropen). Med. Diss., Hamburg 1970. Bönecke-Druck, Clausthal-Zellerfeld, 52 S. (Mo)

ZIEGERT, H. (1969): Gebel ben Ghnema und Nord-Tibesti. Pleistozäne Klima- und Kulturenfolge in der zentralen Sahara. Mit 34 Abb., 121 Taf. und 6 Karten, 164 S. Steiner, Wiesbaden.